内 容 提 要

本书紧密联系风电场自动化专业工作实际，遵循理论与实践相结合、侧重实际应用的原则，全面系统地介绍了风电场自动化系统的原理、构成、运行维护及故障处理等内容。

本书共分 12 章，分别为概述、风电场计算机监控系统、风电场同步相量测量技术、风电场功率预测技术、风电场功率控制技术、风电场快速频率响应技术、电力市场交易系统、数据通信及规约、调度数据网、风电场电力监控系统安全防护、风电场自动化系统并网验收、风电场自动化现场运维管理。

本书可供从事风电场建设和运维检修的工程技术人员、管理人员阅读使用，也可作为风电场自动化领域相关从业者的自学和技术培训教材。

图书在版编目（CIP）数据

风电场自动化技术及应用 / 朱罡主编． —北京：中国电力出版社，2021.10（2022.6 重印）
ISBN 978-7-5198-5743-1

Ⅰ．①风…　Ⅱ．①朱…　Ⅲ．①风力发电–发电厂–工厂自动化　Ⅳ．①TM614

中国版本图书馆 CIP 数据核字（2021）第 120790 号

出版发行：中国电力出版社
地　　址：北京市东城区北京站西街 19 号（邮政编码 100005）
网　　址：http://www.cepp.sgcc.com.cn
策划编辑：王春娟　周秋慧
责任编辑：陈　丽
责任校对：黄　蓓　常燕昆
装帧设计：赵丽媛
责任印制：石　雷

印　　刷：三河市万龙印装有限公司
版　　次：2021 年 10 月第一版
印　　次：2022 年 6 月北京第二次印刷
开　　本：787 毫米×1092 毫米　16 开本
印　　张：19
字　　数：431 千字
印　　数：1501—2000 册
定　　价：99.00 元

编　委　会

前　言

　　风能，即风的流动产生的动能，是太阳能的一种转换形式。太阳辐射造成地表各部分受热不均匀，形成高低气压差，空气水平流动产生风能。风能具有分布广、无污染、可再生等特性。作为风能资源利用的主要途径之一，风力发电已成为世界可再生能源发展的重要方向。中国地域辽阔，风能资源丰富，其开发利用的前景非常广阔。目前随着新能源的高速发展和全球能源互联网战略的逐步推进，风力发电等新能源发电正在步入新的快速发展时期。

　　风力发电的发展带动了风电场自动化技术的进步。如今，新一代风电场自动化技术越发成熟并应用于电站运行控制的各个方面，为电站的安全稳定运行起到了极大的支撑作用。风电场自动化技术主要包括计算机监控技术、相量测量技术、功率预测技术、自动发电控制技术、自动电压控制技术、数据通信技术、快频响应技术、调度数据网和电力监控系统安全防护技术等，这些技术和配套的实时控制系统在风电场得到了广泛应用。青海作为我国大规模新能源集中发电发展最早的省份之一，面向大规模新能源并网的新一代电网调度控制技术和电站自动化技术较早地在青海电网得到应用，在保障电网安全、促进网源协调控制、提高新能源消纳能力等方面取得显著成效。

　　本书按照当前风电场自动化技术发展现状，结合青海新一代电网调度控制技术和电站自动化技术发展与实践经验，对风电场自动化技术和自动化系统进行了系统而全面的介绍，主要内容均来自工程实际应用和风电场现场运维经验。本书对普及风电场自动化技术，提升系统应用水平，提高电站运维人员技术水平和业务素质，保障厂网安全稳定运行将起到积极的促进作用。

　　本书第一章简要介绍了风能资源分布情况和风力发电现状与发展趋势，描述了风电场自动化技术的结构，并对自动化系统功能进行了简要概述；第二章主要介绍了风电场计算机监控系统的主要结构、功能，并对现场日常运维常见故障和处理方法进行了阐述；第三章主要论述了风电场同步相量测量技术、同步相量测量装置的功能及体系结构，并给出了同步相量测量装置的日常运维方法；第四章主要论述了风电场功率预测技术、功率预测系统的组成及功能，并对功率预测系统的日常应用及维护要点进行了介绍；第五章主要介绍了风电场功率控制系统的主要组成设备及技术性能，论述了风电场有功功率控制、无功功率控制及柔性功率控制的技术要求和实现策略并给出了功率控制系统的运维实例；第六章主要介绍了风电场快速频率响应技术；第七章主要介绍了电力市场交易系统；第八章主要描述了风电场数据通信的基本模型和基本流程，并简要介绍了数据通信传输所需的规约；第九章主要讲述了计算机网络和调度数据网基础知识；第十章主要讲述了风电场电力监控系统及其面临的风险、防护措施；第十一章主要介绍风电场自动化系统并网验收前期管理、现场验收及试运行，并对风电场自动化专业并网验收全过程进行了阐述；第十二章主要阐述了风电场自动化现场运维中应关注的事项，并介绍了电站自动化设备巡视、运维及检修操作的具体流程。

本书由朱罡担任主编，王光辉、方保民、王亦婷担任副主编，上述人员均是新能源电站自动化技术工程应用与管理的组织者和工作负责人。编写组成员则是近几年参与电站自动化系统的建设、工程实施、验收、运维和运行管理工作的专家及工作人员。本书在编写过程中，得到了国网青海省电力公司、中国电力科学研究院有限公司等单位领导专家的热忱帮助和指导，在此对他们的辛勤工作表示诚挚的感谢。

本书在编写过程中，借鉴了大量的资料。若某些引用资料未出现在参考文献中，请作者及时联系我们，以便再版时予以补正。风电场自动化技术仍处在不断地发展之中，相关的技术和运维经验仍有待提高和积累，限于作者水平，书中难免有疏漏和错误之处，敬请读者批评指正。

编　者

2021 年 5 月

目　录

前言

第一章 概　述

全球能源资源主要有煤炭、石油、天然气等化石能源和氢能、水能、风能、太阳能等清洁能源。受全球气候变化和能源安全形势影响，以清洁能源取代化石能源，建立现代能源体系，是实现各国可持续发展的共同战略。

风力发电是世界可再生能源利用的重要途径。然而，风电受天气因素影响大，波动性、随机性、间歇性强，一次调频能力、调压能力、频率和电压耐受能力不足，大规模接入电网后会对电力系统的安全稳定运行带来不利影响。为确保电网的安全稳定运行和风力发电的有序消纳，必须借助先进的自动化技术降低风电并网带来的各种影响。

本章简要介绍了风力发电现状、风电场基本知识及自动化技术在风电场中的作用。

第一节　风力发电现状

地球上的风能资源十分丰富，根据相关资料统计，每年来自外层空间的辐射能量约为 1.5×10^{18}kWh，其中 2%～3% 的能量被大气吸收，产生大约 4.3×10^{12}kWh 的风能。风力发电是发展最快的可再生能源技术之一，在世界范围内，使用率正迅速上升。2016～2020 年间，全球风电装机容量年均增长率为 10%。截至 2020 年年底，全球风电总装机容量达742GW，占清洁能源总装机容量的 25%，成为全球最重要的能源品种之一。

自 19 世纪以来，世界风力发电技术经历了一个缓慢发展过程。进入 21 世纪，随着世界各国对清洁能源发展的重视和新能源技术的快速发展，风力发电已经进入大规模开发利用阶段。在过去的 20 年里，风能以突飞猛进的速度扩张，成为世界范围内清洁、具有成本竞争力的能源的主流来源。

一、世界风力发电发展现状

风力发电是利用风力带动风车叶片旋转，再透过增速机将旋转的速度提升，进而促使发电机发电。如图 1-1 所示，全球风能协会（Global Wind Energy Council，GWEC）出版的《全球风能报告》（*Global Wind Report*）中显示，2019 年全球风电总装机容量达到

$6.51 \times 10^5 MW$，近五年始终保持 10%左右的高速增长。风电装机容量排名前五的国家依次为中国、美国、德国、印度和西班牙，中国和美国仍是全球最大的两家陆上风电市场，合计占 2019 年新增产能的 60%以上。全球海上风电产业在推动风力设施方面发挥着越来越重要的作用，2019 年安装了创纪录的 $6.1 \times 10^3 MW$，占全球新增风电装机容量的 10%。这一增长是由中国主导的，中国仍是海上新增产能的第一位。就累计海上风力发电能力而言，英国仍以 $9.7 \times 10^3 MW$ 位居榜首，占全球总发电量的近 1/3。

资料来源：全球风能协会（Global Wind Energy Council）

图 1－1　2013~2019 年全球风电总装机容量

二、中国风力发电现状及发展趋势

中国风力发电起步于 20 世纪 80 年代，2003 年国家发展改革委下放风电特许权经营后进入高速发展阶段。2006 年《中华人民共和国可再生能源法》的实施使这一发展势头得到巩固。到了 2010 年，中国风电装机容量成为全球第一，至今领先世界其他国家。然而，与此同时，由于弃风限电问题突出，中国风电用量仍处于世界较低水平。

中国风电政策始终坚持引导地区平衡发展，以解决弃风限电、推动风电市场化发展为方向进行了多种尝试。2017 年，国家能源局先后印发《关于可再生能源发展"十三五"规划实施的指导意见》《关于加快推进分散式接入风电项目建设有关要求的通知》《关于公布风电平价上网示范项目的通知》《解决弃水弃风弃光问题实施方案》等文件，指导可再生能源项目规划、布局、电网接入、市场消纳、技术进步、降低成本，通过创新开发模式和推动成本下降等方式促进风电行业高质量发展，同时明确了解决弃水弃风弃光的具体措施。

2018 年，国家发展改革委印发《清洁能源消纳行动计划（2018—2020 年）》，明确到 2020 年，基本解决清洁能源消纳问题，确保全国平均风电利用率达到国际先进水平（力争达到 97%左右），弃风率控制在合理水平（力争控制在 5%左右）。实际上，截至 2020 年底，全国平均风电利用率已达 97%，年弃风率 3%，超额完成行动计划指标。根据国家能源局关于风电行业的统计数据，截至 2020 年底，全国风电累计装机 $2.81 \times 10^5 MW$，其中陆上风电累计装机 $2.71 \times 10^5 MW$、海上风电累计装机 $9 \times 10^3 MW$，风电装机占全部发电装机的 12.79%。2020 年风电发电量 4146 亿 kWh，占全部发电量的 6%，全国风电平均利用小时数 2079h，年弃风电量 166 亿 kWh，同比减少 3 亿 kWh，平均弃风率 3%，同比下降 1 个百分点，弃风形势大幅度好转。

2019～2020 年，我国相继发布《国家发展改革委关于完善风电上网电价政策的通知》和《国家能源局关 2020 年风电、光伏发电项目建设有关事项的通知》，明确 2020 年要积极推进风电平价上网，积极推动分散式风电通过市场化交易试点方式进行。自 2021 年 1 月 1 日开始，新核准的陆上风电项目全面实现平价上网，国家不再补贴。海上风电从 2022 年起也基本进入无补贴时代。装机过剩、消纳能力不足、环保压力空前的风电行业发展面临新的挑战。

第二节　风电场基本知识

一、风力发电基本概念

风电场是主要由一批风力发电机组或风电机组群（包括机组单元变流器、变压器）、汇集线路、断路器、母线、主升压变压器、无功补偿装置、二次保护设备、通信网络及各类监控系统等组成的发电站。风电场结构示意图如图 1－2 所示。

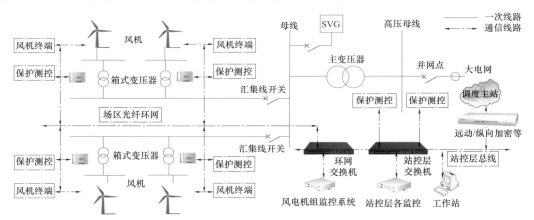

图 1－2　风电场结构示意图

并网型风力发电场的基本发电原理是利用风力带动风叶片旋转，再通过增速机将旋转的速度提升来促使发电机发电，将风中的动能转化成机械能，再将机械能转化为电能，输送到电网中。风力发电没有燃料问题，也不会产生辐射或空气污染，是一种特别环保的发电方式。用于风力发电的风力发电机组有很多种类型，发电机也呈现出多样性，但是其基本能量转换过程都是一样的，如图 1－3 所示。

图 1－3　风电场能量转换过程示意图

对并网型风力发电机组的基本要求是：在当地风况、气候和电网条件下能够长期安全运行，取得最大的年发电量和最低的发电成本。

二、风电场的组成

风电场是指将风能捕获、转换成电能并通过输电线路送入电网的场所，主要由升压站、风力发电机组、道路、集电线路四部分构成。

（1）升压站：风电场的运行监控中心及电能配送中心。

（2）风力发电机组：风电场的发电装置。

（3）道路：包括风力发电机旁的检修通道、变电站站内站外道路、风场内道路及风场进出通道。

（4）集电线路：分散布置的风力发电机组所发电能的汇集、传送通道。

下面重点对升压站和风力发电机组部分作详细介绍。

（一）升压站

升压站的作用是把低电压等级电压转化成高电压等级电压，降低电能损耗，从而经济、稳定地完成电能的输送。升压站电压等级一般包括 220kV、330kV、500kV、750kV、1000kV 等。

1. 一次系统

升压站一次系统主要设备有变压器、断路器（开关柜）、母线、隔离开关、互感器（电流和电压）、避雷器、场用变压器、接地电阻柜和无功补偿装置等（见图 1－4）。

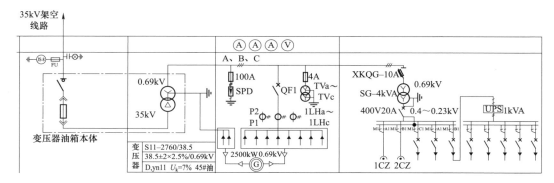

图 1－4　风电场一次系统接线图

（1）变压器：风力发电机组变压器是利用电磁感应原理，将风力发电机组变流器的交流输出从低电压变换到高电压的一整套设备，主要包括升压变压器、断路器、隔离开关、电流互感器、电压互感器、母线等设备。升压是为了减少长距离输电的线损，保障风电场内整体电压平衡，提升风力发电机组输出的交流电电压，一般是提升到 35kV 后再统一汇集输送电能。

变压器按冷却方式分为干式（自冷）变压器、油浸（自冷）变压器、氟化物（蒸发冷却）变压器，按电源相数分为单相变压器、三相变压器、多相变压器。

（2）断路器：切断和闭合高压电路的空载和负荷电流，而且当系统发生故障时，它和继电保护及自动化装置相配合，迅速切断故障电流，以减少停电范围，防止事故扩大，保证系统的安全运行。高压断路器的主要结构分为导流部分、灭弧部分、绝缘部分、操动机构部分。

（3）母线：载流设备，是电流的通道，承载负荷、空载电流。

（4）隔离开关：设备检修时提供明显断开点，使检修设备与带电设备隔离，同时与断路器配合改变运行方式。隔离开关一般由绝缘支架、操动机构、连锁机构、动静触头、刀口等组成。

（5）互感器：将大电流变换为小电流，将高电压变换为低电压，供给继电保护及仪表所需，同时将高压系统与二次相隔离，保证人员、设备的安全，同时使仪表、继电器的制造标准化、简单化，以利于生产。互感器由一次绕组、二次绕组、铁芯、绝缘支撑物组成。

（6）避雷器：用于防止雷电进行波沿线路侵入变电站或其他建筑物危害电气设备绝缘的一种防雷装置，防止雷电及内部过电压。其中阀型避雷器由套管、火花间隙、并联电阻、阀型电阻、上下法兰以及压缩弹簧及其附件组成。氧化锌避雷器由套管、氧化锌电阻、上下法兰以及压缩弹簧及其附件组成。

（7）场用变压器：构成与变压器相同，供给站内正常生活和生产用电。

（8）无功补偿装置：主要用来补偿电网中频繁波动的无功功率，抑制电网闪变和谐波，提高电网的功率因数，改善高压配电网的供电质量和使用效率，进而降低网络损耗。

2. 二次系统

用于实现对一次设备等的监视、测量、控制和保护的部分称为二次系统。风电场二次系统一般包括计算机监控系统（综合自动化系统）、继电保护及安全自动装置、功率控制系统、同步相量测量系统、风电功率预测系统、保护信息子站系统、快速频率响应系统等。

（1）综合自动化系统：主要用于监视采集风力发电机组和升压站主要设备的遥测、遥信、遥调等信息，通过远动等装置将站内采集的监控信息实时上传至上级调控机构，并接收、执行上级下发的控制命令级数据。

（2）继电保护及安全自动装置：主要指风力发电机、变压器、母线、电抗器、电容器、线路（含电缆）、断路器等设备的继电保护装置及风电智能运行控制系统、备用设备及备用电源自动投入装置、故障录波器及其他保证系统稳定的自动装置等。

（3）功率控制系统：主要实现对风电场有功功率和无功功率自动控制的系统，能够自动接收调度主站定期下发的调节目标指令，按照预定的规则和策略整定计算功率需求，选择控制的相关设备进行分配，最终实现功率控制。

（4）同步相量测量系统：用于测量安装点的三相基波电压、三相基波电流、电压电流的基波正序相量、频率和开关量信号，同时将所测得电压基波正序相量一次值、电流基波正序相量一次值、频率、发电机电动势实时传输的主站。装置具备同时向多个主站实时传送动态数据的能力，并能够接受多个主站的召唤令，实时传送部分或全部测量通道的动态数据。

（5）风电功率预测系统：利用网络通信接口采集电站综合自动化系统、气象站数据进行建模，对风电场进行功率预测，为调度侧提供可靠的数据分析，其应用能有效降低风电接入对电网的不利影响，提高电网运行的安全性和稳定性。

（6）保护信息子站系统：对保护装置、录波器、安全自动装置等变电站内智能装置的实时/非实时的运行、配置和故障信息进行汇集和管理，并对这些装置进行运行状态监视、配置信息管理和动作行为分析,在电网故障时则进行快速的故障分析,为运行人员提供处理提示。

(7)快速频率响应系统:指电网的频率一旦偏离目标时,通过风电机组的控制技术自动地控制机组有功功率的增减,限制电网频率变化,使并网点频率维持稳定的自动控制系统。

(二)风力发电机组

风力发电通过发电机组,把风的动能转变成机械能,再把机械能转变为电能来实现风力发电。

风力发电机组通常由风轮、风力发电机组、支撑发电机组的塔筒、蓄电池充电控制器、变流器、卸荷器、并网控制器(风力发电机组终端)、变压器、蓄电池组等设备组成。

风力发电机组进行发电时,都要保证输出电频率恒定。这对于风力发电机组并网发电非常必要。要保证风电的频率恒定,一种方式就是保证发电机的转速恒定,即恒速恒频的运行方式,因为发电机由风力机经过传动装置进行驱动运转,所以这种方式无疑要求风力机的转速恒定,否则会影响到风能的转换效率;另一种方式就是发电机转速随风速变化,通过其他的手段保证输出电能的频率恒定,即变速恒频运行。因此,在变速恒频运行方式下,风力机和发电机的转速可在很大范围内变化而不影响输出电能的频率。风力发电机组经常用变速恒频法保证输出频率恒定。

三、风电场信息化简介

随着计算机技术、通信网络技术和现代控制技术的快速发展,风电场综合监控也得到了快速发展,其中应用计算机技术、自动控制技术、信息传输和处理等技术,促进了场站整体通信网络、数据处理和综合监控功能的重新组合和优化设计,实现了风电场整体软硬件和信息资源的共享。

在风电场场区内建设通信环网,可满足多种智能化设备接入环网,实现站控层和间隔层的上下贯通通信。风力发电机组的间隔层可以通过多种链路形式和站控层实现通信。

并网控制器(风力发电机组终端)安装在风力发电机组塔筒内,负责把风力发电机组间隔层设备接入通信环网,实现风力发电机组、变流器等数据收集、数据传输和指令下达。

风电机组监控系统(风力发电机组能量管理平台)利用计算机对风电机组或风电机组群的运行过程进行实时监视和控制。

第三节 风电场自动化技术

电力系统自动化包括生产过程的自动检测、调节和控制,系统和元件的自动安全保护,网络信息的自动传输,系统生产的自动调度,以及企业的自动化经济管理等。电力系统自动化的主要目标是保证供电的电能质量(频率和电压),保证系统运行的安全可靠,提高经济效益和管理效能。中国大部分风电场建在风力资源比较丰富的地区,这类地区电网结构较薄弱,地区负荷小,而单个并网点风力发电接入容量很大,给风力发电并网运行带来很大挑战。借助自动化技术,可以有效降低风力发电出力随机性对电网带来的不利影响,提高电力系统运行的安全性和稳定性。

一、电力系统自动化技术的发展与应用

（一）电力系统自动化技术的发展

20 世纪 50 年代以前，电力系统容量在几百万千瓦左右，单机容量不超过 10 万 kW，电力系统自动化多限于单项自动装置，且以安全保护和过程自动调节为主。例如：电网和发电机的各种继电保护装置、汽轮机的危急保安器、锅炉的安全阀、汽轮机转速和发电机电压的自动调节、并网的自动同期装置等。20 世纪 50～60 年代，电力系统规模发展到上千万千瓦，单机容量超过 20 万 kW，并形成区域联网，在系统稳定、经济调度和综合自动化方面提出了新的要求。厂内自动化方面开始采用机、炉、电单元式集中控制。系统开始装设模拟式调频装置和以离线计算为基础的经济功率分配装置，并广泛采用远动通信技术。各种新型自动装置如晶体管保护装置、可控硅励磁调节器、电气液压式调速器等得到推广使用。20 世纪 70～80 年代，电网实时监控系统开始出现，20 万 kW 以上大型火力发电机组开始采用实时安全监控和闭环自动起停全过程控制。水力发电站的水库调度、大坝监测和电厂综合自动化的计算机监控开始得到推广，各种自动调节装置和继电保护装置中广泛采用微型计算机。21 世纪初，风电、光伏发电蓬勃发展，为有效应对风电、光伏发电规模化发展对电网运行带来的不利影响，新能源功率预测、功率控制技术得到电网企业和发电企业的高度重视，其产品应用在实践中也取得良好效果。

（二）电力系统自动化技术在风电场中的应用

与常规电源不同，风电场的输出功率具有波动性和间歇性的特点，风电场所发的电能全部接入电网，使得电网结构越来越复杂。为此，风电场必须通过风电场自动化系统与电网调度自动化系统有效衔接，实现风电场实时监测、功率控制、自动电压控制、安全稳定控制及信息申报等站端信息的上传、下发，满足安全并网运行要求，实现最优调度。

把风力发电功率纳入电网的调度计划和实时运行调控，是保证大规模风电接入、电网稳定经济运行的重要措施。同时，将风电场的运行状态和环境参数纳入调度侧风电场实时监测模块中，实现风电场监测、预测与控制功能的有机结合，有助于合理安排常规机组发电计划，解决电网调峰调频问题，提高电网新能源消纳能力，从而为大规模风电站并网的安全性和经济性提供有力的技术保障。

二、风电场自动化技术架构

风电场自动化技术是监视、控制风力发电过程的业务系统和智能设备的技术总称。它由多个子系统组成，每个子系统完成一项或几项功能，主要由风电场计算机监控系统、风功率预测系统、功率控制系统、同步相量测量装置、电能量采集装置以及支撑业务系统通信的网络和安全防护设备等子系统组成，风电场自动化系统典型结构及数据通信方式如图 1-5 所示。

风电场计算机监控系统、功率控制系统、功率预测系统等子系统采用以太网组网的方式进行通信。风电场计算机监控系统实现电站风力发电机组、无功补偿等设备有功、无功

值及断路器、开关位置状态等主要信息的自动采集、监视和数据处理；功率预测系统接收监控系统传送的有功值、实时气象采集装置传送的风向、风速等气象信息及数值天气预报传送的天气预报信息实现电站短期、超短期功率预测，为风电场合理安排检修计划提供辅助分析决策手段；同步相量测量装置采集母线、主变压器、线路的电压、电流和开关量信号，为电网运行动态监视与分析应用提供动态信息来源。为保障电力二次系统信息传输安全，风电场通过电力调度数据网将上述必要信息上传至调度主站，实现与各级调度机构实时生产数据的传输和交换，满足电网安全运行需要。

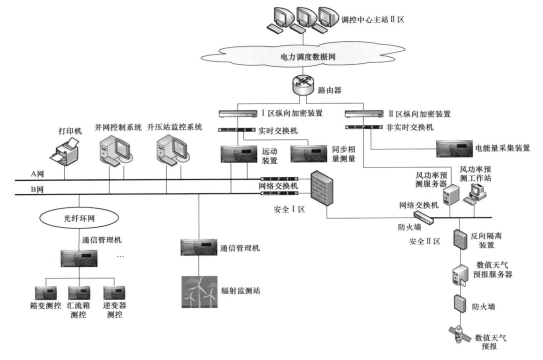

图 1-5　风电场自动化系统典型结构及数据通信图

三、风电场自动化系统功能概述

风电场自动化系统涉及子系统多，运行工况复杂，与风电场生产及日常运行密切相关的主要有计算机监控系统、功率预测系统、并网控制系统、相量测量装置及电力监控系统安全防护设备等。

（一）计算机监控系统

1. 系统概述

计算机监控系统主要实现风电场发电过程主要信号的自动采集、监视和数据处理，同时实现调度运行信息的自动上传，满足电网调度运行需要，是调度运行人员对现场电力生产过程最直接、最重要的监视工具。计算机监控系统通常采用分层分布式结构，由间隔层和站控层两部分组成。站控层设备包括各类面向全站管理的服务器、操作员站、远动通信装置及其他接口设备等；间隔层设备包括风力发电机组、气象监测系统及辅助系统的通信控制单元，保护和测控装置等设备。风电场升压站采用智能变电站设计，监控系统由站控层、间隔层、过程层设备组成，过程层设备包括合并单元、智能终端、智能组件等。

2．系统组成及功能

风电场计算机监控系统按其功能由数据采集，数据处理，信息的发送、接收和执行，人机联系和时钟同步子系统 5 个子系统组成。

（1）数据采集。数据可分为开关量和测量量两大类。开关量包括断路器和隔离开关位置、自动装置和继电保护的工作状态等。电网运行状态信息主要通过保护测控装置采集，信息源为一次设备辅助触点、保护测控装置及自动装置自身的工作状态及信号。电网运行量测数据通过保护测控装置采集，信息源为互感器；升压站内大部分自动装置和继电保护的运行状态信息可基于 IEC 60870-5-103《继电保护设备信息接口标准》或 IEC 61850《变电站自动化标准》等协议直接接入到站内监控网络，部分不能支持这些通信协议的自动装置基于通信管理机的规约转换接入。

风力发电单元数据采集通常采用保护测控通信一体化装置，支持箱式变压器（简称箱变）保护测控、规约转换、环网通信接口等功能，实现发电单元内箱变、风力发电机组的统一通信接入以及信息上传，以及对各风力发电机组的控制。

（2）数据处理。对于采集到的数据，通常根据不同要求，加以适当的处理，如数字滤波、乘系数、越限判别、测量量越阈值检测、开关量变位检测等。

（3）信息的发送、接收和执行。风电场侧和调度侧之间采用远动通信规约进行数据传输。风电场侧接收的主要是调度侧下达的遥控、遥调命令，执行结果分别由遥信和遥测反馈给调度侧。

（4）人机联系。人机联系是监控系统的重要组成部分，采用可视化技术，实现电网运行信息、气象数据、保护信息、一、二次设备运行状态等信息的运行监视和综合展示，并接受工作人员操作命令。

（5）时钟同步子系统。风电场站内配置统一的同步时钟设备，对站控层各工作站及间隔层各测控单元等有关设备的时钟进行校正。一般情况下，站控层设备采用 NTP/SNTP 网络对时，间隔层、过程层设备通常采用直流 IRIG-B 码对时。

（二）相量测量装置

1．装置概述

电力系统运行状态为各母线电压相量（幅值和相角），由网络元件参数、表征网络拓扑连接特性的开关状态和边界条件（发电和负荷水平）决定。要实现对电力系统有效广域实时监控，就要建立一套完备的量测系统，以达到系统完全可观测。基于时间同步技术的同步相量测量单元（phasor measurement unit，PMU）能够以高精度直接测量测点的电压幅值和相角，为调度侧电网运行动态监视与分析应用提供动态信息来源。

2．装置组成及功能

同步相量测量装置包括数据集中器和相量采集单元。相量采集单元可分布安装于各个继保小室或就地箱式变电站，用于采集母线、主变压器、线路的电压、电流和开关量信号，数据集中器对多台采集单元输出的同步相量信息进行汇集上送和本地存储，满足电网对风电场并网要求，风电场相量测量系统组成如图 1-6 所示。

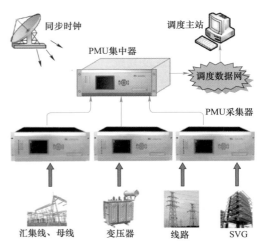

图 1-6 相量测量系统组成示意图

通过同步相量测量系统，可实现所接电器元件的三相电压、三相电流、有功/无功功率、系统频率、开关状态、GPS 同步状态实时数据记录及暂态数据的离线分析、谐波分析。

装置与主站之间采用电力调度数据网通信方式，按主站的功能要求提供相关的实时数据、录波数据等，并且与多个主站（省调、分调、国调）通信时互不影响。

（三）功率预测系统

1. 系统概述

风力发电功率预测技术是指研究分析风电场发电功率的影响因素及其变化规律，同时根据现有气象条件和风电场的运行状态，采用适当的数学预测模型预测未来一定时段风力出力的方法。

风电场功率预测系统是基于上述方法，借助计算机手段开发的功率预测技术支持系统。其能为风电场合理安排检修计划提供辅助分析决策手段，进而提高风力发电利用时间和发电量，有助于电网调度机构及时制定科学的日运行方式，调整和优化常规电源的发电计划，提高电网的安全性和稳定性，同时降低因风力发电并网而额外增加的旋转备用容量，改善电网运行的经济性。

2. 系统结构及功能

风电场功率预测系统主要由实时气象采集系统和功率预测计算系统组成。

（1）实时气象采集系统。实时气象采集系统实现对风电场现场实时辐照值、风速、风向、温度、湿度、气压等气象要素的采集，并将实时采集的数据传输至功率预测计算子系统，作为功率预测的重要数据来源，硬件设备主要包括辐照仪、风速风向仪、温湿度传感器、数据采集通信设备等。一座风电场根据其覆盖面积及地形地貌特征可以设置一座或者多座气象采集器。气象采集器的设置要能准确反映整个风电场区的辐照强度等气象条件，满足风力功率预测系统功能。气象采集信息是电站功率预测的重要数据源。

（2）功率预测计算系统。功率预测计算系统包括数值天气预报子系统和功率预测应用子系统。数值天气预报子系统主要提供多日气象预测信息，如辐照量、气温、风向、风速等数据，并对其内部的天气预报数据进行进一步降尺度细化处理，更好地提高数值天气预报的精度。数值天气预报数据是进行功率预测的重要数据源。功率预测应用子系统用于接收实时气象和电站出力数据，依据系统预测模型，预测短期和超短期出力预测结果，并将数据上传至调度。

（四）并网控制系统

1. 系统概述

风电场功率控制是风力发电并网控制的核心环节，其过程是通过风电场并网控制系统实现风力发电的有功功率控制和无功功率控制。风电场并网控制系统是指安装于风电场内，自动接收调控（集控）中心下发的有功功率限制指令、电压（无功）目标指令，并通过自动闭环调节站内风力发电机组、静止无功补偿器（static var compensator，SVC）、静止无功发生器（static var generator，SVG）等设备的有功/无功出力实时跟踪调控（集控）中心下发指令的系统，包括自动发电控制（也可称为有功控制，automatic generation control，AGC）系统和自动电压控制（也可称为无功控制，automatic voltage control，AVC）系统。

2. 系统结构及功能

风电场并网控制系统结构如图1-7所示，其实现过程为：风力AGC/AVC服务器和远动机以及站内风力发电机组、SVC/SVG等设备都接在同一个网络（如果不能直接接入以太网，可以通过规约转换装置实现接入），服务器通过远动机向调度主站上送风电场AGC/AVC站内各种控制信息和实时数据；同时通过远动机接收调度主站下发的有功、无功/电压控制和调节指令，服务器根据接受的指令，按照预先制定的控制策略进行计算，并将计算的结果或者命令通过网络下发到各个风力发电机组或者SVC/SVG装置，最终实现全站有功、无功功率/并网点电压的控制，达到电力系统并网技术要求。

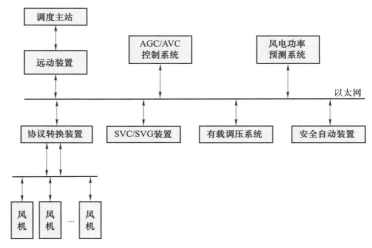

图1-7　风电场并网控制系统典型结构

（1）自动发电控制。在风电场中，有功功率控制系统接收来自调度的指令或电站本地的有功指令，并按照制定好的控制策略分配给风电场站内的风力发电机组，风力发电机组根据分配出力值，实时调节出力，从而实现整个风电场有功分配和调节。

（2）无功电压控制（AVC）。风电场自动电压控制系统接收来自调度的并网点电压目标值，通过控制策略实时调节风力发电机组、无功补偿设备（SVG/SVC）的无功补偿值或变电站升压变压器的分接头进行风电场内的整体无功补偿，从而使并网点电压处在正常运行范围内。

（3）柔性功率控制。柔性功率控制系统是在电站侧功率控制装置运行状态信息、SCADA信息、状态估计数据、风力预测数据等多源数据整合的基础上，实现在电网各种运行方式下，满足各送出断面和设备安全前提下，制定风力实时发电计划，使得风力出力最大。

与传统的有功功率控制系统相比，柔性功率控制系统在提高风力发电的消纳能力和电网的安全稳定运行水平方面具有明显的优势。其突出特点是能够实现风力在线接纳能力评估、风电场发电计划执行情况、在线监视与涉网性能指标、在线考核评估等功能，系统有很强的实时性，能够解决由于各种原因引起的受限断面未充分利用问题。

（五）电力监控系统安全防护设备

电力监控系统是指各级电力监控系统和调度数据网络以及各级电网管理信息系统、电厂管理信息系统、电力通信系统及电力数据通信网络等构成的大系统。通过建立电力监控系统安全防护体系，有效抵御黑客、恶意代码等各种形式的攻击，尤其是集团式攻击，重点保障电力监控系统安全稳定，防止由此引起的电力系统事故的发生。

电力监控系统安全防护的总体策略为"安全分区、网络专用、横向隔离、纵向认证"。根据安全防护要求，风电场电力监控系统安全防护示意图如图1-8所示。

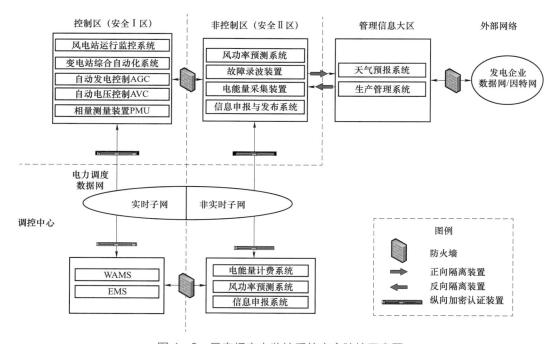

图 1-8　风电场电力监控系统安全防护示意图

如图1-8所示，风电场基于现场各个系统的重要程度，划分为生产控制大区和管理信息大区，生产控制大区又分为控制区（安全区Ⅰ）和非控制区（安全区Ⅱ）。风电场计算机监控系统、并网控制系统、相量测量装置位于安全Ⅰ区，功率预测系统、信息申报与发布系统位于安全Ⅱ区，天气预报系统位于管理信息大区。电力监控系统安全防护工作的重要措施是做好各业务系统的边界防护，风电场安全Ⅰ区和安全Ⅱ区自动化系统之间设置防火墙，实现逻辑隔离，在生产控制大区与管理信息大区之间设置电力专用横向单向安全隔离装置，风电场生产控制大区自动化系统与调度主站通过电力调度数据网进行通信，且在纵向连接处设置有专用纵向加密认证装置。

（六）信息申报与发布

信息申报与发布系统包含数据申报与信息发布两个功能模块，数据申报具备电站主体信息及风力发电机组特性参数申报、日前及日内出力受阻等运行信息申报、市场模式下电站各类竞价数据申报等；信息发布具备电网各类负荷预测信息发布，日前及日内短期交易信息发布，年、月、周、日及临时检修计划信息发布，日前及日内发电计划信息及计划校核信息发布，电站并网运行考核信息及辅助服务补偿信息发布，通知公告发布与监视等功能。信息申报与发布系统解决了传统外网 Web 或邮件传输导致的信息安全问题，为电站和调度机构信息沟通及数据交互搭建了便捷桥梁。

四、风电场自动化技术面临的挑战

（1）传统的电力监视手段不能满足风电场远程运维需要。风电场监控与传统的电力监控相比，需要监视的设备更多，采集的数据点数量庞大，设备多数部署在荒漠无人地区，迫切需要能够远程全方位地协同维护，包括基于无线专网的移动检修、远程巡检、智能高级应用等。因此，需要探索如何在满足电力二次安全防护要求的基础上，充分利用硬件资源，实现大量设备的接入和数据的处理，从而提升风电场运维效率。

（2）现有的功率预测技术不能适应超大规模风电场群调度运行需要。与国外分布式风电场开发不同，中国风力采用大规模集中式和分布式并举的开发模式。随着中国风电场接入规模的增大和超大规模风电场群的出现，风电场功率预测作为电网调度运行的基础性数据在保障电网安全稳定运行方面的作用越来越大，现有的风力功率预测技术及运行模式已不能适应电网调度运行的需要。为适应未来的风力发展需求，首先需结合大数据、云计算、移动互联网等新技术，深入研究风力功率预测模型与算法，进一步提高现有功率预测精度。其次完善适应我国风力发电快速发展的功率预测评价和考核体系，激励风力发电企业持续优化风力功率预测精度的动力，使风力发电功率预测技术朝着更高水平方向发展。

（3）现有的 AGC/AVC 技术不能适应超大规模的风电场功率运行控制需求。当风电场超出一定规模之后，随着容量的上升，风力发电机组的数量也不断增加，对 AGC/AVC 服务器的控制点数和计算速度及网络带宽将提出更高的运行控制需求。对于站内出现大规模组串式风力发电机组的情形，传统的 AGC/AVC 系统，控制目标风力发电机组数目相比集中式风力发电机组会增加几十倍左右，这可能导致 AGC/AVC 系统出现控制计算、容量和通信等各方面的瓶颈。这种挑战的解决，除了要提高 AGC/AVC 服务器性能外，更要在 AGC 控制系统架构方面寻找突破口。

（4）大规模风电场基地双高特征明显。目前，电力系统高比例新能源与高比例电力电子特性显著，短路电流超标与短路比偏低问题共存，无功电压动态支撑能力不足。随着风电等新能源装机进一步增加，系统低转动惯量、宽频域振荡等新的动态特征逐步显现。传统设备的反应特性由连续变量转变为电力电子设备的非连续特性，断路器和相关设备的响应时间将由秒级提升至毫秒级，控制更加困难，亟需提升风电等新能源对系统的主动支撑、调节与故障穿越能力。

第二章　风电场计算机监控系统

　　随着风力发电在国内的大规模开发和利用，风力发电技术已经逐步趋于成熟和完善。如何对风电场实现高效的实时监控，满足风电场并网的需求，提高电网的稳定性和可靠性，是当前电网亟需解决的问题，这就需要建立一套适应风电场信息监控的标准和系统。风电场计算机监控系统应遵循安全可靠、技术先进、适度超前、经济合理、符合国情的原则，满足电力系统自动化总体规划要求，充分考虑风力发电技术的发展需求。

第一节　风电场计算机监控系统基本架构及构成

一、风电场计算机监控系统架构

　　风电场计算机监控系统采用开放式分层分布式网络结构，由计算机监控子系统和风力发电机组监测子系统组成，其中计算机监控子系统由站控层、间隔层以及网络层设备构成，其典型架构如图2−1所示。

　　风电场计算机监控系统的主要任务是对本电站的运行状态进行监视和控制，向调度机构传送有关数据，并接受、执行其下达的命令。站控层设备按电站远景规模配置，间隔层设备按工程实际建设规模配置。

　　各层设备组成如下：

　　（1）站控层设备：包括主机兼操作员工作站、远动通信设备、公用接口装置、网络设备、打印机等，其中主机兼操作员工作站、远动通信设备按双套冗余配置，远动通信设备优先采用无硬盘专用装置。

　　（2）间隔层设备：包括风力发电机组、变压器、测风塔系统、天气预测系统及辅助系统的通信控制单元，风力发电单元规约转换器，保护和测控装置等设备。

　　（3）网络层设备：包括网络交换机、光/电转换器、接口设备和网络连接线、电缆、光缆及网络安全设备等。站控层与间隔层通常采用以太网连接，110kV及以上厂站采用双重化网络，35kV电站采用单网结构。站控层、间隔层的网络交换机采用具备网络管理能力的交换机，站控层交换机的容量根据电站远景建设规模配置，间隔层交换机的容量根据远景出线规模配置。室内的通信媒介采用五类以上屏蔽双绞线，室外的通信媒介采用光缆。

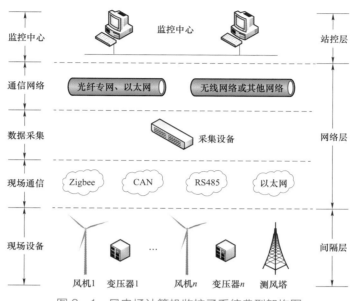

图 2-1　风电场计算机监控子系统典型架构图

二、风电场计算机监控系统站控层

站控层由数据采集通信子系统、数据处理及人机联系子系统、远动通信子系统和时钟同步子系统等组成，实现对风电场运行信息的实时监控功能。

（一）数据采集通信子系统

数据采集通信子系统一般由两套前置机及其通信接口装置、网络设备等组成。其中，前置机负责与各间隔层设备进行数据通信，完成数据采集与通信功能；通信接口装置负责与直流系统、UPS、电能量采集装置等其他智能设备进行数据通信。前置机通过站控层网络与主机、工作站、远动工作站等站控层设备连接，实现站控层内部通信功能。间隔层设备直接接入站控层网络，站控层网络一般采用快速交换式以太网，以实现站控层与间隔层之间数据的快速交换。

数据采集和通信功能由主机、人机工作站、远动工作站等站控层设备的通信软件模块完成，一般要求站控层和远动工作站直接读取间隔层设备的信息，即信息采集遵循"直采直送"的原则。

（二）数据处理及人机联系子系统

数据处理及人机联系子系统一般由主机、人机工作站及其打印机、操作员站（兼做工程师站）等组成，完成站内数据处理和人机联系功能。

风电场计算机监控系统一般采用双主机兼操作员站模式，主机是站控层数据收集、处理、存储及发送中心。主机承担了风电场计算机监控系统大量计算和数据处理工作，具有实时数据库、历史数据库、AVQC 等应用软件，管理、存储电站的全部运行参数、实时数据、历史数据，协调各种功能部件的运行，满足设备的数据请求。

站控层主机配置满足系统的功能需求及性能指标要求，主机具有主处理器及服务器的功能，是数据收集、处理、存储及发送的中心，管理和显示有关的运行信息，供运行人员对电站的运行情况进行监视和控制，实现各种工况下的操作闭锁逻辑等。主机采用一台或两台机配置，当选用两台主机配置时，两台主机互为热备用工作方式，一台主机故障时，另一台主机可执行全部功能，实现无扰动切换。在规模较小的电站监控系统中主机可兼做操作员站。

工作站是风电场计算机监控系统的人机接口设备，根据现场需求可配置操作员工作站、工程师工作站、保护工作站等。操作员工作站用于图形及报表显示、事件记录及报警状态显示和查询，设备状态和参数的查询，操作指导，操作控制命令的解释和下达等，实现运行值班人员对全站设备的运行监视和操作控制。操作员工作站要求配置双显示设备，一般情况下，一台显示器作为全站运行状态监视，另一台显示器作为告警监视。工程师工作站供管理人员进行系统维护，可完成数据库定义、修改，系统参数配置、报表制作，以及网络维护和系统诊断等工作，工程师工作站可同时兼作操作员工作站。保护工作站在电网正常运行或故障时，采集、处理保护相关信息，并充分利用这些信息，为继电保护设备的运行和管理服务，为分析、处理电网故障提供技术支持。

（三）远方通信子系统

远方通信子系统由远动工作站、调度数据网、数据传输通道等组成，负责与远方调度进行数据通信。

远动工作站收集全站测控装置、保护装置等设备的数据，以远方调度要求的远动通信规约，通过调度数据网络等方式上传至调控中心，并将调控中心下发的远方遥控、遥调命令向间隔层设备转发。

远动工作站满足信息直采直送的要求，即远动工作站与站内自动化设备相对独立。厂站工作站的任何操作和设备故障等对远动通信无任何影响，反之亦然；远动工作站的上传数据无需从这些系统的数据库中获取，而直接从间隔层 I/O 处理的子系统中获取；数据的处理方式也应尽量符合远动通信的要求，不再做中间处理，只需转换为调度通信规约即可送出。

远动工作站采用嵌入式系统，非 PC 结构，且无硬盘、风扇等转动部件，其功能为将 I/O 测控单元上传的信息归类集中和处理，经软件组态后按各级调控中心的要求传送信息，并能同时接收上级调度下发的遥控、遥调命令。远动工作站配置液晶显示面板，用户可查询、显示基本运行情况和远动信息，前面板安装有设置按钮、状态显示灯、复位按钮等，后面板主要有电源插件、各类接口等，其面板如图 2-2 所示。

远动工作站采用分布式多 CPU 结构，每个 CPU 并行处理不同任务，CPU 板采用高速低功耗网络处理器。远动工作站一般采用双机配置，并支持多种工作方式，如主备方式、双主方式等。主备双机运行时，每台远动工作站都能独立执行各项功能，一台远动工作站故障时，系统实现双机无缝自动切换，由另一台远动工作站执行全部功能。

图 2-2　远动工作站面板

远动工作站的技术要求为：

（1）具备为调控中心提供事件顺序记录（sequence of event，SOE）数据的功能，SOE中的事件时标应是 I/O 单元采集到该数据时的时间。

（2）远动工作站在故障及切换的过程中不应引起误操作和误发数据。

（3）远动工作站应能够接受调控中心和当地时钟对时。

（4）具备足够的通信接口，使之具有一发多收功能，且能够满足当地调试功能。

（四）时钟同步子系统

为确保站内时钟统一，风电场需部署一套时钟同步子系统,时钟同步子系统由主时钟、扩展时钟等组成，一般要求主时钟为双时钟源，即同时可接受北斗卫星对时和 GPS 对时。

主时钟包括时钟信号输入单元、主 CPU、时钟信号输出单元等，主时钟接收卫星同步系统发来的标准时钟，并通过各种接口与站控层和间隔层设备进行对时。当间隔层设备距离较远时，可通过配置扩展时钟对间隔层设备进行对时。时钟同步子系统结构如图 2-3所示。

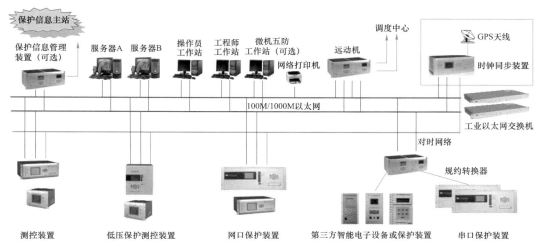

图 2-3　时钟同步子系统结构图

在风电场中，各类自动化及继电保护装置的时间同步是进行事故分析的基准，计算机监控系统、故障录波器和微机保护装置都需要由统一的时钟源向它们提供标准时间。目前通用的对时方式有三种，即软对时（由通信报文来对时，常用的对时接口为 RS－232、RS－485/RS－422）、硬接点对时（分对时或秒对时）和编码对时（应用广泛的 IRIG-B 对时）。

1. 软对时

软对时是以通信报文的方式实现的，这个时间是包括年、月、日、时、分、秒、毫秒在内的完整时间。在风电场计算机监控系统中，总控或远动工作站与时间同步装置通信，以获得时间同步系统的时间，再以广播报文的方式发送到其他装置。报文对时会受距离限制，如 RS－232 口传输距离为 30m。由于对时报文存在固有传播延时误差，所以在精度要求高的场合不能满足要求。

2. 硬接点对时

硬接点对时一般用分脉冲对时或秒脉冲对时，分脉冲对时将秒清零，秒脉冲对时将毫秒清零。理论上讲，秒脉冲对时精度要高于分脉冲对时，但在实际应用中分脉冲对时方式较为常用。

硬接点对时按接线方式又可分成差分对时与空接点方式两种。

（1）差分类似于 RS－485 的电平信号，以总线方式将所有装置挂在上面，时间同步装置定时（一般是整秒时）通过两根信号线中 A（＋）与 B（－）的电平变化脉冲向装置发出对时信号。这种对时方式可以节省时间同步装置输出口数、时间同步装置与各保护测控装置之间的对时线，还能保证对时的总线同步。

（2）空接点方式是类似于继电器的接点信号，时间同步装置对时接点输出与每台保护测控装置对时输入一一对应连接。注意，时间同步装置以空接点方式输出，其实其内部是一个三极管，有方向性，而且不能承受高电压，一般要求是 24V 开入。

3. 编码对时

目前常用的 IRIG-B 对时，分调制和非调制两种。IRIG-B 码实际上也可以看作是一种综合对时方案，因为在其报文中包含了秒、分、小时、日期等时间信息，同时每一帧报文的第一个跳变又对应于整秒，相当于秒脉冲同步信号。

为提高精度，风电场中一般采用硬接点对时和软对时相结合的方式，即装置通过通信报文获取年月日时分秒信息，同时通过脉冲信号精确到毫秒、微秒，对于有编码对时口（如 IRIG-B）的装置优先用编码对时。

三、风电场计算机监控系统间隔层

间隔层设备是按电站内电气间隔配置，实现对相应电气间隔的测量、监视、控制等功能。间隔层装置除具备传统的输入输出功能外，还继承了同期合闸、防误联锁等功能，保护测控装置更是把监控功能和微机保护功能合二为一。

（一）保护测控装置

保护测控装置负责采集各种实时运行数据，接收并输出控制命令，主要由主 CPU 模块（含通信接口模块）、模拟量输入模块、开关量输入模块、开关量输出模块、人机接口模块、电源模块等组成，其硬件结构如图 2－4 所示。

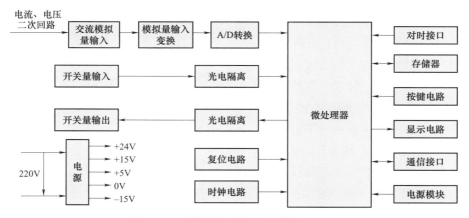

图 2-4　保护测控装置硬件结构原理图

1. 模拟量输入/输出系统

模拟量输入/输出系统包括电流、电压二次回路，具有模拟量输入变换、滤波器、采样保持器、多路转换以及模数转换（A/D）等功能。其中采样保持电路的作用是在一个极短的时间内，测量模拟量在该时刻的瞬时值，并在 A/D 转换器进行转换期间内保持其输出不变。利用采样保持电路，可以方便地对多个模拟量实现同时采样。采样保持电路工作原理如图 2-5 所示，它由一个电子模

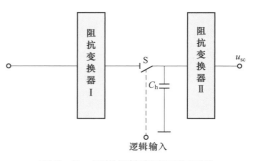

图 2-5　采样保持电路工作原理

拟开关 S、一个保持电容器 C_h 以及两个阻抗变换器组成。模拟开关 S 受逻辑输入端的电平控制，该逻辑输入就是采样脉冲信号。

在逻辑输入为高电平时 S 闭合，此时电路处于采样状态。C_h 迅速充电或放电到在采样时刻的电压值 u_{sr}，S 的闭合时间应满足使 C_h 有足够的充电或放电时间，即采样时间，显然采样时间越短越好。

S 打开时，电容器 C_h 上保持 S 闭合时刻的电压，电路处于保持状态。为了提高保持能力，电路中应用了另一个阻抗变换器Ⅱ，它在 C_h 侧呈现高阻抗，使 C_h 对应充放电回路的时间常数很大，而输出阻抗很低，以增强带负载能力。阻抗变换器Ⅰ和阻抗变换器Ⅱ可由运算放大器构成。

A/D 转换器完成一次完整的转换需要一段时间，在这段时间内，模拟量不能变化，否则就不准确了，必须引入采样保持电路，将瞬间采集的模拟量保持一段时间不变，以保证 A/D 转换的精度。采样保持过程如图 2-6 所示，T_c 称为采样脉冲宽度，T_s 称为采样间隔（或称采样周期）。由微型机控制内部的定时器产生一个等间隔的采样脉冲，用于对模拟量进行定时采样，从而得到反映输入信号在采样时刻的信息，随后在一定时间内保持采样信号处于不变的状态，这样在保持阶段，无论何时进行模数转换，其转换的结果都反映了采样时刻的信息。

模数转换器的基本原理如图 2−7 所示。以 12 位 A/D 转换为例，并行接口 PB15~PB0 用作输出，由微机通过该口往 12 位 A/D 转换器送数，每送一次数，微型机通过读取并行接口的 PA0 的状态（1 或 0）来观察送的 12 位数相对于模拟输入量是偏大还是偏小。如果偏大，则比较器输出"0"，否则为"1"。通过软件，如此不断地修正送往 A/D 转换器的 12 位二进制数，直到找到最相近的二进制数，这个二进制数就是 A/D 转换器的转换结果。

2. 遥测量的处理

通过保护测控装置采集的数据为原始数据，这些数据要提供给电站监控人员和调度运行人员使用，还需要做一系列的处理。

（1）滤波。由于变压器等非线性负荷的作用，电力系统中除了基波之外，还存

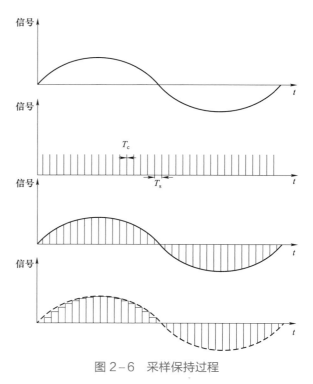

图 2−6　采样保持过程

在着各次谐波，这给准确地测量交流系统的各个运行参数带来了困难。针对谐波与各种干扰的存在，在交流测量进入测量装置时，设置了模拟式滤波器，以滤除较高次的谐波。在交流测量经交流一周期 N 次采样并通过 A/D 转换后，得到 N 个二进制数序列，通过一定的计算滤除不需要的谐波量，最终计算出希望得到的交流量幅值和有效值。

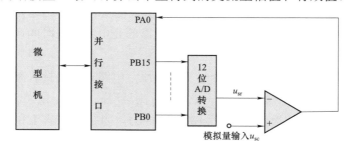

图 2−7　模数转换器的基本原理图

（2）标度变换。A/D 转换结果的数字量只代表 A/D 转换器输入模拟量的电压大小，而不能代表遥测量的实际值，要想求得实际值就必须进行标度变换。

电压互感器二次侧输出为 0~100V，电流互感器二次侧输出电流为 0~5A，这些信号经过一系列变换转换为 A/D 转换器能够接受的信号范围（如 0~5V），经 A/D 转换成数字量，然后再由计算机进行数据处理和运算。经 A/D 变换成的数字量已成为一种标幺值形态，无法表明该遥测量的大小。为了在监控后台显示以及向调度传送，又必须把这些数字量转换成具有不同量纲的数值，以便于运行人员的监视与管理，这就是标度变换。

以 12 位 A/D 转换为例，转换结果为 12 位，其中最高位为符号位，其余 11 位为数值。这是一个定点数，若约定将小数点定在最低位的后面，则数值部分为整数。当被测量与满量程相等时，转换结果为全 1 码，$11111111111B = 2047$，即 12 位 A/D 转换器的满码值为 2047。

例如被测电流的满量程为 1500A，经变换后的满量程为 2047。当电流在 0～1500A 范围内变化时，A/D 转换的输出在 0～2047 之间变动，两者呈线性比例关系，比例系数为 K，称为标度变换系数，也叫遥测转换系数。设遥测量的实际值为 S，A/D 转换后的值为 D，则 $K = S/D$，因为 S 和 D 呈线性比例关系，所以可以用满量程的对应关系来求出标度变换系数 K。对于 12 位 A/D 转换器，$D = 2047$，则 $K = S/2047$。

例如幅值为 1500A 的电流，可得

$$K = 0.732779677 = 0.101110111001011B$$

在经过 A/D 转换得到某个遥测量的 11 位二进制数后，需乘上系数得到有量纲的实际值。考虑到应保证在乘法运算时的精度，标度变换系数 K 应具有 11 位的有效数。但在某些场合，根据 $K = S/D$ 得到的 K 系数并不是 11 位有效位，因此需要预先对 K 进行处理。

例如某电流的幅值满量程为 150A，则

$$K = 0.0732779677 = 0.00010010110B$$

这一系数的有效位仅有 8 位，当 A/D 转换的结果与之相乘后，有效位数减少了。为了保证有效位数，可以将被测量预放大，例如上例放大 10 倍，在十进制数显示时相应将小数点向左移 1 位，即可显示原值。

（3）二—十进制转换。标度变换后的数据已经代表了遥测量的实际值，但此数据是以二进制表示的。在某些场合，还希望再转换为十进制数，这就需要进行二—十进制转换。

这里的十进制实际上还是采用二进制数来表示，一个十进制数用 4 位二进制数的前 10 个状态表示十进制的 0～9，后 6 个状态无效，这些二—十进制代码称为 BCD 码。标度变换后的数据可能有整数和小数两部分，在进行二—十进制转换时对整数和小数的处理方法不同，应分别对待。

对于整数的二—十进制转换采用连续减法，应先确定二进制数可能对应的十进制数的最高位数，例如 12 位二进制数若转换为十进制数，最高位只能是千位。用待转换的二进制数减去 1000，并对减的次数计数，至不够减时，则计数值为千位数，余数再不断地减去 100，并对减的次数计数，至不够减时，计数值为百位数，如此类推可得十位数和个位数。

对小数的二—十进制转换则采用"乘 10 取整"的方法。将二进制小数乘以 10，得到的整数部分为十进制小数点后的第一位，再将余下的小数乘以 10，得到的整数部分为小数点后的第二位，以此类推，可得到第三位、第四位等。

（4）死区计算。遥测量的采集工作不间断循环进行着，并需要将这些时刻变换的遥测量上送至调控中心。这些遥测量并不是随时随刻都在大幅度变化，而大多数遥测量在某一时间内变化是缓慢的，如果将这些微小的变换数据不停地送往调控中心，会增加各个环节的数据处理负担。

在遥测量处理中加入死区计算，则可有效地解决上述问题。死区计算是对连续变化的模拟量规定一个较小的变化范围，当模拟量在这个规定的范围内变化时，认为该模拟量没有变化，此期间模拟量的值用原值表示，这个规定的范围称为死区。当模拟量连续变化超出死区时，则以此刻的模拟量代替旧值，并以此值为中心再设死区，只有当遥测量变化大于死区时，才允许遥测量上送。

3. 开关量输入

开关量输入/输出系统由微型机的并行接口、光电隔离器件及有触点的中间继电器等组成，以完成开关量输入信号接入、控制命令输出及与外部通信等功能。

断路器和隔离开关等的位置信号，通常由它们的辅助节点通过控制电缆接入保护测控装置开入节点获得。为了防止外部回路异常造成保护测控装置故障，通常在开入端子与保护测控装置开入接点之间加装光电耦合器。光电耦合器又称光电隔离器，它是由发光器件（发光二极管）和受光器件（光敏三极管）组合在一起的器件，以光为媒介传输信号。遥信采集电路如图 2-8 所示，在断路器跳闸或停止运行时，站端继电器或辅助触点中动合触点断开（断点）时，发光二极管不导通，光敏三极管则截止，将"1"信号送入遥信编码电路；当断路器合闸或运行时，信号继电器或辅助接点中动合触点闭合，发光二极管导通，光敏三极管则导通，将"0"信号送入遥信编码电路。

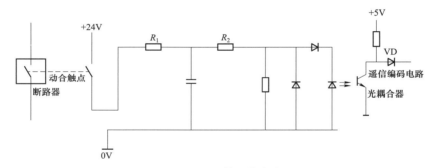

图 2-8　遥信采集电路

遥信从信号采集、处理到通道传输，再到调度自动化系统主站端处理，其中某一环节出现问题都会造成遥信误动，遥信误动大致原因如下：

（1）电磁干扰。在继电器触点闭合时，由于有一个正的电压加在光耦合器的输入端，一般较少产生遥信误动。当继电器触点断开时，由于此时光耦合器输入端悬空，遥信采集电缆较长，一般在几十米左右，且分布在电站的各个角落，在外界电磁场的干扰下，使得光耦合器输入端加上了杂乱无章的小信号干扰波，由于这些干扰波的影响，造成遥信频繁变位信息。

（2）继电器触点抖动。当继电器动作时，继电器的触点触头不能一次性地闭合/打开或打开/闭合，这是由于节点间电弧作用、继电器触点氧化接触不良及继电器的机械特性所造成的。在继电器动作时，由于触头间存在一个"抖动"的暂态过程，于是通过光电隔离后的波形就产生了一个反应触头抖动暂态过程的方波，造成了遥信抖动。

（3）保护测控装置工作电源不稳定。保护测控装置工作电源不稳定，电压过高或过低都会造成保护测控装置工作异常或导致损坏，造成遥信信号异常。

（4）接地效果不好。接地效果不好，各设备间电平不一致，从而造成对保护测控装置及其设备干扰，并引起遥信误动。

遥信误动一般采取提高控制回路电压（如直流 220V）、设置遥信抖动时间等方式进行抑制。遥信输入是带时限的，即某一位状态变位后，在一定时限内该状态不应变化，如果变化，则该变化将不应变位，如果变位，则变位将不被确认，这是防止遥信抖动的有效措施。遥信软件时序如图 2-9 所示，该时限通常设置为 20～40ms，此防抖时限通常是可以在保护测控装置中进行整定的。

4. 事件顺序记录

事件顺序记录的功能就是在设备发生事故时，能够自动记录断路器或继电保护的动作信息并附带时间标志。事件顺序记录的主要技术指标是厂站内的分辨率，一般要求站内分辨率不大于 2ms。为了分析事故，要求电站内时间统一，时间的准确度为毫秒级。

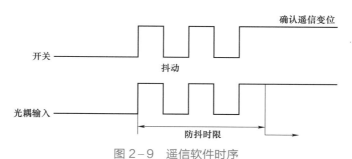

图 2-9　遥信软件时序

事件顺序记录的时间就是发现遥信变位的时间。以扫查方式采集变位遥信时，对遥信断路器状态按组逐一进行扫查，当扫查到某一组发现有断路器变位时，除记下断路器的序号外，还同时记下当时的实际时间作为变位的时间标记，即事件顺序记录时间，然后继续扫查下一组。

5. 遥控命令执行

遥控由调度侧发出命令，也可由站端监控后台发出（或间隔层保护测控装置发出），遥控命令中包含了指定操作性质（合闸或分闸）、厂站号和被操作的断路器或隔离开关序号等。遥控命令从格式上包含地址、性质和对象等内容，为防止信息在传输过程中传输错误，还包括监督码。在遥控过程中，为保证工作可靠，一般采用"选择—返校—执行"三步进行。第一步，控制端向被控制端发出选择命令，选择命令包含遥控对象、遥控性质等信息；第二步，被控端向控制端返送遥控返校信息，返校信息是被控端对收到的遥控选择命令进行执行条件的核查，遥控对象若满足执行条件，则返校肯定确认信息，否则返送否定信息；第三步，控制端根据返校的信息，向被控端发送遥控执行命令或遥控撤销命令，最后，被控端根据收到的遥控执行或撤销命令进入具体执行环节。遥控出口电路如图 2-10 所示。

6. 微机型主系统

微机型主系统包括微处理器、只读存储器或闪存单元、随机存取存储器、定时器、并行接口以及串行接口等。目前，随着集成电路技术的不断发展，已有许多单一芯片将微处理器、只读存储器、随机存取存储器、定时器、模数转换器、并行接口、闪存单元、数字信号处理单元、通信接口等多种功能集成于一个芯片中，构成了功能齐全的单片微型机系统。

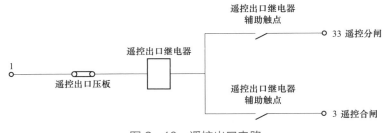

图 2-10　遥控出口电路

7. 人机接口

人机接口用于人机交互及状态信息显示，通常安装在 I/O 保护测控装置正面面板上，主要包括液晶显示屏、LED 状态显示灯、操作键盘和 RS-232 串行调试接口等。对于保护测控合一装置，还带有打印机接口。其中，RS-232 串口主要用于本装置调试过程中的参数配置文件下装、历史/实时信息数据读取及故障在线诊断等操作。液晶显示屏显示内容和LED 指示灯定义通常是可编程的，可通过参数组态软件灵活设置，并经 RS-232 串口调试端口下装重启后生效。人机接口模件一般基于单片机开发，除了与装置主 CPU 进行数据交换的串行通信接口电路外，还包括键盘响应电路、液晶显示电路和打印机驱动电路等。

8. 通信接口

通信接口模件用于将保护测控装置采集和运算得出的各类信息上送至站控层，并且接收站控层下达的查询和控制命令。大多数保护测控装置不设单独的通信接口模件，而是将通信功能集成到主 CPU 模件中。保护测控装置的通信接口类型通常根据保护测控装置与站控层之间的拓扑关系而定。对于星型耦合连接方式，一般采用串口点对点通信方式，这种通信方式的优点是各保护测控装置之间的界面清晰，不存在物理联系，彼此之间几乎没有干扰和相互影响，有利于现场调试时故障分析和查找，缺点是传输介质数量和长度要求很大。对于总线型连接方式，主要采用 Lonworks、Modbus 等现场总线，采用 RS-485/RS-422的连接方式，这种通信方式在风电场较为常用。监控系统与前端采集设备之间的通信介质主要为光纤，两边加以电光转换和光电转换模块，由于风力发电机组分布较广，电站控制中心与风力发电机组所处位置可能距离较远，又由于现场电磁环境较为恶劣，所以采用光纤作为传输介质，通过协议转换器将串口通信方式转换为网络通信方式。

9. 保护功能

保护模块可为各个电气间隔提供保护功能，根据采集到的电压、电流等电量信号和非电量信号，提供电气间隔所必需的保护功能，如差动保护、过流保护、零序过流保护、过压保护、低压保护、低频保护、高频保护、非电量保护等。

（二）规约转换器（通信管理机）

通信管理机是风电场重要设备之一，它是将现场风力发电机组、变压器等各类终端的通信数据转换为计算机监控系统间隔层标准通信规约，如将 Modbus 规约转化为网络 103 规约，实现计算机监控系统对全站风力发电机组、变压器等设备的监测。

（三）环网交换机

环网交换机将提供光纤环网通道，将规约转换器采集的各类智能终端的通信信息传递到计算机监控系统中。采用光纤环网相比较于各风力发电机组直接连接到升压站方式，在保证经济性的情况下，具备安全冗余性。主要优点为：需要的光纤数量少，节省投资；光纤布置简单，减少维护的工作量；允许环网在出现一个断点的情况下，所用通信仍然可靠。

（四）风力发电子系统

风力发电子系统由风力发电机组、箱式升压变压器等组成。风电机输出交流电压一般仅为 690V，远低于公网 35kV 或 110kV 系统电压，因此风电场并网需要通过升压变压器将风力发电机组输出电压提升至 35kV，并通过升压变电站将风力发电功率进一步汇集升压至公网额定并网电压，与公网相并联达到电能外送目的。交流系统由交流汇集线、变压器、开关、母线、电压互感器、电流互感器、避雷器以及无功补偿装置等组成，其性能及工作原理、保护测控设备及网络结构与普通交流变电站相应设备并无明显差异。系统结构如图 2-11 所示。

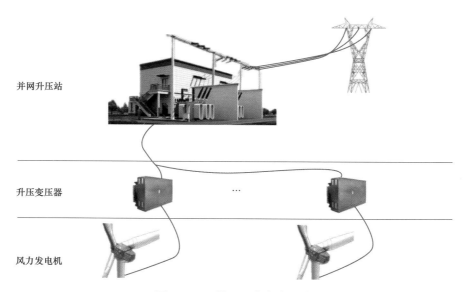

图 2-11　并网风力发电系统

1. 风力发电机组

风力发电机组包括风轮、发电机。其中，风轮由叶片、轮毂、加固件等组成，具有叶片受风力旋转发电、发电机机头随风向转动等功能。风力发电电源由风力发电机组、支撑发电机组的塔架、蓄电池充电控制器、逆变器、卸荷器、并网控制器、蓄电池组等组成。

风力发电机组进行发电时，都要保证输出电频率恒定。这无论对于风力发电机组并网发电还是风光互补发电都非常必要。要保证风电的频率恒定，一种方式就是保证发电机的恒定转速，即恒速恒频的运行方式。因为发电机由风力机经过传动装置进行驱动运转，所

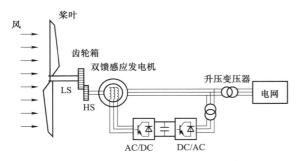

图 2-12 风力发电机发电原理示意图

以这种方式无疑要恒定风力机的转速，这将影响到风能的转换效率；另一种方式就是发电机转速随风速变化，通过其他手段保证输出电能的频率恒定，即变速恒频运行，其发电原理如图 2-12 所示。

2. 升压变压器

风电场采用升压变压器将风力发电机组输出功率就地升压至 35kV，通过集电线路汇总到风电场升压站，如图 2-13 所示。

升压变压器也通过光纤环网接入监控系统，主要对变压器内部设备的模拟信号和开关信号进行采集和控制，并上传到当地的监控后台和升压站的自动化系统中。

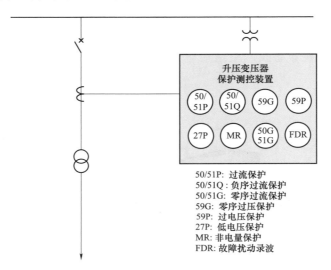

图 2-13 双绕组变压器典型应用

四、风电场计算机监控系统的主要功能

风电场计算机监控系统是风电场信息监视和处理的中心，是运行值班人员监视现场设备运行状况、分析判断设备运行态势的支撑手段，具体功能如下。

（一）监控功能

1. 数据采集

系统通过风电场间隔层设备实时采集模拟量、开关量及其他相关数据。间隔层设备采集信息如下。

（1）遥测信息。

1）并网点：并网点相电压 U_a、U_b、U_c，并网点线电压 U_{ab}、U_{bc}、U_{ca}，并网点电流 I_a、I_b、I_c，并网点有功功率、无功功率、功率因数，并网点上网电量，并网点 A 相、B 相、C 相电压闪变，并网点 A 相、B 相、C 相电压偏差，并网点 A 相、B 相、C 相频率偏差，并网点 A 相、B 相、C 相谐波 THD。

2）主升压变压器：低压侧相电压 U_a、U_b、U_c，低压侧线电压 U_{ab}、U_{bc}、U_{ca}，低压侧电流 I_a、I_b、I_c，低压侧有功功率、无功功率，高压侧相电压 U_a、U_b、U_c，高压侧线电压 U_{ab}、U_{bc}、U_{ca}，高压侧电流 I_a、I_b、I_c，高压侧有功功率、无功功率。

3）升压变电站母线数据：母线相电压 U_a、U_b、U_c，母线线电压 U_{ab}、U_{bc}、U_{ca}。

4）无功补偿设备：线电压 U_{ab}、U_{bc}、U_{ca}，三相电流，无功功率。

5）风力发电机组：有功功率、无功功率、电压、电流、转速、叶片角度、机舱角度、油压、水温、电机温度等。

（2）遥信信息。

1）并网点：断路器、隔离开关、接地开关位置状态，远方/就地切换，保护动作总信号，控制回路断线，重合闸动作，装置故障（异常、闭锁），开关本体及操动机构故障，保护动作信号。

2）隔离升压变压器：高压侧断路器、低压侧断路器、高压侧隔离开关、低压侧隔离开关位置状态，高压侧开关远方/就地，低压侧开关远方/就地切换，保护动作总信号，装置故障（异常、闭锁），保护动作信号。

3）风力发电机组：运行状态、告警信息、故障信息、保护动作信息等。

（3）气象环境信息。

1）风速仪：风速、风向、气温、气压、湿度等。

2）测风塔：气温、气压、湿度等。

2. 数据处理

监控系统可以实现数据合理性检查、异常数据分析、事件分类等，并支持常用的计算功能。监控系统能够灵活设定历史数据存储周期，具有不少于一年的历史数据的存储能力。监控系统具有统计计算能力，并提供方便的查询功能。

3. 控制操作

控制对象包括断路器、隔离开关、接地开关、变压器分接头、无功补偿设备和其他重要设备。控制操作具有自动控制和人工控制两种控制方式，级别由高到低依次为就地、站内监控、远方调度/集控。控制操作遵守唯一性原则。

自动控制包括顺序控制和调节控制，具有有功/无功功率控制、变压器分接头联调控制以及操作顺序控制等功能，这些功能各自独立，互不影响。在自动控制过程中，程序遇到任何软、硬件故障均输出报警信息，并不影响系统的正常运行。

人工控制时，监控系统具有操作监护功能，监护人员可在本机或者另外的操作员站实施监护。在监控系统中对开断设备采用选择、返校、执行三个步骤，实施分步操作。计算机监控系统能够满足站内和远方两种顺序控制的要求，各类顺序控制均要通过防误闭锁校验。

4. 防误闭锁

设备操作同时满足站控层防误、间隔层防误和现场电气防误要求。任意一层出现故障，不影响其他层的正常闭锁。站内所有操作指令必须经过防误验证，并有出错告警功能。

5. 告警

告警内容应包括设备状态异常、故障，测量值越限，监控系统的软硬件、通信接口及网络故障等。

风电场计算机监控系统具备事故告警和预告告警功能。事故告警信息包括非正常操作引起的断路器跳闸和保护动作信号，预告告警信息包括设备变位、状态异常信息，模拟量或温度量越限，工况投退等。告警发生时能推出告警条文和画面，并伴以声、光等提示，可打印输出，同时提供历史告警信息检索查询功能。

6. 事故顺序记录和事故追忆

风电场内重要设备的状态变化应列为事件顺序记录（SOE），主要包括：

（1）断路器、隔离开关及其操动机构各种监视信号。

（2）继电保护装置、公共接口设备等的动作信号、故障信号。

事件顺序记录的时标为事件发生时刻各装置本身的时标，分辨率应不大于 2ms。

事故追忆的时间跨度和记录点的时间间隔应能方便设定，至少记录事故前 1min 至事故后 5min 的相关模拟量和事件动作信息，并能反演事故过程。

7. 画面生成及显示

风电场计算机监控系统具有图元编辑、图形制作和显示功能，并与实时数据库相关联，可动态显示系统采集的开关量和模拟量、系统计算量和设备技术参数，风电场电气接线图等，画面支持多窗口、分层、漫游、画面缩放、打印输出等功能。

运行人员可通过键盘或鼠标选择和调用画面显示。画面内容应精炼、清晰、直观，以便于监视和保证动态特性。画面主要包括：

（1）各类菜单（或索引表）显示。

（2）风电场电气接线图，具备顺序控制功能的间隔需显示间隔顺序控制图。

（3）风力发电机组、箱式升压变压器等主要设备状态图。

（4）直流、火灾报警、UPS 电源、视频监视、气象系统等公用接口设备状态图。

（5）各类棒图。

（6）各类曲线图。

（7）系统结构及通信状态图。

系统还应具有电网拓扑识别功能，实现带电设备的颜色标识。

8. 计算及制表

风电场计算机监控系统可使用各种历史数据，生成不同格式的报表，支持对风电场各类历史数据进行统计计算，如日、月、年中最大或最小值及其出现的时间，电压合格率、功率预测合格率、电能量不平衡率、辐照度等。系统具有用户自定义特殊公式功能，并可按要求设定周期进行计算，报表应支持文件、打印等方式输出。

9. 系统时钟对时

风电场计算机监控系统支持接收北斗、GPS 或者基于调控机构对时系统的信号并进行对时，以此同步站内相关设备的时钟。

10. 系统自诊断和自恢复

风电场计算机监控系统应在线诊断各软件和硬件的运行工况，当发现异常和故障时能及时告警并存储。

各类有冗余配置的设备发生软硬件故障应能自动切换至备用设备，切换过程不影响整个系统的正常运行。系统软硬件应具有看门狗功能。

11. 有功功率控制

风电场计算机监控系统应具备有功功率控制功能。系统能接收并执行电网调控机构远方发送的有功功率控制指令，调节风力发电机组（包括发出启停控制指令或分配有功功率控制指令），同时能实时上传全站有功功率的输出范围、有功功率变化率、有功功率等信息，在有功功率控制出现异常时，提供完善的告警信息。

12. 无功电压控制

风电场计算机监控系统应具备无功电压控制功能。系统能接收并执行电网调控机构发送的电压无功控制指令，调节风力发电机组（包括发出启停控制指令或分配无功功率、功率因数控制指令），调节手段应包括调节升压变压器变比、调节风力发电机组无功输出和控制无功补偿装置等。同时，系统能实时上传全站无功出力的输出范围、无功功率等信息，在无功功率控制出现异常时，提供完善的告警信息。

13. 功率预测

功率预测系统独立配置时，风电场计算机监控系统能向功率预测系统提供实时有功数据、实时气象监测数据等信息。功率预测系统能向风电场计算机监控系统提供短期和超短期功率预测结果、数值天气预报。

14. 继电保护故障信息管理系统

独立配置的继电保护故障信息管理系统应单独组网，与计算机监控系统物理隔离。继电保护装置应单独提供通信接口与继电保护故障信息管理系统通信。

一体化配置的继电保护故障信息管理系统，继电保护信息子站可与计算机监控系统远动通信设备一体化。

15. 辅助系统

辅助系统分为独立配置的辅助系统和一体化配置的辅助系统。辅助系统宜配置视频图像子系统、防盗报警子系统、火灾报警子系统、门禁子系统和环境量监测子系统。

（1）对于独立配置的辅助系统，应具备以下功能：

1）辅助系统应能够通过网络向监控系统提供防盗报警、火灾报警、门禁报警和环境量超限等报警信号。

2）辅助系统应能通过网络接收监控系统下达的控制命令并执行，包括摄像机云台和镜头控制、防盗撤布防、灯光控制、风力发电机组控制、开门关门等命令。

（2）对于一体化配置的辅助系统，应具备以下功能：

1）应能实现图像显示、前端摄像机控制、画面切换、照片抓拍、手动和自动录像等功能。

2）应能根据防盗报警、火灾报警、门禁和环境量等报警信号自动切换到指定摄像机进行录像，显示报警位置信息，并联动相关辅助设备。

3）应能够显示、记录防盗报警、火灾报警、门禁报警和环境量采集数据等信息。

16. 系统通信

风电场计算机监控系统站控层应采用以太网通信，对于独立配置的辅助系统，宜采用网络通信，通信协议可采用 DL/T 634.5 – 104《远动设备及系统　第 5 – 104 部分：传输规约采用标准传输协议集的 IEC 60870 – 5 – 101 网络访问》、DL/T 667《远动设备及系统　第 5 部分：传输规约　第 103 篇：继电保护设备信息接口配套标准》、DL/T 860《变电站通信网络和系统》等多种通信协议；对于独立配置的功率预测系统宜采用网络通信，通信协议宜采用 DL/T 634.5 – 104 通信协议。

站控层和间隔层应采用以太网通信，通信协议可采用 DL/T 634.5 – 104、DL/T 667、DL/T 860 等多种通信协议。不能提供网络接口的间隔层设备，应通过规约转换器和站控层通信。户外通信介质宜采用金属铠装光缆。

17. 远动通信

风电场计算机监控系统应满足通过电力调度数据网通道与调度主站系统通信的要求，远动通信设备的接口应满足电力调度数据网接入要求，宜采用 DL/T 634.5 – 104 或采用调度自动化系统要求的通信协议。

远动通信设备应直接从间隔层获取调度所需的数据，实现远动信息的直采直送。

远动通信设备应能够同时和多级调控中心进行数据通信，且能对通道状态进行监视。

（二）监测分析功能

1. 应用层监视

（1）运行监测。运行监测用于监测电站及设备的运行情况，从总体到局部依次有三个监测层次，分别是电站的整体运行监测、设备群监测、单设备监测。

1）电站整体运行监测。电站整体运行监测主要监测电站的总体运行情况，包括总体的设备运行情况、关注度高的数据、整体告警信息等。

总体的设备运行情况包括处于各种状态（运行、关机、故障等）中的设备数。

关注度高的数据包括风力发电机组运行状态（如当前的实时总功率）。

整体告警信息包括电站中所有的未消除的告警信息的列表，列表中展示告警的内容、告警的来源（设备原生、系统判断）以及告警的产生时间等信息；设备群（或单一设备）的运行总体状况。

电站运行监测的界面以图形、表格加文字说明的形式直观体现。

2）设备群监测。设备群监测指同时监控一群设备，群的划分方式较为灵活，可以是某个种类的设备，如将所有的风力发电机组划分为一个群，也可以是某个品牌的某种设备。设备群监测的内容包括设备群当前的总体运行情况、关注度高的数据以及群中所有设备的告警数据。

内容的展示方式同样丰富，既有直观的图形展示，包括实物图、趋势图、饼图、直方图、仪表盘等，也有表格、文字等展示形式。

3）单设备监测。单设备监测指监测特定的一个设备的运行情况，监测的内容包括该设备当前的状态、该设备所有的运行参数以及所有的衍生参数、该设备当前所有待处理的告警等。告警通知同视频系统紧密结合，当告警详细信息展示界面时，系统能自动定位到对应的视频设备并显示其图像信息。

（2）分析诊断。分析诊断功能向使用者提供设备的故障分析功能，主要方式为比对分析。比对分析是指通过多个设备运行数据的比较来发现问题，比如将两台风力发电机组的日发电量进行对比，如果有一台风力发电机组的发电量总是比另外一台低，那么就可以认为发电量低的这一台风力发电机组效率低下或疑似故障，借此也可以用来判断风力发电机组的好坏。当然，除了以上提到的两种故障分析功能外，系统还能提供故障诊断的辅助信息，包括故障前后的各项数据及变化情况（故障录波），帮助故障分析人员尽快定位问题的出处和原因，减少故障查找和维修的周期。

（3）综合查询。综合查询功能为使用者提供各种数据的自定义查询，可查询的信息包括系统中所有的存储数据，查询条件可以方便地选择和自定义。查询的结果既可以用表格的方式展现，亦能以图形的方式直观体现，还可以用表格、图形的方式综合显示。

（4）统计报表。统计报表功能可为管理人员提供必要的报表，根据报表的不同，自动按照报表的功能及需要，以日、月、季、年等方式提供不同粒度的报表，所有的报表均可以导出成使用者习惯的 Excel 或者通过连接的打印机进行打印，打印出的格式、内容与看到的完全一致。

（5）设备管理。通过设备管理，使用者可以建立电站所有设备的台账，从而实现设备台账管理的信息化。除了设备本身的信息外，使用者还可以为设备进行标识（命名或编号），以帮助使用者在各种设备展示界面中方便地定位到识别设备。

（6）系统管理。系统管理包括用户管理、角色管理、权限管理，能够添加、修改、删除系统用户，能够定义每个用户的角色，亦能为每个用户或每种角色分配不同的使用权限。

2. 服务层功能

（1）状态管理。系统所有设备信息的采集均通过状态管理进行处理，设备状态包括设备的运行状况及各种参数。对不同的设备，有不同的状态处理过程，既有系统循环发送请求后由设备报送的，也有设备自动报送的。

设备管理除了进行状态信息的获取外，还负责设备实时状态的维持，从而为系统中的各项处理提供相应的依据。例如，给用户发送一个控制指令时，首先由状态管理判断该设备目前所处的状态，一旦设备处于不适宜控制的时候，系统将立即停止控制指令的发送，并反馈给操作者，同时记录在系统中。

（2）设备控制。设备控制用于控制设备控制指令的下达，并进行控制处理的组织，包括与状态管理交互，了解待控制设备是否处于适宜控制状态等。

（3）警报识别。警报识别用于识别设备的所有告警。智能设备适配器通过设备应用数据单元和设备规约库动态接入各种设备；通过采集数据实时分析、对告警数据和特征值进行挖掘，过滤变化不大和重复的数据，保证采集的有效性；通过变频采集机制，根据数据采集情况和告警发生情况变化确定采集频率，做到故障数据"录波"；特定情况发生时（如收到告警信号、值超过限值、变化率过大等），通过互动式采集自动采集其他指标信号，实现采集任务的智能化。

（三）信息采集原则及测量参数的选取

实际中，风力发电系统应用的决定性因素是成本和效率，从这两方面切入，风电场计算机监控系统的主要监控参量包括：① 系统工作环境气象参数，主要有温度、风速及灾害性天气预测等，这些物理量都可以通过相应的传感器形成标准的 4～20mA 或 1～5V 的电信号；② 风力发电机组工作输出的电压和电流，这两个量可利用直流电量采集模块采集，从而达到对这两个量实时跟踪，使系统始终运行于最大输出功率。这些数据通过传感器或智能模块进行采集，采用统一应用支撑平台进行数据处理，实现计算机监控系统自动监视和控制。

1. 信息采集的原则

风力发电实时监控和信息采集系统主要采集风电场内所有的遥信和遥测信息，并进行相应的控制操作。电站内所有的断路器、隔离开关、接地开关、变压器、电容器、交直流站用电及其辅助设备、保护信号和各种装置状态信号都归入计算机监控系统的监视范围，对所有的断路器、电动隔离开关、电动接地开关等实现远方控制。

保护装置采集并处理继电保护的状态信息、动作报告、故障录波等相关信息。遥测信息的采集应保持与保护装置的相对独立，站内所有的断路器、隔离开关、接地开关、变压器、电容器、交直流站用电等一次设备的运行状态均直接由测控单元采集，凡涉及控制一次设备的位置信号应按双态采集。

继电保护信息可通过通信方式采集，电能量信息可从电能计费系统采集，站内智能设备（直流系统、UPS 系统、安全稳定控制系统等）的运行状态信息通过通信方式采集。

2. 控制操作方式

断路器、电动隔离开关、变压器分接头的控制操作方式具有手动控制和自动控制两种方式，操作遵守唯一性原则。控制可分为主站端操作、站控端操作、间隔层操作、就地设备层操作。当执行某一控制操作时，其他操作均处于闭锁状态。

3. 测量参数的选取和处理

在系统监测中，一般采用三个等级的标准：普通级监测、系统级监测和专业技术级监测。

（1）普通级监测的主要测量参数是系统的输入输出，而不是系统的内部工作状况。这种监测用来检测系统是否正在运行、供电参数是否合理等，没有提供更多的辅助功能（如故障诊断），并且不能根据设计说明书确定某一具体组件是否正在运行。

（2）系统级监测除具有普通级别具有的功能外，还进行系统内部测量。系统级监测包括系统内部的直流系统的电压、电流的监测和交流系统的电压、电流的监测，并且可总体上了解系统内部的能量流动。系统级监测可以在宏观上了解组件性能，并提供系统组件的故障诊断，不仅可以对系统设计进行评价，甚至可以对组件的效率进行评价。

（3）专业技术级监测的测量用于科研上，可以了解系统的运行情况和实时的能量流动。通过采集的数据可监测组件效率，也可确定特定组件的运行特性。同时，在高频下采集数据，由于数据量大且聚合较快，因此无法对系统总体运行参数进行实时分析。这个级别的监测应用在对系统参数和组件进行详细的分析上。

系统的一般性监测采用普通级监测即可，要想对系统进行全面、正确和客观的评价，系统级监测则可以满足这一要求。如果需要更为详尽的数据，则应达到专业技术级监测。

第二节 计算机监控系统内部通信

风电场计算机监控系统中，设备间的数据通信方式主要有串口通信和以太网通信。全站网络结构示意图如图2-14所示。

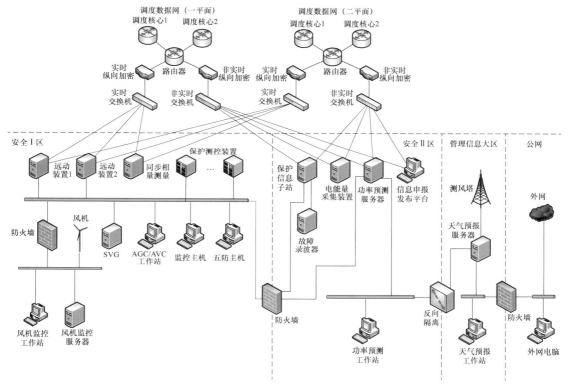

图2-14 风电场网络结构示意图

一、串口通信

串口通信是指使用一条数据线，将数据按位依次传输，每一位数据占据一个固定的时间长度，只需要少数几条线就可以在系统间交换信息，特别适用于计算机与计算机、计算机与外设之间的远距离通信。风电场串口通信主要以RS-485接口标准为主。

二、以太网通信

风电场自动化系统中，各种保护装置、测控装置大量采用以太网直接相联。风电场自动化系统以太网组网的优点有：速度快、扩展性好、可靠性高、成本低，网络管理功能强大，误码率很低。从目前的发展来看，以太网具有的速度优势是其他通信方式无法比拟的，风电场计算机监控系统的网络结构发展趋势是以以太网为主，其他多种网络结构形式为辅的网络结构形式。

三、站内数据通信

（一）升压站通信

升压站主架网采用双以太网配置，双网冗余热备用，保证了数据的连续性、完整性和可靠性，提高了系统运行的稳定性，其结构如图 2-15 所示。升压站保护、测控设备与监控、远动设备通过以太网通信，电能表、直流屏、环境监测仪（实时气象采集装置）等设备通过 RS-485 通信线，经通信管理机接入以太网，实现与其他设备的内部通信，升压站经调度数据网实时交换机、非实时交换机与调度侧进行数据交互。

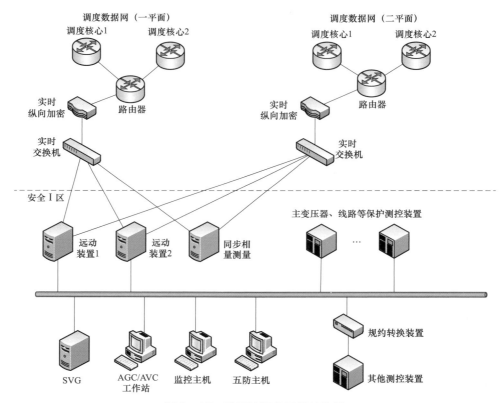

图 2-15　升压站通信网络结构图

（二）风电监控子系统

风电场一般地处人迹稀少、环境复杂的山坡、戈壁、岛屿、滩涂、近海等地，对风力发电机组和变压器的巡视和维护相对困难，配置风力发电机组及变压器监控系统来监控设备是必要的，其系统网络结构如图 2-16 所示。

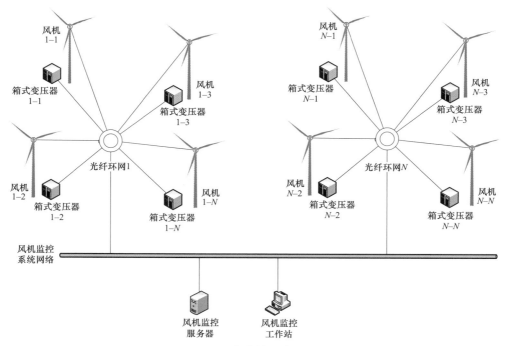

图 2-16 风电监控系统网络结构图

系统通过光纤环网将数据通信接口与被监控设备连接，实现对现场实时数据收集，并向现场监控设备下发控制调节命令实现风电场控制调节功能；监控系统对收集的实时数据、报警数据进行分类处理，提供声光报警和光字牌提示，对报警信息、事件顺序记录和重要的遥测数据进行磁盘数据库存储，提供曲线、报表、事故追忆等查询工具对存储的历史数据进行查询；监控系统还具备完整的画面制作和图形显示功能，通过显示器、鼠标、键盘等人机交互接口实现对风电场的监视和控制。风力发电机组监控系统通过光纤环网采集风电机组运行模式、运行参数、报警信息，并实现机组启停控制等功能。风电机组状态监视图如图 2-17 所示。

（三）功率预测子系统

风电功率预测系统包括实时数据监测、功率预测、软件平台展示三个部分。布置在安全 Ⅰ 区的风电场综合监控系统把实时功率等运行数据和测风塔数据通过防火墙送至安全 Ⅱ 区的功率预测系统。布置在安全 Ⅲ 区的数据采集服务器主动下载专业气象部门的数值天气预报数据，并通过反向隔离装置送至安全 Ⅱ 区的风电功率预测系统。

风电功率预测系统实现短期功率预测和超短期功率预测，并通过纵向加密装置和路由器把功率预测结果和测风塔气象数据送至电力调度中心安全 Ⅱ 区。

短期风电功率预测能够实现对风电场 0~72h 的输出功率情况进行预测，预测点时间分辨率为 15min，每天预测一次。

超短期风电功率预测能够实现对风电场未来 0~4h 的输出功率情况进行预测，预测点时间分辨率为 15min，每 15min 滚动预测一次。

风电机组状态监视示意图如图 2-18 所示。

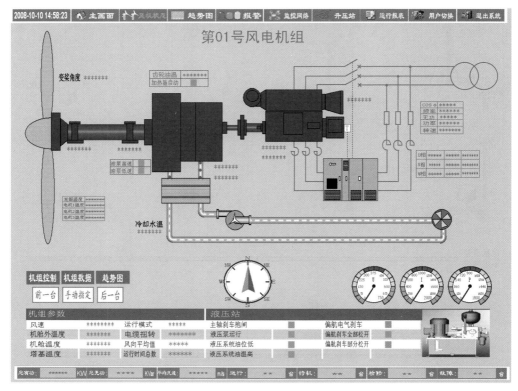

图 2-17 风电机组状态监视示意图

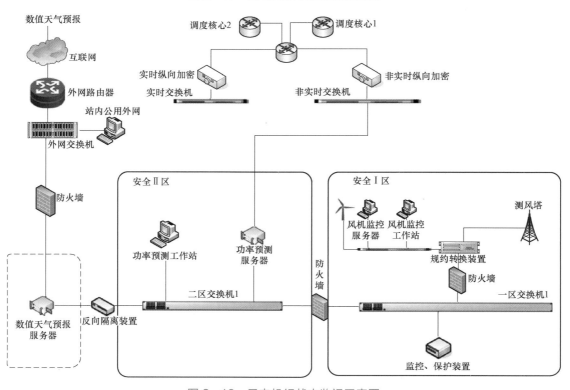

图 2-18 风电机组状态监视示意图

第三节　风电场计算机监控系统故障处理

由于风电场占地面积大，风力发电机组与主控室之间通过光缆连接，监控系统与采集装置之间通过通信规约实现数据通信，系统运行过程中暴露出一些影响监控系统稳定运行的问题。例如，计算机长期运行的稳定性问题，保护测控装置、总控单元设备运行老化问题，信息的误发问题，大面积数据通信中断等问题。这些问题导致监控系统无法正常运行，严重影响风电场监控人员以及上级调控机构的正常监控。

一、常见故障查找方法

风电场计算机监控系统常见故障的查找方法有系统分析法、功能测试法、排除法、部件更换法和装置重启法。

（一）系统分析法

计算机监控系统是一个涉及计算机硬件、网络通信、自动控制等技术的复杂系统，监控系统中各子系统的功能及其相关性决定了设备自身异常会给整个系统造成关联影响。根据监控系统的异常现象，可以推断出发生异常的子系统和设备；根据子系统的功能和原理，可以推断出具体的故障设备。因此，只有熟练掌握各子系统的工作原理、接线情况和运行状态，才能够正确分析、判断系统的运行情况，处理运行过程中出现的各种异常和故障。

（二）功能测试法

监控系统的监控功能是由各装置之间、以及装置与站控层之间的网络通信实现的。在查找故障时，可以通过带有专用分析调试软件的计算机、万用表等仪器仪表，对数据传输功能及装置数据采集功能进行测试，根据网络中的信息交换过程和通信报文解析，能够有效地分析异常、判断故障设备。

（三）排除法

风电场自动化系统运维人员要对计算机监控系统有清楚的概念，如系统的网络结构、系统的设备组成、每个设备的作用、设备的功能模块、各模块的功能、二次回路接线情况等。知道了设备的作用，就能知道该设备失去作用后产生的相关信息，由此就可以判断系统发生什么样的故障是由哪些设备原因造成的。在熟练掌握各设备性能的基础上，运维人员就可以逐一排查，分段分级进行排查处理，直到故障点消除。

（四）部件更换法

若监控系统是要求连续工作的系统，运行中一旦出现故障，必须尽快排除，此时常用部件更换法直接处理，以满足快速恢复监控系统运行的要求。这就要求各电站配备常用的备品备件，如保护测控装置插件、规约转换器、光电转换器等。

（五）装置重启法

计算机在长时间运行中，不可避免地因环境、软件、硬件等原因出现死机现象，从而造成监控系统设备运行异常。通过对装置断电、重新加电，使装置重启后恢复正常运行，也是日常处理监控系统设备异常的常用方法。装置重新启动时，需对可能误发信息的装置采取相应的安全措施，如断开保护测控装置遥控出口压板等。

处理故障时需要注意的要点有：

（1）做好设备平时运行状态的记录。对设备面板上能够看见的运行灯的显示状态进行记录，熟悉设备各指示灯含义及正常和故障时的显示状态，发现异常后能够通过指示灯颜色和闪烁的频率直观、快速地进行故障判断和处理。

（2）收集系统竣工图纸和设备使用说明书等资料，熟悉各设备接线情况，发生异常后，可以通过查看图纸进行故障的迅速定位和处理。

（3）熟悉系统网络拓扑，掌握系统通信方式和通信规约，建立设备运行记录，总结常见故障及处理方法，为以后更快地处理故障积累经验。

二、常见装置故障类型及处理方法

（一）遥测数据异常

1. 电压异常

（1）通信问题。查看采集装置（如测控）中的采样是否正确。如采样正确，则判断为通信问题（按照通信问题排查，如查看报文等）。

（2）外部回路问题。判断电压异常是否属于外部回路问题时，将电压的外部接线解开（解开时应防止电压接线端子误碰导致电压回路短路），用万用表直接测量即可。

（3）内部回路问题。

1）端子排检查：查看端子排内外部接线是否正确，是否有松动，是否压到电缆表皮，有没有接触不良情况。

2）空气开关：检查空气开关是否跳闸（空气开关断开时，装置上的电压是采集不到的）。

（4）保护测控装置插件问题。当电压采集不正确时，做好安全措施（将电压空气开关断开，电流在端子排上短接），更换保护测控装置交流插件。部分保护测控装置插件采用CAN网与保护测控装置主CPU通信，更换时要注意修改交流插件的地址，插件上地址拨码开关拨到"ON"表示"1"，"OFF"表示"0"。更换插件的时候，需要按照旧插件的地址设置好。

（5）电源模件故障。关闭装置电源，更换电源插件。

2. 电流异常

（1）通信问题。查看采集装置（如测控）中的采样是否正确。如采样正确，则判断为通信问题（按照通信问题排查，如查看报文等）。

（2）外部回路问题。判断电流异常是否属于外部回路问题时，用钳型电流表直接测量即可。

（3）内部回路问题。检查装置内部回路的问题时，首先要了解电流回路，查看装置竣工图纸，从端子排到装置背板逐一核对检查。

检查端子排时，要查看端子排内外部接线是否正确，线缆表皮是否有烧伤痕迹。

（4）遥测插件问题。当电流采集不正确时，做好安全措施（将电压空气开关断开，电流在端子排上短接），更换保护测控装置交流插件。部分保护测控装置插件采用 CAN 网与保护测控装置主 CPU 通信，更换时要注意修改交流插件的地址，插件上地址拨码开关拨到"ON"表示"1"，"OFF"表示"0"。更换插件的时候，需要按照旧插件的地址设置好。

（5）电源插件问题。关闭装置电源，更换电源插件。

3. 有功功率、无功功率数据异常

在计算机监控系统中，有功功率、无功功率数据是根据电压采样、电流采样计算出来的，所以不存在接线问题。如果电压和电流采样不正确，首先处理电压、电流采样问题；如果电压、电流采样正确，有功功率、无功功率数据异常的话，有以下几种情况：

（1）通信问题。查看采集装置（如测控）中的有功功率、无功功率计算数值是否正确。如采样正确，则判断为通信问题（按照通信问题排查，如查看报文等）。

（2）电流、电压相序问题。电压、电流相序异常，单从电压、电流数值上无法判断，当有功功率、无功功率数据显示异常时，需要通过相位表检查电压、电流相序是否正确。

（3）电流变比设置不合理。电流变比发生改变，计算机监控后台和远动装置（或主站）设置的遥测系数未变更，导致有功功率、无功功率数据错误。

（4）通信点规约参数设置不合理。通信点规约参数设置不合理、不规范会导致偶发性的遥测数据跳变。如通信点关联的逻辑点号重复，会导致监控系统或远动装置处理遥测信息异常。

（5）计算分量数据错误。由于部分省调以上网母线为单元，将风电场风力发电机组虚拟为发电机组，发电机有功功率、无功功率数据通过风力发电机组有功功率、无功功率数据求和计算得来，如果有功功率、无功功率计算分量取值或方向定义错误，将导致计算后的有功功率、无功功率数据错误。

（二）遥信异常

1. 信号异常抖动

（1）通信问题。查看采集装置（如测控）中的信号是否正确。如信号正确，则判断为通信问题（按照通信问题排查，如查看报文等）。

（2）接点松动。遥信开入接点接线松动、接线端子虚接，会导致信号频繁误发。电站运维人员应定期对接线端子螺丝进行紧固，防止接线端子松动，在保护测控装置上设置合理的遥信防抖时间，通过软件去除抖动信号。

（3）保护测控装置插件故障。保护测控装置插件故障导致保护测控装置信号频发，应及时更换保护测控装置开入插件。

（4）SOE 时标错误。检查保护测控装置外部时钟是否正常，对时线是否松动，装置运行状态是否正常。

2. 遥信状态异常

（1）通信问题。查看采集装置（如测控）中的信号是否异常。如信号正确，则判断为通信问题（按照通信问题排查，如查看报文等）。

（2）外部回路问题。判断信号状态异常是否属于外部回路问题时，可以将遥信的外部接线解开，用万用表直接对地测量，带正电的信号状态为1，带负电的信号状态为0。

（3）内部回路问题（包含端子排）。

1）端子排检查：查看端子排内外部接线是否正确，是否有松动。

2）一次设备检查：检查一次设备辅助节点（触点）运行是否正常。

（三）汇流箱常见问题及处理

1. 汇流箱断路器跳闸

由于汇流箱长期在露天安置，加速了断路器的老化，再加上断路器经常操作造成的机械磨损，使断路器脱扣器损坏。此时，需要更换断路器以排除故障。

2. 汇流箱支路电流为零

检查支路保险，如支路保险损坏，更换支路保险；如回路接线松动，则紧固回路螺丝。

3. 汇流箱与监控系统通信异常

（1）通信链路接线松动。汇流箱通信控制单元与规约转换器之间的通信线松动，导致汇流箱与规约转换器通信异常，从而造成汇流箱与监控系统通信异常。部分规约转换器每一路串行接口的通信状态均有灯光显示，通信正常时，通信状态灯亮；通信中断后，通信状态灯灭。可以通过查看规约转换器通信状态灯状态，快速进行故障定位。

（2）规约转换器故障。规约转换器故障将导致接入该规约转换器的所有汇流柜通信异常。此时，需更换规约转换器，以排除故障。

（3）光电转换器或光纤交换机故障。光电转换器或光纤交换机运行灯状态异常，则可判断为光电转换器或光纤交换机故障，需更换光电转换器或光纤交换机。

（4）光缆异常。光纤经过长时间运行，其尾纤头进入灰尘会影响通信质量，如检查上述环节均无问题，则可检查是否为光纤问题。检查时，可采取擦拭尾纤头或更换备用纤芯的方法。检查尾纤时一定要注意不要将收、发纤芯倒换位置（一般光缆接续盒由序号标记），以免影响故障处理速度。

（四）运维注意事项

（1）风电场中运维人员应加强对计算机监控系统的巡视，实时掌控各设备数据变化情况。

（2）设备新投入运行或改造后应严格按照调试大纲进行试验，各级验收人员要把好验收关，做好设备传动试验工作，杜绝自动化设备存在缺陷投入运行。

（3）风电场二次维护技术人员每天对电站遥测、遥信、遥控、遥调等信息进行巡视检查，统计好设备缺陷，按照"三不放过"的原则，分析其产生的原因，及时消缺。

（4）风电场二次运维技术人员应加强业务技能知识学习，对出现的问题做好运行情况分析，不断积累和总结经验，切实提高排除复杂问题的能力。

第三章　风电场同步相量测量技术

风电场的大规模建设给电网规划和运行带来了挑战。为了应对大规模风电的接入，确保风电接入后电力系统运行的可靠性、安全性与稳定性，解决风电等新能源大规模接入电网后对电力系统动态过程的监测问题，基于同步相量测量装置（phasor measurement unit，PMU）的风电场同步相量测量技术应运而生，该技术能很好地解决电力系统广域空间同步测量的问题。

在风电场安装的同步相量测量装置将带时标的相量数据打包，通过高速通信网络传送到数据分析中心，并可计算系统惯性中心相角和各机组、母线的相对相角，进一步由相应的应用程序，对相量数据执行实时评估以动态监视电网的安全稳定性或进行离线分析，为系统的优化运行提供依据，使电力系统的监视从稳态阶段延伸到动态阶段。

第一节　同步相量测量系统

同步相量测量系统主站（WAMS）是建立在广域相量测量技术基础上的，安装在电力系统调控机构，用于接收、管理、存储、分析、告警、决策和转发动态数据的计算机系统，对电力系统动态过程进行监测和分析的系统。

WAMS 可以实现与能量管理系统（energy management system，EMS）的结合，与 EMS 相互补充，逐步实现新一代的动态 EMS，并将逐步实现与安全自动控制系统的互联，提高大区域电网安全控制水平，最终实现对电力系统动态过程的控制。

WAMS 由现场相量测量子站、基于电力通信网络的信息传输通道和电网调度侧的主站数据处理和应用系统组成。WAMS 总体构成如图 3-1 所示。

WAMS 前端的数据采集装备是由安装在变电站、发电厂站内的相量测量装置（PMU）组成；安装在调控中心的数据处理平台通过通信网接收 PMU 上传的信息，监视整个系统的运行；基于数据处理平台上的高级应用层用来实现实时数据分析与控制、离线分析以及与其他系统互联等功能。

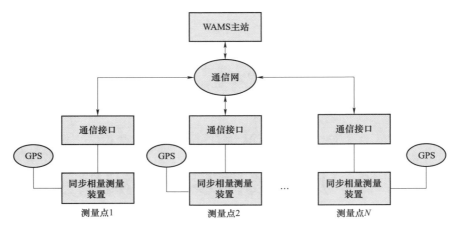

图 3-1　WAMS 总体构成框图

WAMS 通过获取 PMU 子站侧上送的实时数据点，对全网所有 PMU 厂站进行实时数据动态监视，同时提供低频振荡监测、在线扰动识别、机组故障跳闸判断等功能，在线捕获电网告警事件，并将告警事件发送至智能告警平台。主要功能包括低频振荡监测和在线扰动识别。

1. 低频振荡监测

监视实时动态数据，实时分析电网低频振荡特性，识别主导振荡模式，计算 PMU 布点范围内的厂站（或机组）相关因子、振荡中心大致区域等，帮助调度员及时了解电网低频振荡特性，为抑制低频振荡提供依据。

2. 在线扰动识别

对 PMU 采集的实时动态数据进行特征提取，与表征不同扰动类型的特征进行匹配，以确定电网实际发生的扰动并告警。可识别的扰动类型至少应包括短路、非同期并列和非全相运行等，利用可视化手段，以扰动事件发生瞬间的节点电压、频率变化量按照地理位置绘制等高线分布图，辅助调度运行人员确定故障发生的位置。

第二节　同步相量测量装置

一、基本原理

同步相量测量装置是电力系统实时动态监测系统的基础和核心，通过同步相量测量装置可以进行同步相量的测量和输出以及实时动态数据的记录。

同步相量测量装置的主要特点和技术关键有：

（1）同步性：同步相量测量装置必须以精确的同步时钟信号（如 GPS、北斗）作为采样过程的时间基准，使电力系统不同节点的相量之间存在着确定统一的相位关系。同步相量测量装置利用同步时钟的秒脉冲信号同步装置的采样脉冲，采样脉冲的同步误差不大于 $\pm 1\mu s$。

（2）实时性：同步相量测量装置在高速可靠的通信系统支撑下，实时将采集的各种数据传送至多个主站，并接收主站的相应命令。

（3）高速度：同步相量测量装置具有高速的内部数据总线和对外通信接口，满足大量实时数据的测量、存储和对外发送。

（4）高精度：同步相量测量装置对测量精度要求高，一般 A/D 转换（模数转换）的精度在 16 位及以上，装置测量环节产生的信号相移要进行补偿，装置的测量精度包括幅值和相角的精度。

（5）高可靠性：相量测量装置具有很高的可靠性，以满足动态监测系统的可靠性要求。可靠性体现在两方面：① 装置运行的稳定性；② 记录数据的安全可靠性。

（6）大容量：相量测量装置具备足够大的存储容量，以保证能长期记录和保存实时相量数据和暂态数据。

同步相量测量装置原理结构示意图如图 3-2 所示，其中 50Hz 带通滤波器用于消除非基频干扰，抗混叠滤波器用于滤除频率超过奈奎斯特（Nyquist）频率的谐波和杂散干扰，同步主模块的作用是根据 GPS 输出的秒脉冲 1PPS 和 10kHz 脉冲，以及来自频率跟踪与测量环节的锁相环（phasor locked loop，PLL）脉冲信号，合成产生满足时间同步和频率同步要求的异地同步采样脉冲序列，用以启动 A/D 转换器自动完成模数转换。异地同步时钟标刻环节则是从 GPS 串口输出的信息中，准确提取出与同步主模块输出的采用脉冲序列中实现异地时间同步的采样脉冲相一致的具体采样时刻，作为系统的统一时钟，标刻在最后的计算结果上，并按帧格式送往数据中心。

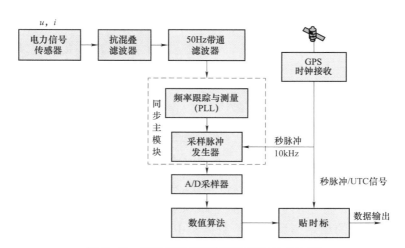

图 3-2　同步相量测量装置原理结构示意图

二、功能结构

（一）装置结构

同步相量测量装置主要由数据采集单元、数据集中处理单元、同步时钟装置组成，其通信示意图如图 3-3 所示。

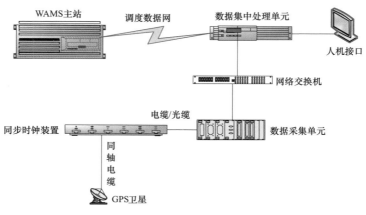

图 3-3　同步相量测量通信示意图

1. 数据采集及集中处理单元

数据采集单元负责对输入的模拟交流数据进行采样，并进行相量计算，同时将计算的相量数据发往数据集中处理单元，其结构示意图如图 3-4 所示。电网测量数据经模拟量预处理电路滤波、整形后送入 A/D 转换器，A/D 转换器在自适应等间隔电路的控制下同步采样，采样后的数据送到数字信号处理（digital signal processing，DSP）模块进行运算。

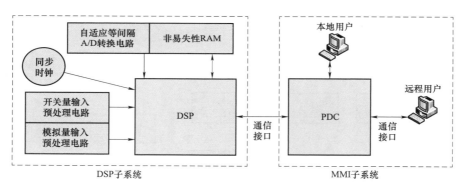

图 3-4　同步相量测量装置结构示意图

DSP 负责同步相量测量装置的采样、信号处理、计算、对时等基本功能，它由信号处理模块芯片、Flash、模拟量预处理电路、自适应 A/D 转换电路和开关量预处理电路组成，在自适应电路的控制下对电网相量进行频率跟踪采样，并对采样结果进行处理，最终通过通信接口将采集处理的相量信息传送给数据集中处理单元。相量数据集中（phasor data concentrator，PDC）处理单元负责接收数据采集单元上送的相量数据，完成实时数据处理、本地存储、远方通信等功能。

2. 同步时钟装置

同步时钟装置为同步相量测量装置提供高可靠性的时间信息，同步相量测量装置利用同步时钟的秒脉冲同步装置的采样脉冲，采样脉冲的同步误差应不大于±1μs。为保证同步精度，应使用独立的同步时钟接收系统。同步时钟装置结构示意图如图 3-5 所示。

图 3-5　同步时钟装置结构示意图

（1）时钟接收时间信号输入单元。时钟接收时间信号输入单元通过接收 GPS 或北斗卫星系统传递的时间信号，向同步相量测量装置提供精确的时间信号，时间信号与 UTC 秒的时刻偏差不大于 2μs。

（2）时间保持单元。当时钟装置内部的时钟接收到外部时间基准信号时，被外部时间基准信号同步；当接收不到外部时间基准信号时，需保持一定的走时准确度，使时钟输出的时间同步信号仍能保证一定的准确度。时间保持单元的时钟准确度应优于 7×10^{-8}。

（3）时钟接收机时间信号输出接口。时钟接收机时间信号输出接口可以输出 1PPH（小时脉冲）空接点信号、PPM（分脉冲）空接点信号、IRIG-B（DC）码（RS-422 接口）信号、IRIG-B（AC）码信号、时间报文（RS-232 接口）信号。

（二）功能体系结构

基于同步时钟的同步相量测量装置能够测量电力系统枢纽点的电压相位、电流相位等相量数据，其主要功能体系结构包括同步相量采集、实时数据计算、本地数据存储以及远方实时通信。同步相量测量采集部分由同步采样触发脉冲模块提供秒脉冲和当前的标准时间（精确到秒），对模拟量输入的三相电压、三相电流量进行同步的等间隔采样，然后将输入的模拟量进行 A/D 转换；实时数据计算部分根据 A/D 转换的结果，由高性能的信号处理模块处理芯片进行处理运算，信号处理模块每读取一点的数据就和前面的采样数据进行离散傅里叶变换（discrete Fourier transform，DFT）运算，求出该交流信号基波的幅值和相位。信号处理模块在计算相位后同时加上相应的时标，从通信接口将相量数据发送到监测主站并保存在本地相量测量装置主机上。同步相量测量装置数据处理流程如图 3-6 所示，图中 TV 为电压互感器，TA 为电流互感器。

（三）装置功能

1. 基本功能

同步相量测量装置同时具有实时监测、动态数据记录和实时数据通信功能，三者不能相互影响和干扰。同步相量测量装置适用于风电场动态过程、中长期低频振荡过程和同步相量测量与分析，主要实现实时电压、电流和开关量同步采集，同步相量计算，事故启动和报警，循环记录，扰动记录，实时数据传送，低频振荡监测等功能。

2. 实时监测功能

（1）同步测量安装点的三相基波电压、三相基波电流、电压基波正序相量、电流基波正序相量、有功功率、无功功率、频率和开关量信号等实时数据及实时时标。

（2）实时显示所测的三相电压基波相量、三相电流基波相量、有功功率、无功功率、频率及开关状态，显示功能由后台辅助分析单元集中完成。

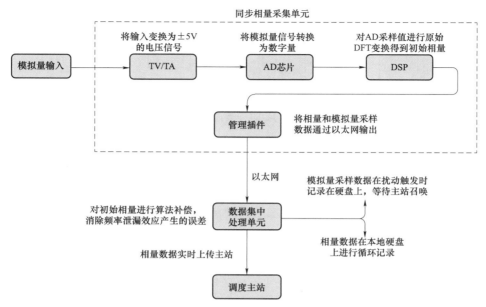

图 3-6　同步相量测量装置数据处理流程图

（3）将所测的三相电压基波相量、三相电流基波相量、频率及开关状态信号实时传送至调控中心 WAMS 主站系统。

（4）将所测的电压基波正序相量一次值、电流基波正序相量一次值、频率实时传送至调控中心 WAMS 主站系统。

（5）装置具备同时向两个及以上调控主站实时传送动态数据的功能。

（6）装置可接受多个调控主站的召唤命令，实时传送部分或全部测量通道的动态数据。

（7）具有主动向调控主站传送数据和响应主站召唤的功能。

3. 动态数据记录功能

（1）连续记录所测电压电流基波正序相量、三相电压基波相量、三相电流基波相量、频率及开关状态信号。

（2）当装置监测到有扰动发生时，应结合时标建立事件标识，并向主站发送告警信息。

（3）响应主站召唤向主站传送记录的数据。

4. 通信功能

（1）向主站实时传送动态数据、装置的状态信息。

（2）向主站传送动态数据记录文件。

（3）向当地厂站监控系统传送装置的状态及数据信息。

（4）接收并响应主站下达的命令。

5. 其他功能

各线路、主变压器的状态量输入同步相量测量装置进行处理和计算，汇集到数据集中处理单元存储和转发，具备如下功能：

（1）同步采样和相量计算。

（2）系统低频振荡的监测。

（3）稳态循环记录（有功功率、无功功率、电压、频率）。

（4）动态短时记录（有功功率、无功功率、电压、频率）。

（5）电力系统安全预警。

（6）数据集中及上传。

（7）远方启动。

三、技术要求

（一）与 SCADA 数据处理特点区别

位于厂站端的同步相量测量装置利用全球定位系统（GPS）或北斗卫星导航系统时钟同步的高时间精度特点，测量各节点的运行状态参量，通过 GPS 或北斗对时将各个状态参量统一在同一个时间坐标上。与传统远动终端装置测量原理不同的是，系统内各同步相量测量装置在时间上保持同步，而且可以测量相角，这样，不仅可以实时地获得各个节点和母线的相量有效值，而且可以直观地了解各个节点之间的相量关系。同步相量测量数据与传统的 SCADA 数据处理功能特点比对见表 3-1。

表 3-1　　　　　　　　同步相量测量与 SCADA 数据处理功能特点比对

项目	SCADA	同步相量测量
功能	测量稳态值（U、I、P、Q 等），计算各节点的幅值 U 和相角 δ	直接测量节点的电压相量（幅值 U 和相角 δ）
特点	稳态的	动态的
	低刷新率（s）	高刷新率（ms）
	不同步、间接的信息	同步的、直接的信息

（二）基本技术要求

1. 总体要求

同步相量测量装置具备实时监测、动态数据记录和实时通信功能，三者互不干扰，互不影响。

2. 同步相量测量指标

（1）在额定频率时，基波电压、电流相量幅值测量误差极限为 0.2%。

（2）在额定频率时，基波电压、电流相量的相角测量误差应满足表 3-2 和表 3-3 的规定。

表 3-2　　　　　　　　　基波电压相量的相角测量误差要求

输入电压	$0.1U_n \leq U < 0.5U_n$	$0.5U_n \leq U < 1.2U_n$	$1.2U_n \leq U < 2U_n$
相角测量误差极限	0.5°	0.2°	0.5°

表 3-3　　　　　　　　基波电流相量的相角测量误差要求（测量 TA）

输入电流	$0.1I_n \leq I < 0.2I_n$	$0.2I_n \leq I < 0.5I_n$	$0.5I_n \leq I < 2I_n$
相角测量误差极限	1°	0.5°	0.5°

（3）基波频率影响：基波频率偏离额定值 1Hz 时，要求幅值测量误差改变量小于额定频率时测量误差极限值的 50%，相角测量误差改变量不大于 0.5°；基波频率偏离额定值 3Hz 时，要求幅值测量误差改变量小于额定频率时测量误差极限值的 100%，相角测量误差改变量不大于 1°。

（4）谐波影响：叠加 20% 的 13 次及以下次数的谐波电压，基波电压幅值和相角测量误差改变量不大于 100%。

（5）发电机功角测量指标：在 45～55Hz 频率范围内，发电机功角测量误差小于 1°。

（6）有功功率、无功功率测量指标：在 49～51Hz 频率范围内，有功功率和无功功率的测量误差极限为 0.2%。

（7）频率测量指标：在 45～55Hz 范围内，测量误差不大于 0.001Hz。

（8）动态性能指标：① 幅值阶跃响应速度不大于 30ms；② 角度阶跃响应速度不大于 30ms；③ 频率阶跃响应速度不大于 60ms。

3. 实时记录功能要求

（1）应能连续实时记录所测三相电压基波相量、三相电流基波相量、频率及开关状态信号。

（2）当装置监测到电力系统发生扰动时，装置应能结合时标建立事件标识，并向主站发送实时记录告警信息。事件标识的数量按 1000 条考虑。事件种类包括：

1）频率越限；

2）频率变化率越限；

3）幅值越上限，包括正序电压、正序电流、负序电压、负序电流、零序电压、零序电流、相电压、相电流越上限等；

4）幅值越下限，包括正序电压、相电压越下限等；

5）线性组合，包括线路功率振荡等。

以上事件能够通过装置显示越限极值。

（3）当装置监测到继电保护或安全自动装置跳闸输出信号（空接点）或接到手动记录命令时，应建立事件标识，以方便用户获取对应时段的实时记录数据。

（4）装置实时记录的相量数据的保存时间应不少于 14 天。记录的数据应有足够的安全性，不应因直流电源中断而丢失已记录的数据；不应因外部访问而删除记录数据；不应提供人工删除和修改记录数据的功能。

（5）应具有主动向主站传送记录数据和响应主站召唤向主站传送记录数据的能力。装置实时记录数据的最高速率应不低于 100 次/s，并具有多种可选记录速率。

（6）装置具有暂态录波功能，用于记录瞬时采样数据。

（7）装置具备动态扰动识别功能（包括低频振荡），在扰动发生后输送到当地监控，并通过主站联网触发其他子站记录扰动波形。

（8）同步相量测量装置对实时监测数据和实时记录数据的时钟同步状态进行标识。

4. 实时通信功能要求

（1）向主站传送实时监测数据、实时记录数据、装置的状态信息以及装置发出的请求信息，如图 3-7 所示。

（2）接收主站下达的命令。

（3）具有与不少于 4 个主站进行数据通信的功能。

图 3-7　同步相量测量装置通信状况展示图

5. 人机接口和分析功能要求

（1）能够对装置进行参数配置、定值整定。

（2）能够实时监视装置的运行状态、监测通道测量值、GPS 运行状态、报警等信息。

（3）方便维护人员进行装置通道测量精度、相量同步精度校验、GPS 状态查询、硬件工作状态查询等。

（4）利用装置人机界面，实时显示分相基波电压相量、分相基波电流相量、基波正序电压相量、基波正序电流相量、有功功率/无功功率、系统频率、开关状态、时钟同步状态、装置各模块工作状态等。装置显示界面可选，如数值显示、曲线显示、矢量图显示等。

（5）实时记录数据及暂态数据的离线分析，能够进行谐波分析和通道运算。暂态录波数据分析展示如图 3-8 所示。

（6）具备在线自检功能，当单一部件损坏时，发出装置异常信号。

（7）装置设有自恢复电路，在正常情况下，装置不应出现程序进入死循环的情况，在因干扰而造成程序进入死循环时，应能通过自复位电路自动恢复正常工作。

6. 设备异常和通道异常监视要求

（1）设备异常监视。装置应具有在线自动监测功能，在正常运行期间，装置中的单一部件损坏时，应能发出装置异常信号。

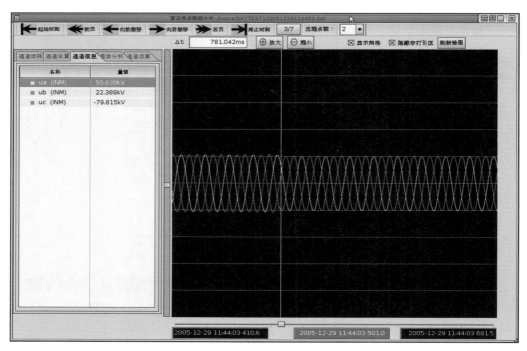

图 3-8　暂态录波数据分析展示图

（2）通道异常监视。装置应实时监视其通信通道，在通道故障时应及时发出通道告警信号并启动闭锁回路。同步相量测量装置应能检测、记录每个通道的情况，对于误码，应有统计并输出报告。

7. 信号隔离要求

装置的所有引出端子不允许与装置的 CPU 及 A/D 工作电源系统有电的联系。针对不同回路，可以分别采用光电耦合、继电器转接、带屏蔽层的变换器磁耦合等隔离措施。

8. 告警信号要求

TA/TV 断线、直流电源消失、装置故障、通信异常时，同步相量测量装置发出告警信号，以便现场运行人员及时检查、排查故障。装置可以提供足够的告警输出接点，装置应具有在线自检、事故记录、数据记录等功能。

9. 装置失电要求

装置的时钟信号及其他告警信号在失去直流电源的情况下不能丢失，在电源恢复正常后应能正确显示并输出。

10. 试验插件及试验插头的要求

试验插件及试验插头应满足相关标准要求，以便对各套装置的输入和输出回路进行隔离或能通入电流、电压进行试验。

11. 对时要求

为保证授时精度，同步相量测量装置应采用独立的或全站统一的授时系统，采用全站统一授时时，时钟同步装置精度、性能应满足同步相量测量装置的对时要求。同步相量测量装置采样过程中，数据采样的脉冲必须与同步时钟的秒脉冲信号锁定，每秒的采样点数应该是一个整数，并且在秒脉冲之间均匀分布。

（三）基本指标

（1）同步相量测量装置及其配套设备安装成柜，接好所有内部接线直至端子排。

（2）同步相量测量装置实时监测数据帧的输出时延，即实时监测数据时标与数据输出时刻的时间差，应不大于30ms，装置的数据采样频率应不低于4800点/s。

（3）A/D转换分辨率不低于16位。

（4）时钟同步。

1）同步相量测量装置利用同步时钟秒脉冲同步相量测量装置的采样脉冲，采样脉冲的同步误差不大于±1μs。

2）同步相量测量装置测量过程中，数据采样的脉冲必须锁定同步时钟的秒脉冲信号。采样点的误差不超过采样频率的1%。数据采样过程中，第1个采样点应与一个新的秒脉冲的上升沿对齐，同步精度应小于100ns，并满足表3-4参数要求。

表3-4　　　　　　　　　　　关键指标参数

指标名称	参数
接收载频	1575.42MHz
接收灵敏度	捕获＜-130dBm，跟踪＜-133dBm
捕获时间	装置热启动时，＜2min；装置冷启动时，＜20min
同步精度	±1μs

3）装置内部造成的任何相位延迟必须被校正。

4）当同步时钟信号丢失或异常时，装置应能维持正常工作，在失去同步时钟信号60min以内，装置的相角测量误差不大于1°。

5）守时精度要求装置失星2h后，其时钟误差不低于100μs；装置失星5h后，其时钟误差不低于250μs；装置失星10h后，其时钟误差不低于500μs。

（5）测量值精度。

1）电压、电流。在额定频率下，基波电压、电流相量幅值测量误差极限为0.2%，幅值测量误差的计算公式为

$$幅值测量误差=\frac{幅值测量值-实际幅值}{满刻度值}\times100\% \qquad (3-1)$$

在额定频率下，基波电压、电流相量相角测量误差应满足表3-5和表3-6的规定。

表3-5　　　　　　　　　基波电压相量相角测量的误差要求

输入电压	$0.1U_n \leqslant U < 0.5U_n$	$0.5U_n \leqslant U < 1.2U_n$	$1.2U_n \leqslant U < 2U_n$
相角测量误差极限	0.5°	0.2°	0.5°

表 3-6 基波电流相量相角测量的误差要求

输入电流	$0.1I_n \leq I < 0.2I_n$	$0.2I_n \leq I < 1.2I_n$
相角测量误差极限	1°	0.5°

2）功率。功率测量误差的计算公式为

$$功率测量误差 = \frac{功率测量值 - 实际功率值}{实际视在功率值} \times 100\% \qquad (3-2)$$

在 49～51Hz 频率范围内，有功功率和无功功率的测量误差极限为 0.5%。

3）频率。频率测量误差应满足表 3-7 的规定。

表 3-7 频率测量的误差要求

输入信号频率（Hz）	$25 < f < 45$	$45 \leq f \leq 55$	$55 < f < 75$
频率测量误差极限（Hz）	0.1	0.002	0.1

四、数据采集

（一）量测内容

布点时，应根据各区域电网运行实际，统筹考虑同步相量测量装置的采集布点位置，一般有 110kV 及以上电压等级上网的、装机容量在 40MW 及以上的风电场均要求装设同步相量测量装置，其采集内容具体如下。

1. 风电场上网线路信息

实测值包括：线路三相电压、三相电流相量。

计算值包括：线路电压、电流正负零序相量，线路有功功率、无功功率。

2. 风电场升压变压器信息

实测值包括：主变压器高中压两侧电压、电流相量。

计算值包括：主变压器高中压两侧电压、电流正负零序相量，主变压器高中压两侧有功功率、无功功率。

3. 风电场母线信息

实测值包括：母线三相电压相量。

计算值包括：两段母线电压正负零序相量。

4. 容抗器信息

实测值包括：容抗器三相电压、三相电流相量。

计算值包括：容抗器无功功率值。

5. 同步相量测量装置告警信息

GPS 时钟同步状态异常、同步相量测量装置异常告警。

（二）同步相量测量装置参数配置

典型同步相量测量装置参数配置如表 3-8 所示。

表 3-8　　　　　　　　　　　典型同步相量测量装置参数配置

序号	字段	长度（字节）	说明
1	SYNC	2	帧同步字 第一字节：AAH； 第二字节：帧类型和版本号； bit 7：保留未来定义； bits 6-4：000 是数据帧，001 是头帧，010 是配置帧 1，011 是配置帧 2，100 是命令帧（PMU 接收的信息）； bits 2-0：规约版本号，二进制表示（1~15）
2	FRAMESIZE	2	帧字节数，16 位无符号整数（0~65535）
3	SOC	4	世纪秒（Unix 时间），以 32 位无符号整数表示的自 1970 年 1 月 1 日起始的秒计数；最大范围 136 年，到 2106 年完成一次循环；计数中不包括闰秒，因此除了闰年，每年都有相同的秒计数（闰年多 1 天，即 86400s）
4	D_FRAME	2	数据帧的数据格式，16 位的标志； bits 15-1：未用； bit 0：数据帧的校验方式，0=CRC_{16}，1=校验和
5	MEAS_RATE	4	数据帧对应的秒等分数，FRACSEC 的高字节置零表示去掉该标志字； 数据帧对应的等分秒数=FRACSEC/MEAS_RATE， 如果 MEAS_RATE=1，000，000，FRACSEC 单位为微秒， 如果 MEAS_RATE 为采样率（如 720，2880，5760 等），数据帧的 FRACSEC 为采样点对应的点计数
6	NUM_PMU	2	数据帧中包括的 PMU 的数量，每帧最大的数量为 65535
7	STN	16	站名：16 字节 ASCII 码
8	IDCODE	8	8 字节 PMU 硬件标识符：相量测量装置生产厂家编码（3 字节），相量测量装置安装厂站编码（4 字节），相量测量装置的站内编号（1 字节）
9	FORMAT	2	数据帧的数据格式，16 位标志； bits 15-4：未用； bit 3：0=数据窗最后一点进行时间同步，1=数据窗第一个采样点进行时间同步（推荐 1）； bit 2：0=固定的相量，1=旋转的相量（推荐 1）； bit 1：0=16 位整数，1=浮点数（推荐 0）； bit 0：0=实部/虚部（直角坐标），1=幅度/角度（极坐标）（推荐 1）
10	PHNMR	2	相量数量：2 字节整数（0~32767）
11	ANNMR	2	模拟量数量：2 字节整数（0~32767）
12	DGNMR	2	开关量状态字的数量：2 字节整数； 开关量状态字通常用 16 位布尔型表示，每一位表示一个开关量的状态
13	CHNAM	16×（PHNMR+ANNMR+16×DGNMR）	相量和通道的名称，每个相量、模拟量、开关量用 16 字节 ASCII 码，每次传送的次序相同
14	PHUNIT	4×PHNMR	相量的转换因子。每个相量 4 个字节； 最高字节：0=电压；1=电流； 剩余字节：24 位无符号字，单位为 10^{-5}V/A，（如果用浮点数表示，该字可以忽略）
15	ANUNIT	4×ANNMR	模拟通道的转换因子； 最高字节：保留； 其余字节：24 位无符号字，单位为 10^{-5}V/A

序号	字段	长度（字节）	说明
16	DIGUNIT	4×DGNMR	开关量状态字掩码，用两个 16 位字表示 16 个开关量的状态字掩码； 第一个字表示开关量输入的正常状态，字中的每一位表示相应开关量的类型：0＝动合节点，1＝动断节点； 第二个字表示是否有效，字中的每一位表示相应开关量的有效性：1 表示有效，0 表示无效； 状态字中的开关量按照从低位到高位的次序和开关量通道名称相对应
17	FNOM	2	额定频率（16 位无符号整数）； bits 15－10：保留； bit 9：1－数据帧忽略 DFREQ； bit 8：1－数据帧忽略 FREQ； bits 7－1：保留； bit 0：1－基波＝50Hz
18	PERIOD	2	相量数据的传送周期－用 2 字节整型字（0～32767），两次连续的数据传送之间的时间间隔，大小为基波周期倍数×100，200 即表示每 2 个基波周期发送一个数据帧
19	CHK	2	CRC_{16} 循环冗余校验编码

五、同步相量测量装置在风电场中的作用

（一）进行快速的故障分析

在同步相量测量系统实施以前，由于不同地区的时标问题，对广域范围的故障事故进行分析时，迅速地寻找故障点分析事故原因比较困难，需要投入较大的人力物力。同步相量测量装置实时记录的带有精确时标的波形数据为事故分析提供了有力的保障，同时通过其实时信息，可实现在线判断电网中发生的各种故障以及复杂故障的起源和发展过程，辅助调度员处理故障；给出引起大量报警的根本原因，实现智能告警。

（二）实时测量发电机功角

发电机功角是发电机转子内电动势与定子端电压或电网参考点母线电压正序相量之间的夹角，是表征电力系统安全稳定运行的重要状态变量之一，是电网扰动、振荡和失稳轨迹的重要记录数据。

（三）分析发电机组的动态特性和安全裕度

通过同步相量测量装置高速采集的发电机组励磁电压、励磁电流、气门开度信号、AGC 控制信号、PSS 控制信号等，可分析出发电机组的动态调频特性，进行发电机的安全裕度分析，为分析发电机的动态过程提供依据；监测发电机进相、欠励、过励等运行工况，异常时报警；绘制发电机运行极限图，根据实时测量数据确定发电机的运行点，实时计算发电机运行裕度，在异常运行时告警。

第三节　同步相量测量装置的通信

一、信息格式

Q/GDW 131《电力系统实时动态监测系统技术规范》规定了同步相量测量装置的传输

帧格式，具体如下所述。

同步相量测量装置能够与其他系统进行信息交换。同步相量测量装置可以与主站交换四种类型的信息：数据帧、配置帧、头帧和命令帧。前三种帧由同步相量测量装置发出，后一种帧支持同步相量测量装置与主站之间进行双向的通信。数据帧是同步相量测量装置的测量结果；配置帧描述同步相量测量装置发出的数据以及数据的单位，是可以被计算机读取的文件；头帧由使用者提供，仅供人工读取；命令帧是计算机读取的信息，它包括同步相量测量装置的控制、配置信息。

所有的帧都以 2 个字节的 SYNC 字开始，其后紧随 2 字节的 FRAMESIZE 字和 4 字节的 SOC 时标。这个次序提供了帧类型的辨识和同步的信息，SYNC 字的 4～6 位定义了帧的类型。所有帧以 CRC_{16} 的校验字结束，而数据帧可以用校验和来结束。CRC_{16} 用多项式 $X_{16}+X_{12}+X_5+1$ 计算，其初始值为 0（0000H），所有帧的传输都没有分界符。图 3-9 描述了帧传输的次序，其中，SYNC 字首先传送，校查字节最后传送。多字节字最高位首先传送，所有的帧都使用同样的次序和格式。

图 3-9　帧传输的次序

1. 数据帧

数据帧包含测量信息，数据帧结构、特殊字节定义见表 3-9 和表 3-10。

表 3-9　　　　　　　　　　　　　数 据 帧 结 构

编号	字段	长度（字节）	说明
1	SYNC	2	帧同步字
2	FRAMESIZE	2	帧中的字节数
3	SOC	4	世纪秒，起始时间从 1970 年 1 月 1 日 0 时 0 分开始
4	FRACSEC	4	秒等分
5	STAT	2	按位对应标志的状态字
6	PHASORS	4×P_num	四个字节的定点相量数据，P_num 为相量数量
7	FREQ	2	用定点数表示的频率值
8	DFREQ	2	用定点数表示的频率变化率
9	ANALOG	2×A_num	模拟量，A_num 为模拟量数量
10	DIGITAL	2×D_num	开关量，D_num 为开关量数量
	重复 5～10 字段		根据配置帧中 NUM_PMU 字段定义的相量测量装置个数对字段 5～10 的内容进行重复传送
11	检查字节	2	CRC_{16} 校验

表 3-10 数据帧中特殊字节定义

字段	长度（字节）	说明
FRACSEC	4	秒等分数，相量数据中的时标： bit 31：闰秒，1 表示闰秒，0 则正常； bit 30：闰秒预告，1 表示下一秒为闰秒，0 则正常； bits 29-24：保留待用； bits 23-00：整数，秒等分数，单位时间由配置帧中的 MEAS_RATE 字段指定

STAT	2	按位对应的标志：
		bit 15：数据可用标志，0 表示可用，1 表示异常；
		bit 14：相量测量装置异常，0 表示没有异常；
		bit 13：相量测量装置的同步状态，0 表示处于同步状态；
		bit 12：数据排序，0 表示按照时间排序，1 表示按照接收顺序排序；
		bit 11：相量测量装置触发标志，0 表示没有触发；
		bits 10-08：保留待用；
		bits 07-06：时标质量。
		  00=同步精度 5μs，或者对应 0.1° 的角度误差；
		  01=同步精度 50μs，或者对应 1° 的角度误差；
		  10=同步精度 500μs，或者对应 10° 的角度误差；
		  11=同步精度 500μs，或者对应大于 10° 的角度误差。
		bits 05-04：时标异常。
		  00=同步锁信，最好效果

STAT	2	01=持续 10s 锁信失败； 10=持续 100s 锁信失败； 11=持续 1000s 以上锁信失败； bits 02-00：触发原因； 1111-1000：保留待用； 0111：开关量； 0110：线性组合； 0101：频率变化率越限； 0100：频率越限； 0011：相角差； 0010：幅值越上限； 0001：幅值越下限； 0000：手动
PHASORS	4	16 位的整数； 极坐标表示方式：幅值和相角。 （1）先传幅值，用 0～65535 的无符号整数表示； （2）再传角度，用 16 位的有符号整数表示，单位为弧度，取值范围为 $-\pi$～$+\pi$
FREQ	2	频率偏移量，同额定频率的差值，单位为 Hz； 取值范围：-32.767～$+32.767$Hz； 用 16 位有符号整数表示
DFREQ	2	频率的变化率，单位为 Hz/s； 取值范围：-327.67～$+327.67$Hz/s； 使用 16 位有符号的整数表示
ANALOG	2	模拟量信息，使用 16 位有符号的整数表示。模拟量可以是采样量，例如控制信号或者变换器的值，数值的取值范围由用户自定义
DIGITAL	2	开关量状态值，按位对应的状态值，保留给用户自定义使用

2. 头帧

该帧应是 ASCII 码文件，包含了相量测量装置、数据源、数量级、变换器、算法、模拟滤波器等的相关信息。该类帧同样具有 SYNC、FRAMESIZE、SOC 时标、CRC$_{16}$，但头帧数据没有固定的格式，其结构如表 3-11 所示。

表 3-11　　　　　　　　　　　　　　　　　头 帧 结 构

编号	字段	长度（字节）	说明
1	SYNC	2	帧同步字
2	FRAMESIZE	2	帧中的字节数，使用无符号的整数表示，表示范围为 0~65535
3	SOC	4	世纪秒
4	DATA 1	1	ASCII 字符串，第一个字节
$N-1$	DATA k	1	ASCII 字符串，最后一个字节
N	CHK	2	CRC_{16} 校验

3. 配置帧

配置帧为同步相量测量装置和实时数据提供信息及参数的配置信息，为机器可读的二进制文件。该帧可以 SYNC 的 4~6 位辨识；可以定义 2 个配置文件：SYNC 的第 4 位置 0 为 CFG-1 文件，第 4 位置 1 则为 CFG-2 文件。CFG-1 为系统配置文件，包括同步相量测量装置可以容纳的所有可能输入量；CFG-2 为数据配置文件，应该指出数据帧的目前配置状况，所有的字段都应有固定的长度，而且不使用分界符，配置帧的结构、特殊字节的定义如表 3-12 和表 3-13 所示。

表 3-12　　　　　　　　　　　　　　　　　配 置 帧 结 构

序号	字段	长度（字节）	说明
1	SYNC	2	同步字
2	FRAMESIZE	2	帧字节数
3	SOC	4	时标
4	D_FRAME	2	数据帧格式
5	MEAS_RATE	4	秒等分数，宜采用毫秒表示
6	NUM_PMU	2	数据帧包括的 PMU 的数量
7	STN	16	站名-16 字节 ASCII 码
8	IDCODE	8	8 字节 PMU 硬件标识符
9	FORMAT	2	数据帧的数据格式
10	PHNMR	2	相量数量-2 字节整数（0~32767）
11	ANNMR	2	模拟量数量-2 字节整数
12	DGNMR	2	开关量数量-2 字节整数
13	CHNAM	16	相量和通道的名称-每个相量、模拟量、开关量用 16 字节 ASCII 码，每次传送的次序相同
14	PHUNIT	4	相量通道的转换因子
15	ANUNIT	4	模拟通道的转换因子
16	DIGUNIT	2	开关量的转换因子
17	FNOM	2	额定频率和标志
18	PERIOD	2	相量传送的周期

表 3-13 配置帧中特殊字节的定义

字段	长度（字节）	说明
D_FRAME	2	数据帧的数据格式，16 位的标志； bits 15-1：未用； bit 0：数据帧的校验方式，0=CRC_{16}，1=校验和
MEAS_RATE	4	数据帧对应的秒等分数，FRACSEC 的高字节置零表示去掉该标志字； 数据帧对应的等分秒数=FRACSEC/MEAS_RATE； 如果 MEAS_RATE=1,000,000，FRACSEC 单位为微秒； 如果 MEAS_RATE 为采样率（如 720、2880、5760 等），数据帧的 FRACSEC 为采样点对应的点计数
NUM_PMU	2	数据帧中包括的 PMU 的数量，每帧最大的数量为 65535
STN	16	站名-16 位 ASCII 码
IDCODE	8	8 字节，PMU 的硬件标识，通常存储在 ROM 中
FORMAT	2	数据帧的数据格式，16 位标志； bits 15-4：未用； bit 3：0=数据窗最后一点进行时间同步，1=数据窗第一个采样点进行时间同步； bit 2：0=固定的相量，1=旋转的相量； bit 1：0=16 位整数，1=浮点数； bit 0：0=实部/虚部（直角坐标），1=幅度/角度（极坐标）
PHNMR	2	相量数量-2 字节整数
ANNMR	2	模拟量数量-2 字节整数
DGNMR	2	开关量数量-2 字节整数
CHNAM	16	相量和通道的名称-每个相量、模拟量、开关量用 16 字节 ASCII 码，每次传送的次序相同
PHUNIT	4	相量的转换因子，每个相量 4 个字节； 最高位：0=电压；1=电流； 最低位：24 位无符号字，单位为 10^{-5}V/A（如果用浮点数表示，该字可以忽略）
ANUNIT	2	模拟通道的转换因子
DIGUNIT	2	开关量的转换因子，每个开关量用 2 个字节表示。 Bit 4：数字表示的正常状态（0 或 1） Bit 0：节点的正常状态（0=动合，1=动断）
FNOM	2	额定频率（16 位无符号整数） bits 15-10：保留； bit 9：1-数据帧忽略 DFREQ； bit 8：1-数据帧忽略 FREQ； bits 7-1：保留； bit 0：1-基波=50Hz；0-基波=60Hz
PERIOD	2	相量数据的传送周期-用 2 字节整型字（0~32767），两次连续的数据传送之间的时间间隔，大小为基波周期倍数×100，200 即表示每 2 个基波周期发送一个数据帧

DIGUNIT：开关量通道的换算因数；每个开关量通道 2 字节，第 0 位（最低位）表示开关量的类型（0＝动合触点，1＝动断触点），第 4 位表示开关量正常状态的定义，其定义见表 3－14。

表 3－14　　　　　　　　　　　　DIGUNIT 的 定 义

bit4	bit0	说明
1	1	动断触点；正常状态用 1 表示
1	0	动合触点；正常状态用 1 表示
0	1	动断触点；正常状态用 0 表示
0	0	动合触点；正常状态用 0 表示

4. 命令帧格式

子站和主站可以获得对方发来的指令，并且根据指令进行相应的操作。命令帧格式如图 3－10 所示。

图 3－10　命令帧格式

通过帧中 8 个字节的 IDCODE 同装置中预先存储的身份码校验，确定是否为该装置所需要接收并执行的指令。CMD 是 2 字节的命令，其格式定义如表 3－15～表 3－18 所示。

表 3－15　　　　　　　　　　　接收的命令（CMD）定义

命令字 Bit	定义
Bits 15－4	为用户使用保留
Bits 3－2－1－0	0001：关闭实时数据； 0010：打开实时数据； 0011：发送头文件； 0100：发送 CFG－1 文件； 0101：发送 CFG－2 文件； 1000：以数据帧格式接收参考相量

表 3－16　　　　　　　　　　　命 令 帧 扩 展 定 义

命令字 Bit	主站发送定义	子站发送定义
Bits 15－13	命令类型； 101：启动暂态记录； 111：确认命令	命令类型 111 确认命令
Bits 12－10	辅助控制： 确认命令：被确认的命令类型； 其他：000	
Bits 9－4	保留	

命令字 Bit	主站发送定义	子站发送定义
Bits 3－2－1－0	0001：关闭实时数据； 0010：打开实时数据； 0011：发送头文件； 0100：发送 CFG－1 文件； 0101：发送 CFG－2 文件； 1000：以数据帧格式接收参考相量	

表 3－17　　　　　　　　　接收命令帧正确的确认命令

	SYNC	FRAMESIZE	SOC	IDCODE	CMD	CRC16
第 1 帧	AA　4X	××　××	发令时刻	目标方 IDCODE	111，×××，000，000，0000	××　××

表 3－18　　　　　　　　　启 动 暂 态 记 录 命 令

	SYNC	FRAMESIZE	SOC	IDCODE	CMD	CRC16
第 1 帧	AA　4X	××　××	发令时刻	目标方 IDCODE	101，000，000，000，0000	××　××

二、子站与主站通信流程

子站与主站的通信及数据传输是通过数据流管道和管理管道来实现。

（1）数据流管道：子站和主站之间，或者同步相量测量装置和数据集中器之间实时同步数据的传输通道，其数据传输方向是单向的，为子站到主站，或者同步相量测量装置到数据集中器。

（2）管理管道：子站和主站之间，或者同步相量测量装置和数据集中器之间管理命令、记录数据和配置信息等的传输通道，其数据传输方向是双向的。

（一）系统启动或重建（数据流管道和管理管道均未建立）

1. 子站启动过程

（1）建立数据流管道：

1）向主站提出建立数据流管道的申请，得到主站确认后建立数据流管道；

2）等待主站发送"开启实时数据"命令后开始实时数据传输。

（2）建立管理管道：

1）等待主站建立管理管道的申请；

2）接收并确认主站建立管理管道的申请后，建立与主站之间的管理管道；

3）通过管理管道接收和发送管理命令等，根据主站下发的命令分别处理；

4）子站禁止接收网络上其他地址建立管理管道的申请。

2. 主站启动过程

（1）建立数据流管道：

1）等待子站建立数据流管道的申请；

2）接收并确认子站建立数据流管道的申请后，建立与子站之间的数据流管道；

3）通过数据流管道接收子站的数据流。

（2）建立管理管道：

1）建立了数据流管道后，主站向子站提出建立管理管道的申请；

2）得到子站确认后，建立与子站之间的管理管道；

3）通过管理管道与子站传输控制命令、记录文件和配置信息等。

（二）数据流管道重建（数据流管道故障断开，管理管道正常）

1. 子站

（1）等待主站发送"开启实时数据"命令；

（2）主站提出建立数据流管道的申请，得到主站确认后建立数据流管道；

（3）通过数据流管道，向主站发送实时数据。

2. 主站

（1）通过管理管道向子站发送"开启实时数据"命令；

（2）等待子站建立数据流管道的申请；

（3）接收并确认子站建立数据流管道的申请后，建立与子站之间的数据流管道；

（4）通过数据流管道接收子站的数据流；

（5）如果长期没有收到子站建立数据流管道的申请，或长期未收到子站的实时数据，则主站通过管理管道再次向子站发送"开启实时数据"命令。

（三）管理管道重建（管理管道故障断开，数据流管道正常）

1. 子站

（1）等待主站建立管理管道的申请；

（2）接收并确认主站建立管理管道的申请后，建立与主站之间的管理管道；

（3）通过管理管道接收和发送管理命令等，根据主站下发的命令分别处理；

（4）子站禁止接收网络上其他地址建立管理管道的申请。

2. 主站

（1）主站向子站提出建立管理管道的申请；

（2）得到子站确认后，建立与子站之间的管理管道；

（3）通过管理管道与子站传输控制命令、记录文件和配置信息等。

（四）正常通信传输（管理管道和数据流管道均正常）

（1）实时数据流传输；

（2）通过数据流管道，子站按设定频率向主站发送实时数据，主站不发送任何命令；

（3）通过数据流管道，主站接收子站上送的实时同步数据，校验错误后丢弃该数据帧，并可以通过管理管道向子站发送"上传实时记录数据"的命令。

（五）管理命令和记录文件传输

通过管理通道，子站和主站交换命令，其流程示意如图 3 - 11 所示。

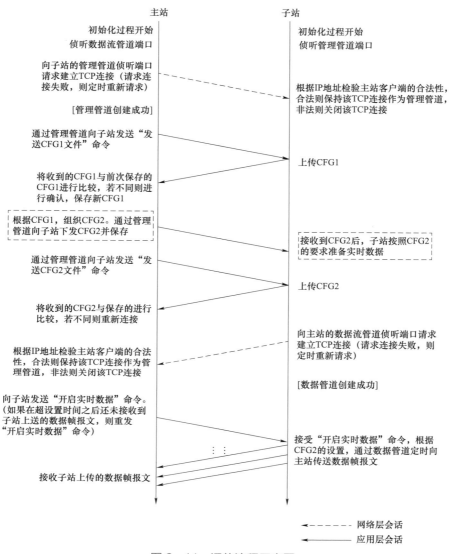

主站

初始化过程开始
侦听数据流管道端口

向子站的管理管道侦听端口
请求建立TCP连接（请求连
接失败，则定时重新请求）

[管理管道创建成功]

通过管理管道向子站发送"发
送CFG1文件"命令

将收到的CFG1与前次保存的
CFG1进行比较，若不同则进
行确认，保存新CFG1

根据CFG1，组织CFG2。通过管理
管道向子站下发CFG2并保存

通过管理管道向子站发送"发
送CFG2文件"命令

将收到的CFG2与保存的进行
比较，若不同则重新连接

根据IP地址检验主站客户端的合法
性，合法则保持该TCP连接作为管
理管道，非法则关闭该TCP连接

向子站发送"开启实时数据"命令。
（如果在超设置时间之后还未接收到
子站上送的数据帧报文，则重发
"开启实时数据"命令）

接收子站上传的数据帧报文

子站

初始化过程开始
侦听管理管道端口

根据IP地址检验主站客户端的合法性，
合法则保持该TCP连接作为管理管道，
非法则关闭该TCP连接

上传CFG1

接收到CFG2后，子站按照CFG2
的要求准备实时数据

上传CFG2

向主站的数据流管道侦听端口请求
建立TCP连接（请求连接失败，则
定时重新请求）

[数据管道创建成功]

接受"开启实时数据"命令，根据
CFG2的设置，通过数据管道定时向
主站传送数据帧报文

◄------ 网络层会话
◄—— 应用层会话

图 3-11　通信流程示意图

第四节　同步相量测量装置的运行维护

一、日常运行要点

1. 装置的投运

（1）确认装置处于正常运行状态，无异常告警；

（2）确认装置的同步对时状态正常；

（3）装置和远方主站通信状态正常；

（4）本地数据采集及记录正常。

2. 运行管理的相关要求

同步相量测量装置作为自动化系统的一部分，正式投产运行的设备应明确专责维护人员，并且建立完善的岗位责任制。风电场在日常运行过程中，需要建立同步相量测量装置的运行记录体系，准确、完整地记录设备台账信息、运行记录以及调试检修记录，以满足异常情况下的问题分析。风电场运行人员应根据实际情况，制定日常巡视制度，定期开展设备运行情况巡查，巡查内容包括同步相量测量采集装置、数据集中器、时钟、天线等，巡视工作应全面、仔细。

运行中的同步相量测量装置检修、调试或改造工作影响调控机构数据时，需要提前向相关调控机构提出申请，取得调控机构批准，并做好现场安全措施后，风电场才能够开展相关工作。工作结束时，需同调控机构进行数据核对，并且做好调试记录。

3. 设备管理的相关要求

同步相量测量装置属于安全Ⅰ区设备，根据《电力系统二次安全防护规定》要求，任何情况下都不允许外部网络直接与同步相量测量装置连接。同步相量测量装置的IP地址、网关及掩码等由相关调控机构统一分配，风电场不允许随意调整。风电场同步相量测量装置现场安装调试完成后，应向相关调控机构申请，将信息接入所辖调控机构广域测量系统（wide area measurement system，WAMS），接入的信息量需要满足调控机构的规定。风电场在未取得相关调控机构的许可前，不允许随意退出运行或重启运行中的同步相量测量装置。

风电场运行人员在日常巡视过程中，发现同步相量测量装置缺陷需要及时分析、鉴定、分类，并且依据缺陷管理的相关流程进行处理，缺陷未消除前，运行维护人员需要缩短巡视周期，加大巡视力度，降低缺陷影响程度。

二、装置日常维护及检测

（一）同步时钟维护

1. 同步时钟的重要性

同步相量是以标准时间信号作为采样过程的基准，通过对采样数据计算而得的相量，所以，每个点上的相量相互之间有着固定的、一致的相位存在。这就让异地信号能够在一样的时间上进行对比。我们可以计算出对于50Hz的信号，时间误差增加 $1\mu s$ 时，相位误差增加 $0.018°$；时间误差增加 $1ms$ 时，相位误差增加 $18°$，所以时标的准确性非常重要。

在日常运维过程中，要做好同步相量测量装置的同步时钟设备维护，保证时钟同步精度，使异地信号可以在相同的时间坐标下比较。装置的时间锁定水平必须要达到下面几点要求：

（1）低温开启（停止供电4h以上、停运时间达到半年的同步时钟的主机启动）的时间控制在1min之内；

（2）高温启动（停止供电4h以内的同步时钟的主机启动）的时间在30s之内；

（3）重新捕获的时间为 1～2s。

2. 时钟天线维护

日常维修工作中发现时钟天线出现问题的概率很大。这一情况出现的具体原因是由于变电站的时钟天线未按要求组装，包括时钟天线在组装的时候安装过高或未安装在空旷地带，靠近建筑物的防雷装备没有安装对应的防雷保护装置，所以时常会发生雷电破坏时钟天线的情况，致使同步时钟装置异常。天线在调试及维护时应满足如下要求：

（1）天线组装的地方可以在日常接收信号并易于以后的使用和修理。

（2）天线的组装应该使用金属架子进行固定，支架也要和地面相连。不可以随便放在别的物体上，特别是不能安放在避雷设备上，不能使用绷带、电线、胶带进行固定。

（3）接收天线安装位置应充分考虑雷击对接收系统的影响：当天线安装位置位于建筑物防雷带内部时，与建筑物防雷带的水平距离应大于 2m；当安装位置位于建筑物防雷带外部时，应低于建筑物防雷带 2m。

（4）在天线和同轴电缆之间安装防雷设施，防止雷电经过天线破坏主时钟。

时钟天线一般安装在主控楼楼顶，使用环境较差，经过长时间的风吹日晒会出现天线运行异常问题。天线是一个完整的整体，它使用的电缆都是依据天线的长度精心设计的，不能随意进行改装，否则会制约卫星信号的接收效果。为了确保天线运维的便捷性，时钟天线安装应考虑以下几点：

（1）采用线缆和天线头分别连接的方式，这样敷设天线时不致将天线损害，延长使用寿命。

（2）天线安装过程中，应该保证正确的安装顺序和线缆位置。

（3）在电站的安装空间内安装专用的各种附属装备，如支架、管道等。

3. 同步时钟检测

日常运维过程中，要对同步时钟进行维护和检修，定期对时钟系统进行精度校准，发现同步时钟系统偏差较大或者装置损坏，及时对时间偏差进行校准，对损坏的设备进行更换。同步时钟检测方法如下：

（1）对具有记录性能的装置同步精度检测。装置会带有远传功能和记录性能，可以对空接点不同动作的时刻进行记录。在测试时，首先在仪器上输出时间检测分脉冲（这个脉冲的时间和仪器的时间是一致的），接着启动被测仪器（被测仪器的时刻以脉冲作为起始和终止信号），记录这两个时间并进行比较，就能够知道被测仪器的内部时钟同步系统是否精确。

（2）测试同步相量测量装置的同步时间精确性。一般模拟同步相量测量装置中的仪器发生故障，保护装置得以启动，同步装置对时间的精确进行记录，进而与保护仪器的时刻进行比较，就可以得出同步单元中的内部时钟装置是否准确。

（二）电流互感器变比和线路调度命名编号的修改维护

在日常的风电场维护中，经常会涉及修改电流互感器变比和线路调度命名编号，这些参数在同步相量测量装置中必须及时进行修改，不能遗漏。

子站数据命名规则关系到主站、子站对同一信息对象表示方法的一致性，维护人员要熟悉同步相量测量装置的"信息对象名的命名规则"，正确地修改。

同步相量测量装置采集电压幅值、电压相角、电流幅值、电流相角、有功功率、无功功率、开关量状态等，特别对电流二次回路的日常维护需要注意电流互感器变比。在工程验收时必须明确同步相量测量装置电流二次回路的前级和后级。建议将同步相量测量装置电流二次回路设在测控装置电流二次回路的前级，这样测控装置校验时将不会影响同步相量测量装置的数据。

（三）回路检测

1. 电源回路检测

在没有接通电源的情况下，用 500V 绝缘电阻表检测电源回路的绝缘电阻，保证电源接入后不发生短路，交流电压源和直流电压源回路电阻值不小于 100MΩ。

2. 电压回路检测

在电压模拟量没有接入（或者电压量接入开关断开）的情况下，用数字万用表测量设备电压通道的直流电阻，保证信号接入后，电压互感器二次侧不会发生短路，电压信号回路电阻不小于 500kΩ。

3. 电流回路检测

在电流模拟量没有接入（或者电流量接入开关断开）的情况下，用数字万用表测量设备电流通道的直流电阻，保证信号接入后，电流互感器二次侧不会发生开路，电流信号回路电阻不大于 1Ω。

（四）装置接线正确性检查

1. 模拟信号输入正确性检查

对照相关设备说明、图纸和同步相量测量装置的接线原理图，检查输入同步相量测量装置的模拟信号类型、额定值、对应端子是否正确，包括：

（1）电压信号是否为相电压，电压中性点的选择是否正确，三相电压是否平衡，检查电压值（二次）与装置是否匹配，电压相序是否正确，电压"A 相"的确认是否正确。

（2）电流信号是否为线电流，三相电流是否平衡，检查电流值（二次）与装置是否匹配，电流相序是否正确，电流"A 相（AB）"的确认是否正确。

（3）装置的电源类型、幅值是否正确。

2. 端子连接正确性检查

检查同步相量监测屏内端子的接线是否符合安全、方便的规范，保证没有连接错误。主要包括：

（1）检查电压互感器小开关和电源开关连接的正确性。保证电压互感器小开关断开的情况下，装置侧端子与电压互感器二次侧可靠隔离，在电源开关断开的情况下，装置与电源可靠隔离。

（2）检查所有短接片的连接是否正确。

（3）检查端子接线的固定是否牢靠，二次电缆标识是否清晰、准确。

（4）检查屏柜是否正确接地。

三、故障处理要点

（一）典型故障处理

同步相量测量装置巡视关键点主要有同步相量测量装置监测点、装置面板指示灯状态、运行监视界面显示状态、接入量信息确认、通信及对时状态，典型故障现象及处理方法如表 3-19 所示。

表 3-19　　　　　　　　　　同步相量测量装置典型故障现象及处理方法

序号	告警类型	故障现象	检查方法
1	监视界面对时告警	监视界面栏显示所有装置异常； 监视界面报文窗显示所有采集装置时钟告警； 采集装置时钟同步装置告警； 变电站监控系统显示同步相量测量装置告警； 主站检测的同步异常	检查采集装置对时连接光纤跳线情况； 检查对时装置输出是否正常； 检查外接时钟天线安装是否正常，天线头和电缆是否正常
2	采集装置通信告警	监视界面显示采集装置通信异常； 监视界面报文窗显示采集装置通信异常； 采集装置以太网面板告警； 变电站监控系统显示同步相量测量装置告警； 主站检测的同步异常	检查采集装置光/电以太网连接情况； Ping 命令测量物理连接情况； 检查以太网交换机运行情况
3	主、子站通信告警	监视界面对外通信状态显示异常； 变电站监控系统显示同步相量测量装置告警； 主站检测的通信异常	Ping 命令测试主、子站物理连接情况； 查看调度数据网运行情况； 重启建立连接，进行测试
4	TV/TA 断线告警	监视界面显示 TV/TA 断线告警； 变电站监控系统显示同步相量测量装置告警	测量接入量实际值； 查看装置端子接线情况

（二）装置报警与闭锁处理

装置的硬件回路和软件工作条件始终在系统的监视下，一旦有任何异常情况发生，相应的报警信息将被显示。

某些异常报警会通过告警灯提示用户，一些严重的硬件故障和异常报警可能会闭锁装置。此时运行灯将会熄灭，需要检修以排除故障，具体报警信号定义等内容如表 3-20 所示。

表 3-20　　　　　　　　　　报　警　信　号　列　表

序号	自检报警元件	指示灯运行	指示灯报警	是否闭锁装置	含义	处理意见
1	装置闭锁	○	×	是	装置闭锁总信号	查看其他详细自检信息
2	装置报警	×	●	否	装置报警总信号	查看其他详细报警信息
3	板卡配置错误	○	×	是	装置板卡配置和具体工程的设计图纸不匹配	通过"装置信息"→"板卡信息"菜单，检查板卡异常信息；检查板卡是否安装到位和工作正常
4	版本错误报警	×	●	否	装置的程序版本校验出错	工程调试阶段下载打包程序文件消除报警；投运时报警通知厂家处理

序号	自检报警元件	指示灯		是否闭锁装置	含义	处理意见
		运行	报警			
5	定值超范围	○	×	是	定值超出可整定的范围	请根据说明书的定值范围重新整定定值
6	定值校验出错	×	●	否	管理程序校验定值出错	通知厂家处理
7	对时异常	×	×	否	装置对时异常	检查时钟源和装置的对时模式是否一致、接线是否正确；检查 GPS 天线是否敷设规范

注　"●"表示点亮，"○"表示熄灭，"×"表示无影响。

第四章　风电场功率预测技术

风电场功率预测是指以风电场的历史功率、历史风速、地形地貌、数值天气预报、风电机组运行状态等数据建立风电场输出功率的预测模型，以风速、功率或数值天气预报数据作为模型的输入，结合风电场机组的设备状态及运行工况，得到风电场未来的输出功率，预测时间尺度包括短期预测和超短期预测。

当不平稳的风电出力并入大电网时，风电资源的随机性与波动性会对电网的频率、有功功率等产生影响，而如果能够预测到每个时刻并入电网的风电功率随时间的变化规律，即进行风功率实时预测，那么就可以采取适当的削峰填谷措施，减小风电并网造成的大扰动。

风力发电功率预测技术是指研究分析风力发电功率的影响因素及其变化规律，同时根据现有气象条件和风电场运行状态，采用适当的数学预测模型预测未来一定时段风电出力的方法。

通过风力发电功率预测技术的研究及应用的意义：

（1）降低风电波动性对电网稳定性的影响，提升电网的健壮性；

（2）有利于调度人员及时调整调度计划，改善电网调峰能力，减小旋转备用容量；

（3）有助于发电企业科学安排检修计划，减少弃风，提高企业效益；

（4）提升风电在电力市场中的竞争力，改善传统风电"价高质劣"的缺点。

本章论述风力发电功率预测技术的基础理论，并通过具体实例介绍了风力发电功率预测的建模过程和基本方法。

第一节　风电场输出功率的影响因素

影响风电场输出功率的因素很多，关系很复杂，且实际上现场气象条件多变，与风速、空气密度等诸多因素有关，致使风力发电输出功率难以预测和控制。风力发电输出功率与相关气象因素的数学关系为

$$P = C_p A \rho v^3 / 2 \tag{4-1}$$

式中：P 为风力发电机组输出功率；v 为风速；A 为风轮扫掠面积；ρ 为空气密度；C_p 为风轮的功率系数。

风电机组功率曲线如图 4-1 所示。图 4-1 中各参数设置为：风电机组额定功率为1.5MW，风速基准值为 11m/s。从图 4-1 可以看出，风速是影响风电机组出力的关键因素；在功率曲线较陡的区域，较小的风速变化会引起较大功率变化。

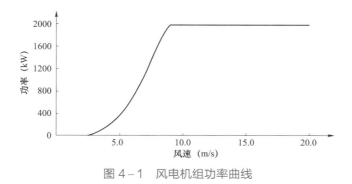

图 4-1　风电机组功率曲线

某风电场的效率如图 4-2 所示，由图 4-2 可知，风速是影响风电功率的重要因素。

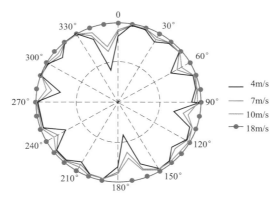

图 4-2　不同风速和风向下风电场的效率

从式（4-1）可知，空气密度 ρ 是影响输出功率的重要因素之一。不同空气密度下某风电机的功率曲线如图 4-3 所示。

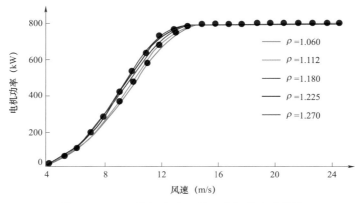

图 4-3　不同空气密度下某风电机的功率曲线

由图 4-3 可知，随着空气密度 ρ 的变大，风电机组的输出功率也相应变大。由于空气密度 ρ 和湿度、温度、压强密切相关，因此，在风电功率预测模型中，应该考虑湿度、温度、压强。

一、风能资源

因风能资源具有差异性大的特点，所以对年发电量的影响甚大。风能密度是决定风能潜力大小的重要因素。风能密度和空气密度有直接关系，而空气密度则取决于气压和温度。因此，不同地方、不同条件的风能密度是不同的。一般来说，海边地势低、气压高，空气密度大，风能密度也就高。在这种情况下，若有适当的风速，风能潜力自然大。高山气压低、空气稀薄，风能密度就小一些。所以，风能密度大且风速大，则风能潜力最好。

有效风能密度是气流在单位时间内垂直通过单位面积的风能，它是描述一个地方风能潜力最实用、最有价值的量。在实际利用中，除去那些不能使机组启动或运行的风速和破坏性风速，其余的有效风能密度将对发电量影响很大。

二、微观选址的影响

风电场微观选址是在宏观选址选定的小区域中确定机组的分布位置，以使整个风电场具有更好经济效益的过程。微观选址比较复杂，考虑的影响也是多方向性的，同样的机组在不同地区由于受局部风速的影响，发电量也有很大差别。场址选择对风能利用的预期目标能否实现起着关键性的作用。如果场址选择不合理，即使性能优异的机组也不能很好地发电，更有甚者，由于选址不正确，很可能导致设备的损坏。因此，如何在风电场内合理地布置机组，得到最大的发电量，获得最佳的经济效益，一直是微观选址工作的焦点。

在具体微观选址时也要考虑机组之间的相互影响，不同厂家生产的不同型号机组之间的相互距离要求均不相同。微观选址还要考虑地面粗糙度和山地等地形的影响，区域资源的评估也必须是多方位的。一个大型风电场比较合理的布局是点状布置，而且对每一个安装点进行测风计算和评估，这对消除机组之间的紊流等影响很有必要。风电场微观选址，应以充分、准确的数据作为机位评估与优化的依据，依靠科学手段，通过对各种因素的综合考虑，实现风电场的最优选址，从而使风电场产生最大的经济效益。

三、机组选型的影响

在单机容量相同的情况下，不同厂家、不同型号的机组在同一风能资源风电场的发电量有明显区别。例如，在格尔木某风电场，17m/s 以上的风速占 1%，在 2014～2016 年，最大风速出现在 2014 年 4 月，为 28.99m/s，并且该风电场的风速通过了西北电力勘测院、维斯塔斯（Vestas）公司、歌美飒（Gamesa）公司的计算论证，G58、G52 和 V52 三种型号机组在该风电场均有安装（三种机型均为变桨距 850kW 双馈异步机型）。这三种机组在 2015 年某月内平均发电量为 126 万 kWh、112 万 kWh 和 114 万 kWh，不同型号机组的发电量比为 1.1:1:1。统计该风电场 4 月 17～30 日的 13～24 号机组的日发电量,其中 6 台 G58 在 14 天中的发电量为 52.76 万 kWh,6 台 G52 在 14 天中的发电量为 47.36 万 kWh,G58 的发电量比 G52 多 5.4 万 kWh,多发电量占 G52 发电量的 11.4%。同样,统计 6 月 19～24 日机组的日发电量,其中 3 台 G58 在全月中的发电量为 46.73 万 kWh,3 台 G52 在全月的发电量为 41.59 万 kWh,G58 的发电量比 G52 多 12.35%。由以上数据可以看出,G58 的发电量比 G52 多 11.5%左右,全年 G58 和 G52 的利用小时数按 2000h 和 1800h 计算,直接经济差别 100 万元左右。

四、其他因素的影响

1. 机组的可利用率影响

不同运行年限的机组可靠性不同,其维护水平也不同,影响机组的可利用率。

2. 机组检修时间的影响

机组检修和线路等设备检修的时间长短,影响发电小时数,从而影响其出力。

3. 电网因素

由于机组直接接入电网,电网发生故障时,机组会与电网解列,机组停机。风电场建设比较集中,可能会因电网无法全部消纳而造成大面积停机。

4. 突发事件

风电场内部设备故障(如电缆头绝缘击穿、集电线故障等突发故障)造成机组被迫停运,影响发电出力。

第二节 风电场功率预测方法及特点

一、风力发电功率预测方法分类

风力发电功率预测方法众多,可根据预测物理量、数学模型、数据源和时间尺度等分类。常见风力发电功率预测方法分类如图 4-4 所示。

根据预测的物理量不同,风力发电功率预测可分为间接预测法和直接预测法两类。间接预测法对风速进行预测,然后根据预测的风速估算风力发电系统的功率输出。直接预测法直接对风力发电系统的输出功率进行预测。

根据所运用的数学模型不同可分为时间序列预测法、自回归滑动平均模型法、人工神经网络法等。

(1)时间序列预测法。时间序列模型是最经典、最系统、最被广泛采用的预测法。最常用的是随机时间序列方法,它仅需单一时间序列即可预测,实现比较简单。

(2)自回归滑动平均模型法。回归预测技术是通过回归分析,寻找预测对象与影响因素之间的相关关系,建立回归模型进行预测;根据给定的预测对象和影响因素数据,研究预测对象和影响因素之间的关系,形成回归方程;根据回归方程,给定各自变量数值,即可求出因变量值即预测对象预测值。

图 4-4　常见风力发电功率预测方法分类

（3）人工神经网络方法。人工神经网络技术可以模仿人脑的智能化处理，对大量非结构、非精确性规律具有自适应功能，具有信息记忆、自主学习、知识推理和优化计算的特点，特别是其自学习和自适应功能较好地解决天气和温度等因素与负荷、风电场电站出力的对应关系。所以，人工神经网络技术得到了许多中外学者的赞誉，预测是人工神经网络技术最具潜力的应用领域之一。

（4）物理方法。不以历史功率数据，以风电场地形、风电机组功率曲线等为建模数据，可用于不同时间尺度的功率预测。

（5）统计方法。通过建立数值天气预报（numerical weather prediction，NWP）数据与风电场发电功率之间的映射关系，或以实时发电数据、实时测风数据为输入，采用时间序列分析、卡尔曼滤波等方法进行功率预测。

（6）组合预测方法。组合预测方法是对多种预测方法得到的预测结果，选取适当的权重进行加权平均的一种预测方法。组合预测方法与前面介绍的各种方法结合进行预测的方式不同，它是几种方法分别预测后，再对多种结果进行分析处理。组合预测有两类方法：一种是指将几种预测方法所得的结果进行比较，选取误差最小的模型进行预测；另外一种是将几种结果按一定的权重进行加权平均，该方法建立在最大信息利用的基础上，优化组合了多种模型所包含的信息。其主要目的在于消除单一预测方法可能存在的较大偏差，提高预测的准确性。

根据预测的时间尺度不同，风力发电功率预测可分为短期（日前）预测、超短期（日内）预测、中长期预测。

（1）短期（日前）预测一般预报时效为未来 0～72h，以数值天气预报为主，主要用于电力系统的功率平衡和经济调度、日前计划编制、电力市场交易等。

（2）超短期（日内）预测是通过实时测风塔数据、电站风力发电机组运行数据、历史数据等数据源建立预测建模，进而预测未来 0～4h 的出力，每 15min 滚动更新 1 次，采用数理统计方法、物理统计和综合方法，主要用于风力发电计划修正功率控制、电能质量评估等。这种分钟级的预测一般不采用数值天气预报数据。

（3）中长期预测是更长时间尺度的预测，主要用于系统的检修安排、发电量的预测等。中长期预测目前精度不高，对电网实际运行指导意义不大。

从建模的观点来看，不同时间尺度是有本质区别的，对于日内预测，因其变化主要由大气条件的持续性决定，可以采用数理统计方法，对风电场实时测风塔数据进行时间序列分析，也可以采用数值天气预报方法和物理统计总和方法。对于日前预测，则需使用数值天气预报方法才能满足预测需求，单纯依赖时间序列外推，不能保证预测精度。

实际生产中，短期功率预测、超短期功率预测是最常用的功率预测技术，其对电力生产运行指导意义也最大，下面结合短期、超短期功率预测，对常用预测模型及算法进行介绍。

二、短期功率预测方法

（一）相似日聚类选取算法

风力发电系统的输出功率受到多种因素的影响，且与多个因素间形成一种非线性和强耦合的关系。由于相似日风力发电的输出功率具有很高的相似性，对影响风力发电系统输出功率的气象条件进行适当选取（一般选取风速、风向、气温、湿度、压强等气象条件），并进行规范化处理，采用模式识别技术将相似日的气候条件作为预测样本和模型输入，选出与待预测日相似程度较高的历史天，进而得到待预测日的输出功率曲线，达到有效提高预测精度的目的。

与一些现有研究相比较，对风电机组输出功率进行预测时，相似日的选取方法对主要气象影响因素的处理比较精细，对实际应用有一定的参考价值。当然，由于气象数据和功率数据的有限性，风电机组的输出功率影响因素比较复杂，适当选取输入变量中影响因素的个数，预测精度还有提高的可能；而仿真实验也表明增大训练样本数量可以提高预测模型的准确度。

（二）基于数值天气预报技术的短期功率预测

1. 数值天气预报基本概念

数值天气预报就是根据大气实际情况，在一定的初值和边值条件下，通过大型计算机作数值计算，求解描写天气演变过程的流体力学和热力学的方程组，预测未来一定时段的大气运动状态和天气现象的方法。

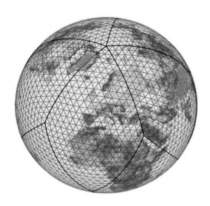

图 4-5　数值天气预报的全球模型

数值天气预报的全球模型如图 4-5 所示，数值天气预报模型非常复杂，并且需要大量的实测数据，一般由国家气象局负责预报。一般全球模型的水平分辨率为 80km×80km 到 40km×40km，全球模型驱动局部模型使分辨率降低。确定预测系统的初始状态需要大量的数据。大量的气象观测站、浮标、雷达、观测船、气象卫星和飞机等负责收集数据。世界气象组织制定了数据格式和测量周期的标准。

这些资料都是不同时刻观测得到的，并且这些资料的精度一般都比常规资料差。因此，如何利用这些非常规的观测资料，把它们和常规资料配合起来，丰富初始场的信息，是个重要的问题。需要采用四维同化方法把不同时刻、不同地区、不同性质的气象资料不断输入计算机，通过一定的预报模式，使之在动力和热力上协调，得到质量场和风场基本达到平衡的初始场，提供给预报模式使用。四维同化主要由预报模式、客观分析、初始化三部分组成。预报模式的作用是将先前的资料外推到当前的分析时刻；客观分析是将模式预报的信息与当前的观测资料结合起来，内插到格点上；初始化则是将分析场中的高频重力波过滤，保证计算的稳定性。

目前各国使用的数值天气预报主要包括欧洲中期天气预报中心（European Centre for Medium-Range Weather Forecasts，ECMWF）系统，美国国家环境预报中心（National Centers for Environmental Prediction，NCEP）开发的 T170L42 预报系统，日本谱展开模式 T213L30，德国气象预报服务机构（Deutscher Wetterdienst，DWD）开发的 Lokalmodell 模型，中国气象局开发的 T213L31 等。

2. 基于数值天气预报的常见预测方法

（1）物理方法。该方法根据风电场所处的地理位置，综合分析风电场内部风力发电机组等多种设备的特性，得到风电场出力与数值天气预报的物理关系，对风电场的出力进行预测。该方法建立了风电场内各种设备的物理模型，物理意义清晰，可以对每一部分进行分析。该方法的预测效果较统计方法略差，但不需要历史数据的支持，适用于新建的风电场。

（2）统计方法。该方法根据风电场所处的地理位置，分析影响风电场出力的各种气象因素，利用历史数值天气预报和历史的风电场出力建立神经网络模型，实现对未来风电场出力的预测。该方法采用了人工智能的方法，模糊了风电机组内部元件的各类特性，避免了元件参数不精确造成的误差，预测效果较好。但该方法需要大量历史的风电场出力数据作为建模基础，适用于投运时间超过一年的风电场，但不适用于新建的风电场。

（3）混合方法。该方法首先根据物理方法建立预测模型，然后再根据风电场的历史测量数据，采用统计方法对物理模型进行校正。该方法结合了统计方法和物理方法的优势，预测精度较好，同时不需要历史功率数据的支持，特别适用于有风速和风向测量数据的新建风电场。

三、超短期功率预测方法

（一）持续法

持续法以当前时刻风速或者功率值作为未来风速或功率值，算法简单，在较短的时间内，其精度可能超过其他预测方法，可用于检验其他预测方法的准确性。

（二）时间序列法

时间序列同时蕴含着数据顺序和数据大小，表现出客观世界的某一动态过程，能反映出客观世界及其变化的信息。根据已有的时间序列数据可以预测未来的变化，也是广泛应用的一种超短期功率预测方法。平稳时间序列的统计特性不随时间平移而变化，在进行超短期风电功率预测时，历史数据序列通常都是非平稳序列，因此需要进行差分变换来调整成平稳的时间序列数据。

1. 时间序列分析

对时间序列进行观察、研究，从中提取有意义和有用的信息，发现蕴含于时间演化过程中的事物变化的发展规律，并利用其预测未来的走势就是时间序列分析。时间序列分析是定量预测方法之一，它的基本原理是基于事物发展的连续性，根据观测到的历史行为数据，应用统计方法建立相应的数学模型，来预测事物未来的发展趋势。时间序列是有序结构，这种有序性是由多种因素决定的，正是这种有序性，使得我们能够利用历史风电功率数据推知未来风电功率。因此时间序列分析适合进行风电功率超短期预测。

时间序列分析的目的主要在于：① 描述事物在过去时间的状态；② 分析事物发展变化规律；③ 对事物的发展变化趋势进行预测或施加控制。影响风力发电的主要因素是风速大小，超短期方法是把风速在时间轴上形成一个排列（一般不考虑空气密度），然后用自回归移动平均方法建模，预测未来短时间内风速大小的变化。

2. 时间序列预测常用分析方法

（1）确定性时间序列预测方法。对于平稳变化特征的时间序列来说，假设未来行为与现在的行为有关，利用现在的属性值预测将来的值是可行的。对于有明显的季节变动的时间序列来说，需要先将最近的观察值去掉季节性因素的影响产生变化趋势，然后结合季节性因素进行预测。这些预测方法适用于在预测时间范围内，无突然变动且随机变动的方差较小，并且有理由认为过去和现在的历史演变趋势将继续发展到未来的情况。

更为科学的评价时间序列变动的方法是将变化在多维上加以综合考虑，把数据的变动看成是长期趋势、季节变动和随机模型共同作用的结果。

对于上面的情况，时间序列分析就是设法消除随机型波动、分解季节性变化、拟合确定型趋势，因而形成对发展水平分析、趋势变动分析、周期波动分析和长期趋势加周期波动分析等一系列确定性时间序列预测方法。虽然这种确定性时间序列预测技术可以控制时间序列的基本样式，但是它对随机变动因素的分析缺少可靠评估方法，实际应用中还需要进行预测方法的研究和试验。

（2）随机事件序列预测方法。时间序列挖掘一般通过曲线拟合、参数估计或非参数拟合来建立数学模型。通过建立随机时间序列模型，对随机序列进行分析，就可以预测未来的数据值。常用的线性时间序列模型有自回归（autoregressive model，AR）模型、移动平均（move average，MA）模型或自回归移动平均（auto regressive moving average，ARMA）模型。

（3）其他方法。可用于时间序列的方法很多，其中比较成功的是神经网络。由于大量的时间序列是非平稳的，因此特征参数和数据分布随着时间的推移而变化。假如通过对某段历史数据的训练，通过数学统计模型估计神经网络的各层权重参数初值，就可能建立神经网络预测模型，用于时间序列预测。此外，还有基于傅里叶变换的时间序列分析等方法。图4-6是时间序列分类及分析方法的总结。

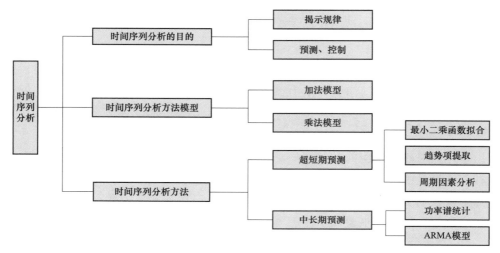

图4-6　时间序列分类及分析方法

第三节　风电场功率预测系统设计

一、系统总体结构

风电场功率预测系统主要由风电场侧风功率预测子站系统，数据通信链路以及部署在网、省级调度侧的风力发电功率预测主站系统三部分组成。调度侧风力发电功率预测主站系统主要作用在于进行区域风功率预测，并对各个风电场风功率预测的准确性进行考核评价。风电场侧风功率预测子站用于单个电站的功率预测，并向调度侧主站系统上传功率预测信息，提供实时风速等气象数据。考虑到数据安全和网络安全，风电场都建设了电力调度数据网接入节点，与调度主站通信一般都采用调度数据网通信，根据《电力监控系统安全防护规定》（发改委2014年14号令），风电场功率预测数据为生产控制区的准实时类信息，风电场端风电场功率预测子站系统与调度端风电场功率预测主站运行在同一安全区（安全Ⅱ区）。风电场功率预测系统总体拓扑结构如图4-7所示。

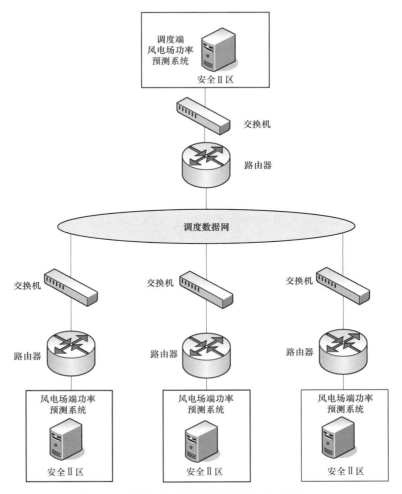

图 4-7　风电场功率预测系统总体拓扑结构

二、总体建设要求

（一）调度端风电场功率预测主站系统建设要求

调度端风电场功率预测主站系统主要是用来进行区域各风电场未来一定时间段内风电出力的预测，作为调度部门编制风电发电计划的依据，同时主站系统还要满足风电子站系统接入及对电站上传预测结果评价考核的需要。大规模风力发电接入的网、省级调度中心需要建设调度端风电场功率预测系统，主站系统建设应满足以下要求：

（1）调度端风电场功率预测系统通常依据电力系统发展规划，一般按照 5 年期内所管辖区域内风电场发展的规模要求进行系统建设，并适度考虑 5 年后风电场进一步发展、扩充的需要。

（2）调度端风电场功率预测系统应能根据风电场上报的功率预测曲线，在保证电网安全的基础上，按照优先吸纳风电等新能源的原则，编制风电场发电计划曲线，并下达给风电场。

（3）调度端风电场功率预测系统在时间尺度要求上具备短期风功率预测功能，用于制订日前计划，具备超短期滚动预测，用于制订日内计划；在空间技术要求上能对单个风电场电站或者单个风电基地输出功率进行预测，即主站系统需具备局部控制区和全区域的风力发电功率预测能力。

（4）调度端风电场功率预测系统能够根据功率预测误差评价考核要求，对风电场功率预测上报数据进行评价与考核，在风力发电出力受限的运行时段内，不应对风功率预测结果进行考核。

（5）调度端风电场功率预测系统横向上须与 SCADA 前置采集、发电计划等系统之间有良好的数据接口，纵向上须满足风电场功率预测子站信息上传及接入的需要，主站系统所用的实时风速、风向、温度、湿度、压强等气象数据应通过站端功率预测子站系统获取。

（二）风电场端功率预测系统建设要求

集中式风电场应具备风力发电功率预测的能力，配置风电场端功率预测系统，子站系统的建设需满足以下要求：

（1）风电场端功率预测系统向调度端风电场功率预测系统至少上报次日 96 点风力发电功率预测曲线，上报时间可根据区域网、省调度机构要求进行设置；每 15min 上报一次未来 4h 的超短期预测曲线，并同时上报与预测曲线相同时段的风电场预计开机容量。

（2）风电场端功率预测系统还需向调度端风电场功率预测系统上传风电场 10m、30m、50m、70m、轮毂高度的实时风速、风向、温度、湿度、压强等气象数据，时间分辨率一般不大于 5min。

（3）风电场端功率预测系统须与风电场运行监控系统、风力发电机组监控系统之间具备良好的数据接口，确保风电场端功率预测系统所需数据的及时性、完整性。

三、系统设计

（一）调度端风电场功率预测系统设计

1．调度端风电场功率预测系统结构

调度端风电场功率预测系统分为硬件和软件两个组成部分。硬件主要由跨安全分区的计算机硬件设备、存储设备、网络设备、二次系统安全防护设备组成；软件则包括系统平台软件、支持软件、应用软件以及各类通信接口，调度端风电场功率预测系统总体结构如图 4－8 所示。

（1）硬件设计。调度端风电场功率预测系统关键硬件设备通常按照冗余方式进行建设，系统故障时自动切换，以保证系统运行的稳定可靠性。

一套典型的调度端风电场功率预测系统通常配置 1 套数据采集服务器、2 套冗余配置的预测系统服务器（含磁盘阵列）、1 套数值天气预报下载服务器、1 套 Web 服务器、若干台风力发电功率预测工作站、1 套网络交换机及各类二次安全防护设备等。

（2）软件设计。调度端风电场功率预测系统软件通常采用三层软件体系结构，数据层位于软件架构的最底层，包括实时数据库、历史数据库等，完成数据存储、数据加密，并向上层应用提供所需要的数据源；中间层为服务层，以总线机制与数据层连接，为系统提供数据、模型、画面、文件、事件、工作日志、工作流管理等服务；最上层是整个系统的软件核心，包括数据采集、数据管理、功率预测、预测结果评估、数值天气预报处理等。

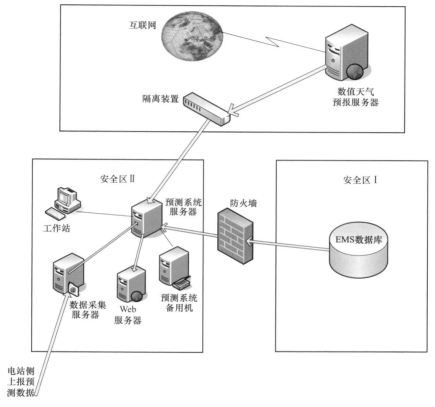

图 4-8　调度端风电场功率预测系统总体结构

调度端风电场功率预测系统的应用软件模块主要包括数据采集与通信、数据管理、功率预测、数值天气预报处理、预测结果评估、系统管理、权限管理等模块。调度端风电场功率预测系统主要向调度计划系统提供预测结果，辅助开展发电计划编制，并对风电场风功率预测子站进行评估及优化。

需要指出的是，当前国家电网公司各网省主要应用的智能电网调度技术支持系统整体设计采用一体化的理念。调度侧 EMS、WAMS、AGC/AVC 系统、调度计划系统、安全校核系统、保护故障信息管理系统、OMS、雷电定位监测系统等多套原本离散的独立系统已经融合为一整套跨安全Ⅰ、Ⅱ、Ⅲ区的一体化智能调度技术支持系统，实现资源的合理配置和资源共享。各应用系统基于一体化支撑平台，共享数据采集服务器、数据通信服务器、数据存储服务器、磁盘阵列等设备。因此，调度端风电场功率预测系统实际建设中，往往只需要在硬件上架设风功率预测服务器和数值天气预报处理服务器，软件上在一体化支撑平台基础上部署风功率预测应用软件即可。

2. 调度端风电场功率预测系统数据传输

调度端风电场功率预测系统部署在安全Ⅱ区，主站系统从调度侧前置数据采集系统中获得所有风电场运行信息（包括电站全场出力、各馈线有功数据等），从安全Ⅲ区数值天气预报系统获取气象机构提供的风电场所在地域气象数据。系统结合各风电场上传的实时风速、风向、温度、湿度、压强等数据和数值天气预报数据计算出各风电场的短期和超短期功率预测曲线，调度端风电场功率预测系统将风功率预测曲线传送至风电调度计划系统，由调度计划系统综合考虑电网的安全约束，编排各风电场的出力计划。调度端风电场功率预测系统与相关模块数据交互如图4-9所示。

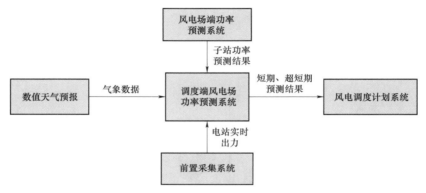

图4-9 调度端风电场功率预测系统与相关模块数据交互图

（二）风电场端功率预测系统设计

风电场端功率预测系统结构如图4-10所示，风电场端功率预测系统主要包括风电场风功率预测部分和实时气象采集部分两个组成部分。

一套典型的风电场端功率预测系统风功率预测部分通常包括1台预测系统服务器、1台预测系统工作站、1台气象数据处理服务器和二次系统安全防护设备。其中风电场功率预测服务器部署于安全Ⅱ区，用于功率预测应用程序的运行；气象数据处理服务器部署于安全Ⅲ区，用于数值天气预报及实时风速、风向等气象数据的接收与处理。气象数据处理服务器通过二次安全防护设备将气象数据送至安全Ⅱ区的风电场功率预测服务器，风电场功率预测服务器则完成预测、展示、用户交互等功能。实时气象采集部分包括测风塔、风速风向仪、温湿度传感器、数据采集通信设备等。一座风电场根据其覆盖面积以及地形地貌特征，可以设置一座或者多座测风塔，测风塔的设置以能准确反映整个风电场区的风速强度等气象条件，满足风功率预测系统功能为目的。

通过风电场端功率预测系统实现单个风电场的短期功率预测和超短期功率预测，并向调度端风电场功率预测系统上报预测结果和实时风速、风向等气象数据。

（三）数据采集系统

1. 实时测风系统

实时风测系统（测风塔）主要用于风电功率预测系统的超短期预测，为超短期预测提供实时测风数据；测风塔的数量需根据风场条件计算分析后确定，每座测风塔配套硬件设备包括气象数据传感器、数据采集设备、数据传输设备，如图4-11所示。

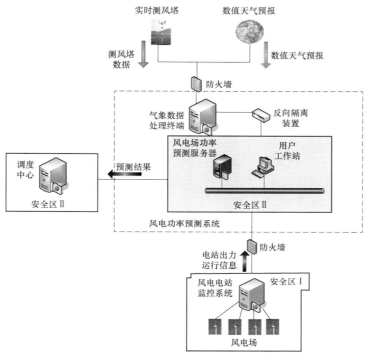

图4-10 风电场端功率预测系统结构

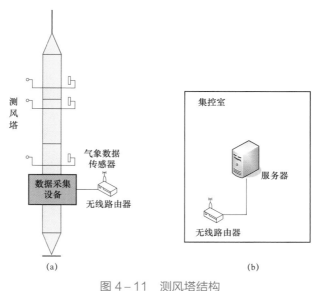

图4-11 测风塔结构

（a）数据采集发射；（b）数据接收

具体配套设备包括 3 台风速传感器、2 台风向传感器、1 台大气温度传感器、1 台大气湿度传感器和 1 台大气压力传感器及数据采集器和数据传输设备。测风塔高度不低于风力发电机组轮毂高度，大气温度传感器和大气压力传感器装在 8m 高度；风向传感器在 10m 高度装一个，其他需根据项目具体情况确定安装高度；风速传感器在 10m、30m 高度分别安装一台，其他需根据项目具体情况确定安装高度。

2. 数据采集器

数据采集器负责风速风向、温度、气压传感器的数据采集存储和数据通信，具体要求如下。

（1）具有在现场（光缆）或无线（电台、GPRS）下载数据的功能。

（2）能完整地保存不低于 36 个月左右采集的数据量。

（3）在 −55～85℃的环境温度下可靠运行。

（4）远程数据采集系统保证传输数据的准确性，数据可实时观测、定时下载，采样精度0.02%。

（5）数据通道共 12 个，可分别接入 10 个风速仪，6 个风向标（或大气温度计、大气压力计及其他传感器）。在数据记录中满足各传感器的数据记录，采样精度为±0.02%。

（6）传感器接口：至少 10 个风速接口，16 个模拟量接口（风向、气温、气压等），8 个 I/O 接口，RS−232 接口。

（7）太阳能电源供电：80W 太阳能板，可长期不间断供电。

（8）通信协议：应支持多种协议，至少包括 OPC、Modbus。

（9）箱体防护等级为 IP67，防水、防尘、防沙、防紫外、放腐蚀。

（10）箱体结构安装盒应防水、防沙尘、防腐蚀。

3. 风速传感器

风速传感器负责测量风速，其参数如下。

（1）测量范围：0～75 m/s。

（2）启动风速：0.78m/s。

（3）精度：±0.1m/s。

（4）误差范围：±1.5%。

（5）适应温度：−50～85℃。

4. 风向传感器

风向传感器负责测量风向，其参数如下。

（1）测量范围：0°～360°。

（2）精确度：±2.5°。

（3）适应气温：−40～65℃。

5. 大气温度传感器

大气温度传感器负责测量大气温度，其参数如下。

（1）测量范围：−40～52.5℃。

（2）精度：±1.1℃。

（3）尺寸：$\phi 15 \times 100mm$。

（4）防护等级：IP65。

（5）防紫外辐射罩。

6. 大气压力传感器

大气压力传感器负责测量大气压力，其参数如下。

（1）测量范围：15～115kPa。

（2）精度：±1.5kPa。

（3）响应时间：15ms。

（4）工作电压：7～35V（DC）。

（5）操作温度：−40～+60℃。

7. 数据采集频次要求

满足发改能源〔2003〕1403号《风电场风能资源测量和评估技术规定》；符合 IEC 61400−12《风力发电机标准　第 12 部分：风力发电机组　功率特性测试》要求（测风要求 1Hz 采样频率，存数 10min 时间间隔）；可以根据客户要求进行调整、设置，默认采集频次如下。

（1）数据存储时间间隔为 5min。

（2）风速参数：采样时间间隔为 1s，并自动计算和记录每 5min 的平均风速，每 5min 的风速标准偏差，每 5min 内最大风速、最小风速、阵风风速、阵风风速出现时间日期、当时风向；单位为 m/s。

（3）风向参数：采样时间间隔为 1s，并自动计算和记录每 5min 的风向矢量平均值，每 5min 的风向标准偏差，每 5min 内最大风向、最小风向，单位为°。

（4）温度参数：采样时间间隔为 1s，记录每 5min 的平均值，每 5min 的温度标准偏差，每 5min 内最大、最小温度，单位为℃。

（5）湿度参数：采样时间间隔为 1s，记录每 5min 的平均值，每 5min 的湿度标准偏差，每 5min 内最大、最小湿度（以百分数表示）。

（6）大气压力参数：采样时间间隔为 1s，记录每 5min 的平均值，每 5min 的气压标准偏差，每 5min 内最大、最小气压，单位为 kPa。

8. 数据传输

系统具备多种通信方式传输采集数据，包括光纤、电缆以及无线传输，确保数据传输实时、稳定。中心站配有采集数据接收软件，用于数据收集，数据监控、采集器程序的编制，采集器的设置，数据的简单分析、处理，监控界面的制作以及网络服务和联网功能等。

9. 设计依据

设计依据有：

GB/T 18709《风电场风能资源测量方法》

GB/T 18710《风电场风能资源评估方法》

GB/T 19963《风电场接入电力系统技术规定》

NB/T 31046《风电功率预测系统功能规范》

NB/T 31047《风电调度运行管理规范》

NB/T 31076《风力发电场并网验收规范》

发改能源〔2004〕865 号《风电场风能资源测量和评估技术规定》

第五章　风电场功率控制技术

在电力系统中，电网频率和电网电压是至关重要的两个指标，也是反映电网有功功率和无功功率是否平衡的重要参数。电力系统正常运行时，必须保证电压维持在额定值附近，频率维持在一定范围内。系统电压和频率偏移过大时，都会对发电设备和用电设备造成不良的影响，甚至引起系统的电压、频率崩溃，导致大面积停电等事故发生，造成严重的经济损失。因此，为了保证电网电压和频率的平衡，确保供电质量和电力系统的安全稳定运行，必须采取一定手段进行风电功率控制。风电场的功率控制包括有功功率控制和无功功率控制两个方面，其功率控制通过风力发电机组、SVC、SVG等设备实现。

本章首先介绍了风电并网控制系统的主要概念及系统的技术性能，然后论述了风电场有功功率控制和无功功率控制的控制要求、基本方法和控制模式，并介绍了风电场柔性功率控制及应用。最后，通过应用实例重点介绍了风电场功率控制系统的结构组成、日常运维和常见故障的解决方法。

第一节　风电场功率控制系统

风电场通过远动通道自动接收调度主站下发的风电场全场有功调整量和高压侧母线电压调整量，自动闭环调节站内风力发电机组、SVC、SVG等设备的有功、无功出力，实时跟踪调度主站下发指令，从而实现对电网有功功率和无功功率的控制。

一、风电场功率控制基础

（一）风电场功率控制目标

1. 有功自动控制目标

（1）有功自动闭环控制。根据风功率预测系统给出的预测数据，有功功率控制系统结合当前风力发电机组的运行状态，实时计算全场的有功出力能力，计算当前可增加有功和可减少有功，并上传到调度主站。

当投入闭环控制时，系统能够响应调度主站下发的全场有功功率控制指令，根据指令进行风力发电机组有功的分配和/或启停风力发电机组。系统可以接收调度主站下发的风场日有功功率曲线。当与主站通信中断时，应该能够独立自动闭环运行，根据调度日前下发的有功控制曲线进行全场有功功率的控制。

（2）与储能装置的联合控制。当风场内装有储能装置时，可以实现风力发电机组与储能装置的联合有功功率控制。可以根据全场有功功率控制要求，实现风力发电机组与储能装置间的协调配合，最大化风力发电机组的有功出力，尽量减少弃风电量。

（3）风场有功无功协调控制。在根据调度指令或计划曲线对风力发电机组的有功功率进行分配和控制时，系统充分考虑风力发电机组有功出力的变化对风力发电机组机端电压以及 35kV 集电线电压分布的影响，同步修正风力发电机组的无功功率控制指令或 SVC 控制指令，确保不因有功控制导致风力发电机组电压异常脱网，实现风场有功无功协调自动控制。

2. 无功电压自动控制目标

风电场子站的全场无功电压控制目标为：以风电场高压侧母线电压为控制目标，同时兼顾风力发电机组机端电压在合格的范围内，并最大化 SVC/SVG 快速无功设备的动作裕度，应对电压异常变化。

风电场子站系统对无功电压的自动控制具有三个控制目标，按控制优先级排序如下。

（1）监控并维持风力发电机组机端电压在合格范围内，若出现风力发电机组机端电压临近越限，将执行校正控制，首先利用该风力发电机组本身及邻近风力发电机组的无功出力将其电压拉回。若风力发电机组无功功率调节能力不够，将采用 SVC 设备进行调节。此控制目标充分保证风场内每台风力发电机组的正常并网发电，保证风力发电机组不因电压问题出现脱网，为电压的校正控制。

（2）跟随主站下发的对风电场高压母线的电压控制目标。在满足控制目标（1）的基础上，风电场子站接收调度主站下发的高压侧母线电压控制目标，并控制风电场内的风力发电机组和无功电压设备，实现该控制目标；当与调度主站通信中断时，能够按照就地闭环的方式，按照预先给定的高压侧母线电压的运行曲线进行控制。此控制目标充分保证风电场高压侧母线电压的合格，一方面满足调度要求，实现整个风电上网区域各个风电场的电压协调控制；另一方面，高压侧母线的电压合格，也是全场各风力发电机组电压合格的基础。

（3）维持场内无功功率平衡，并保留较大的动态无功裕度。在满足目标（1）、（2）的基础上，风场子站系统能平衡场内无功功率流动，避免多台 SVC/SVG 之间或风力发电机组之间出现不合理的无功环流。同时，在电压合格的基础上，能使用风力发电机组的无功去置换出 SVC/SVG 设备的无功功率，使 SVC/SVG 设备保持有较大的动态无功功率调节裕度，为应对电压异常变化做好准备。

上述三个控制目标中，控制目标（1）、（2）是为保证风电场正常运行以及风电上网区域电压正常的校正控制，目标（3）是为应对电压异常变化做好准备的优化预防控制。

在无功电压自动控制方面，风电场子站能够协调控制风电机组、动态无功补偿设备、低压电容/抗器及主变压器分接头，快速跟随主站下发的控制目标，控制优先调整调节速度快的设备，调整较慢的设备应随后跟进，保证风电场留有充足的动态（调节速度较快的）无功补偿容量，从而最大化风场的快速无功动态调节储备，提高风场抵御电压异常的动态无功裕度。

（二）风电场功率控制手段

风电场子站实现有功功率和无功功率控制的手段包括调整风力发电机组有功功率、调整风力发电机组无功功率、调整 SVC/SVG 等动态无功补偿装置、调节有载调压主变压器分接头等，下面将详细说明这几种控制手段。

1. 调整风力发电机组有功功率

控制风力发电机组有功功率一般有两种方式。

（1）控制单台风力发电机组有功功率：控制手段包括设定风力发电机组有功功率值，以及启动风力发电机组或停止风力发电机组。

（2）控制成组风力发电机组有功功率：控制手段包括设定成组风力发电机组总有功功率值，以及通过控制 35kV 集电线开关，快速启动或停止成组风力发电机组。

2. 调整风力发电机组无功功率

控制风力发电机组无功功率一般有两种方式。

（1）调整风力发电机组的无功功率。风场子站计算出对应风力发电机组的无功功率，下发至风电场风力发电机组监控系统，由风力发电机组监控系统将风力发电机组无功功率指令转发至每台风力发电机组就地控制器，由风力发电机组就地控制器控制风力发电机组变流器调节风力发电机组机组无功功率。在风电场子站下发风力发电机组无功功率设定值后，风力发电机组将保持该无功功率值，直到风电场子站下发新的无功功率值。

（2）调整风力发电机组的功率因数。风电场子站计算出风力发电机组的无功功率控制设定值，并根据当前机组有功功率计算对应的功率因数或者功率因数角，下发至风电场风力发电机组监控系统，由风力发电机组监控系统将风力发电机组功率因数指令转发至每台风力发电机组就地控制器，由风力发电机组就地控制器控制风力发电机组变流器调节风力发电机组的无功功率。在风电场子站下发功率因数设定值后，风力发电机组将保持该功率因数，直到风电场子站下发新的功率因数。

可见，在调整风力发电机组功率因数模式下，由于在 2 次控制指令的间隔风力发电机组保持功率因数不变，在此期间的无功功率要受风力发电机组有功功率波动的影响，机端电压也受有功功率波动的影响，不利于风电场电压控制。因此，建议在有条件时均采用直接调整风力发电机组无功功率的方式。

3. 调整 SVC/SVG 等动态无功补偿装置

风电场安装配置的 SVC/SVG 等动态无功补偿装置，通过接入风电场有功/无功电压控制子站中，参与风电场的无功功率控制。子站采用电压和无功目标相结合的方式来控制 SVG/SVC 动态无功补偿装置。风电场子站同时向 SVC/SVG 装置发送高压侧母线电压上下限值和无功功率设定值，其控制逻辑如下：当高压侧母线电压在设定的电压限值范围内时，SVC 响应风电场子站下发的无功功率设定值，发出指定的无功功率；当高压侧母线电压越出电压限值范围时，SVC 装置不再等待风电场子站的无功控制指令，自行动作进行毫秒级的快速无功功率调整。

采用这种"电压＋无功"的综合控制方式，可以在稳态情况下，通过无功功率控制指令，实现 SVC/SVG 与电容器或风力发电机组等其他无功设置之间的精确协调控制，用其他慢速无功设备的无功功率置换快速的 SVC/SVG 无功功率，最大化风电场快速无功功率的储备；也可以实现多台 SVC/SVG 之间的进行无功功率精确协调控制，避免由于不同 SVC/SVG 装置的响应速度不同，出现站内的无功功率不合理流动。同时，采用这种方式，还可以保证在故障状态下，当电压出现剧烈波动时，SVC/SVG 可以自主快速动作，在毫秒级对电压进行调整，避免暂态情况下的风力发电机组因电压异常而脱网。

4. 调节主变压器分接头

风电场升压站主变压器分接头的控制权限属于风电场的运行值班人员，也可以加入到风电场自动电压控制子站中，参与闭环自动控制。当风电场子站需要调节分接头时，将调节指令发至升压站监控系统，由监控系统负责执行，并将结果反馈至子站。考虑到目前的实际情况，风电场子站自动控制主变压器分接头，但是一般不投入自动闭环。当其他手段用尽，需要调节分接头时，系统给出调整分接头的提示。

二、无功补偿装置

（一）无功功率补偿简介

无功补偿全称为无功功率补偿，在供电系统中可以提高电网的功率因数，降低供电变压器及输送线路的损耗，提高供电效率，改善供电环境。合理选择补偿装置，可以做到最大限度地减少电网的损耗，提高电网质量。反之，如选择或使用不当，可能造成供电系统电压波动、谐波增大等。

风电本身的有功功率具有随机性，采用 35kV 输电线作为风力发电机组集电网络，其有功功率随机变化对风电场内电压的影响比较显著，造成电压的显著波动。而目前大部分风电场的风力发电机组都设置成定功率因数运行模式，不支持实时无功功率调整；有些升压站虽然配备了 SVC 等动态无功补偿设备，但为了满足与主网无功功率交换的考核要求，多将 SVC 运行在功率因数截零的控制模式上，以与电网交换的功率因数作为控制目标，不考虑维持本场电压的稳定，在电压波动时没有得到充分利用。

因此，快速有效地调节电网的无功功率，可使整个电网负荷的潮流分配更趋合理，这对电网的稳定、调相、调压、限制过电压等方面都是十分重要的。无功功率补偿的作用概括起来有：① 在电力系统扰动情况下，提供有效的电压支撑；② 提高输电系统的静态和动态稳定性；③ 降低暂态过电压；④ 阻尼系统的低频和次同步振荡；⑤ 减小电压和电流的不平衡，抑制不对称负荷；⑥ 减小由于电压波动引起的闪变；⑦ 增加输电线路的有功功率传输容量；⑧ 滤除流入系统的谐波电流；⑨ 快速补偿换流站所需要的无功功率，稳定弱系统的波动，保证可靠换流。

传统的无功补偿装置很多，有同步调相机、并联电容器等。同步调相机（synchronous condenser，SC）是专门用来产生无功功率的同步机，在过励磁或欠励磁的情况下，可以分别发出不同大小的容性或感性无功功率。由于它是旋转电机，损耗和噪声都比较大，运行维护复杂，响应速度慢，在很多情况下已经不能满足快速无功功率控制的要求。并联电容器也是无功补偿的传统方法之一，其结构简单、费用低廉。然而，并联电容器不能跟踪负载无功需求的变化，只能补偿固定无变化的无功功率，且当系统中存在谐波时，还有可能发生并联谐振，导致谐波放大。因此，随着技术的发展，传统的无功补偿装置已经逐渐被静止型无功补偿装置 SVC 和静止无功发生器 SVG 所取代。风电场可在升压变压器低压侧配置集中无功补偿装置。无集中升压变压器的风电场可在汇集点安装集中无功补偿装置。风电场无功补偿装置配置应根据风电场实际情况（如安装容量、安装型式、站内汇集线分布、送出线路长度、接入电网情况等），进行无功电压计算后确定。

风电场的无功补偿装置主要有静止无功功率补偿器和静止无功发生器两种。

1. 静止无功功率补偿器

根据 IEEE 和 CIGRE 的定义，静止无功功率补偿器（static var compensator，SVC）的功率输出可变，以保持或者控制电力系统中的特定参数。

由于传统无功补偿装置在响应速度、损耗噪声、运行维护等方面的局限性，从 20 世纪 70 年代开始逐渐被 SVC 所取代。饱和电抗器（saturated reactor，SR）属于早期的 SVC，其铁芯工作在饱和状态，因而损耗和噪声都很大，而且存在一些非线性电路的特殊问题，又不能分相调节以补偿负荷的不平衡，故此未能占据 SVC 的主流。

随着电力电子技术的发展及其在电力系统中的应用，使用晶闸管的 SVC 逐渐成为首选方案。这类 SVC 没有旋转元件，可靠性高，可以根据电网无功功率的实时需求连续调节无功功率的输出，从而实现系统无功功率的动态补偿。具有快速响应性、可频繁动作性以及分相补偿的能力，可应用于大型冲击性、快速周期波动、不平衡以及非线性负荷的动态无功功率补偿领域，改善电能质量。因此，近年来，在世界范围内其市场一直在迅速而稳定的增长，已占据了 SVC 的主导地位。

SVC 的一般特征为：① 没有旋转部件，维护要求较低；② 控制响应快速；③ 可以分相控制；④ 损耗较小；⑤ 可靠性高；⑥ 不影响系统短路容量；⑦ 除晶闸管投切电容器外，SVC 会产生谐波；⑧ 当 SVC 运行在线型可控范围外时，其发出的无功功率随着电压的平方而变化，造成低电压时无功支撑能力的减弱。

实际中大量应用的 SVC 有以下几种支路型式：

（1）晶闸管控制电抗器（thyristor controlled reactor，TCR）。TCR 是晶闸管型 SVC 最重要的组成部分，通常与固定电容器或者晶闸管投切电容器结合使用。TCR 由反并联晶闸管阀组和相控电抗器串联之后，三相连接成三角形接线方式并入电网，通过控制晶闸管阀组的导通时间长短，就可以改变与其串联的电抗器中流过的电流（主要是工频基波电流）大小，从而改变电抗器吸收电网的无功功率值。TCR 型补偿器具有反应时间快（响应时间小于 20ms），无级调节，可以分相调节，平衡有功，适用范围广等优点，实际应用的比较多，在抑制电弧炉负荷产生的电压闪变时，大部分都是采用这种型式；但同时它工作时会产生大量谐波，对电网造成二次污染，提高了谐波控制的难度和成本。

（2）晶闸管投切电容器（thyristor switched capacitor，TSC）。TSC 型补偿器由反并联晶闸管阀组、电容器及小的限流电抗器串联组成。反并联晶闸管阀组的作用相当于双向开关，通过阀组的开断达到将电容器投入/退出电网的作用。与机械式开关不同的是，晶闸管阀组可以选择在阀组两端电压过零的时刻导通,使投切过程的暂态量最小。

TSC 型补偿器的特点是反应快、适用范围广,分相调节装置本身不产生谐波,损耗小,但它只能分级调节,经常配合 TCR 使用,价格较高。

(3)机械开关投切电容—晶闸管控制电抗器型(mechanically switched capacitor+thyristor controlled reactor,MSC-TCR)。在一些要求不高、电容投切不频繁的应用场合,可以采用机械开关代替 TSC 支路的晶闸管,构成机械开关投切电容—晶闸管控制电抗器型无功补偿装置,有利于降低成本和降低损耗。

(4)固定电容—晶闸管控制电抗器型(fixed capacitor-thyristor controlled reactor,FC – TCR)。FC – TCR 型补偿器由 TCR 和若干电容器组并联而成。通过控制与电抗器串联的双向晶闸管的导通角,既可以向系统输送感性无功电流,又可以向系统输送容性无功电流。由于该补偿器响应时间快(不超过一个周波),灵活性大,而且可以连续调节无功输出,同时,可以补偿电网的三相不平衡,所以目前在国内的电力系统中应用比较广泛。但该补偿装置输出电流中含有较多的高次谐波,而且电抗器体积大,成本也比较高。

(5)固定电容—磁控式电抗器型(fixed capacitor-magnetically controlled reactor,FC – MCR)。FC – MCR 型补偿器是由 MCR 和若干组电容器组并联而成。MCR 装置利用直流励磁原理,采用小截面磁饱和技术,通过调节磁控电抗器的磁饱和度,改变其输出的感性无功功率,中和电容器组的容性无功功率,实现无功功率的连续可调。MCR 装置的优点是自身不产生谐波,成本较低,占地面积小,不需要专门的冷却系统,安全可靠性高;缺点是响应速度慢,在 100ms 以上时,不能满足快速响应的要求。

总的来说,没有任何一种 SVC 可以满足所有无功功率补偿的要求。选择特定结构的 SVC 通常基于如下几个因素:应用的要求、响应速度、运行的频率、损耗、投资成本、噪声等。在综合考虑运行可靠性、响应速度等因素的情况下,FC – TCR 是迄今为止最为通用的 SVC 结构型式。

2. 静止无功发生器

静止无功发生器(static var generator,SVG)又称静止同步补偿器(static synchronous compensator,STATCOM),采用目前最为先进的无功补偿技术,将 IGBT 构成的桥式电路经过变压器或电抗器接到电网上,适当地调节桥式电路交流侧输出电压的相位和幅值,或者直接控制其交流侧电流,就可以使该电路吸收或者发出满足要求的无功电流,实现动态调整控制目标侧电压或者无功的目的。

(1)SVG 装置的特点。

1)补偿方式:通过检测模块、控制运算模块及补偿输出模块进行无功补偿,根据补偿容量,补偿后的功率因数可以达到 0.98 以上;可以进行无级补偿,配置合适的补偿容量能够实现精确补偿。

2)补偿时间:4~20ms 就可以完成一次补偿。

3)谐波滤除:不产生谐波更不会放大谐波,配合滤波支路可以滤除谐波。

4)使用寿命:10 年以上,自身损耗极小且基本上不需要维护。

(2)SVG 实际应用中的问题。在实际工程中,国内大量开始应用 SVG 是在 2010 年之后，运行初期，由于产品成熟度低、技术门槛高，实际产生的各种问题较多，主要体现在：

1）SVG 一般采用链式结构，每相由有若干结构完全相同的链节串联组成，每个链节均需通过脉宽调制技术控制功率器件的导通和关断，控制算法技术门槛高。控制算法、控制软件结构以及高集成度的阀控装置是制约目前国内一些厂家的瓶颈，这导致了其产品在实际运行中无法稳定电压，交错输出感性和容性无功功率，引起母线电压的振荡。

2）一些厂家对 SVG 链节结构没有足够重视，导致设计的产品存在诸多问题，如干扰、母排杂散电感过大、散热不合理等。这些都使得内部换流器件的安全受到威胁，经常出现如炸机、器件击穿的情况。某些厂家链节结构采用分区屏蔽的子模块电气及机械结构设计，则可大大提高产品稳定性和可靠性。

（二）SVC 与 SVG 的对比

根据 SVC 与 SVG 的优缺点，应用在不同类型的风电场中。SVC 与 SVG 的对比如表 5-1 所示。

表 5-1　　　　　　　　　　　　SVC 与 SVG 的对比

设备名称	TCR+FC 型 SVC	SVG
补偿原理	晶闸管阀组控制相控电抗器	自动无功发生器
占地面积	大	小
补偿效果	线性调节，可达 0～100%（容性）	线性调节，比 SVC 范围宽，为-100%（感性）～100%（容性）
响应速度	一般	快
控制	简单	复杂
设备自身谐波发生量	FC 部分可滤波，但 TCR 工作时会产生谐波	在不需要滤波时，基本无谐波输出
闪变治理	50%～60%	可达 80%，容量增加还可增加抑制效果
三相不平衡	治理效果好	治理效果好
损耗	8‰左右	≤7‰
后期维护费用	运行费用低	运行费用低
运行业绩	各行各业广泛应用	适用于风力发电、冶金、电网、煤矿等行业
设备稳定性	运行稳定可靠	运行稳定可靠
其他特点	适合于 6～35kV 电网，补偿容量小的场合不适合应用	可以直接接入 35kV 及以下的系统
价格比较		
20Mvar 以上	价格有优势	贵
10～20Mvar	价格相当	价格相当
10Mvar 以下	贵	价格有优势

（三）风电并网控制系统对 SVC/SVG 的技术要求

1. 通信接口信息

SVC/SVG 通信接口信息应符合表 5-2 的要求。

表 5-2 　　　　　　　　　　　　SVC/SVG 通信接口信息要求

名称	单位	说明
无功出力目标值设值	Mvar	遥调点； 设置 SVC/SVG 向系统中输出（吸收）的无功出力指令值； 　正表示向系统输出无功； 　负表示从系统吸收无功
无功出力上送	Mvar	遥测点； SVC/SVG 向系统输出（吸收）的无功出力实际值
闭锁并网自动控制信号		遥信点； 闭锁信号合位，则闭锁对 SVC/SVG 的自动调节
系统电压目标值设值（预留）	kV	遥调点； 设置 SVC/SVG 工作在"自动跟踪电压"模式下的目标电压值
系统电压目标值上送（预留）	kV	遥测点； 和"系统电压目标值设值"配套

2. 功能和性能

（1）SVC、SVG 为并网控制提供的所有功能应在海拔 4500m 及以下、－40～＋60℃条件下完全正常工作。

（2）SVC、SVG 设备应具备定无功功率模式，即 SVC、SVG 稳定运行在向系统输出（吸收）指定数值无功功率的模式。

（3）SVC、SVG 须采用电力系统标准方式实现与风电场计算机监控系统、并网控制系统的通信功能。SVC、SVG 可以采用串口方式使用 Modbus 规约通信，也可以通过网口方式使用 DL/T 634.5－103《远动设备及系统　第 5-103 部分：传输规约继电保护设备信息接口配套标准》、DL/T 634.5－104《远动设备及系统　第 5-104 部分：传输规约》或 IEC 61850《变电站通信网络和系统》规约通信。对于新建风电场的 SVC、SVG，必须采用网口方式，使用 DL/T 634.5－104 或 IEC 61850 规约通信。遥测变化更新速率不超过 1s。遥控、遥调响应时间不超过 5s。

（4）SVC 的整体响应时间不超过 30ms。

（5）SVG 的整体响应时间不超过 30ms。

（6）SVC、SVG 具备自动跟踪目标电压的模式（可选）。

（7）SVC、SVG 具备控制主变压器进线无功功率或功率因数的工作模式（可选）。

（8）SVC、SVG 具备在风电场发生三相短路等紧急情况下，自动快速为系统提供无功功率支撑的能力（可选）。

（9）SVC、SVG 具备按照调度要求定制暂态工况判别条件和暂态工况下自动控制策略

（可选）。

三、风电并网控制系统

（一）系统部署

风电并网控制系统部署于风电场监控网，位于安全 I 区，典型部署方案如图 5 - 1 所示。

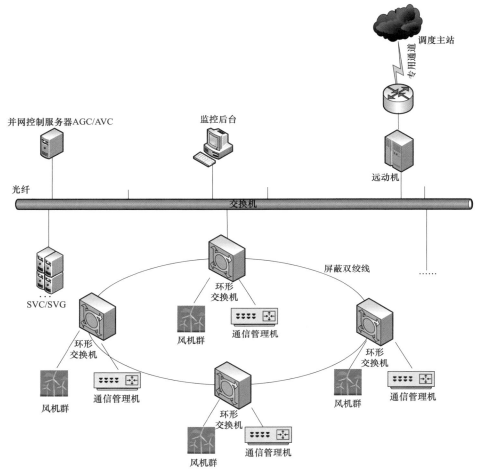

图 5 - 1　风电并网控制系统典型部署方案

（二）系统功能和性能

根据实际运行经验，风电并网控制系统的功能和性能应满足下列条件：

（1）考虑到风电场运行工况比较恶劣，风电并网控制系统在海拔高度 4500m 及以下、−40～+60℃条件下能够正常工作。

（2）具备可扩展性，可以适应扩建等情况下的系统扩充。

（3）具备对时功能。

（4）人机界面友好，值班人员在界面上可以执行投入/退出、系统复归等常规操作，执行操作前进行权限校验。

（5）具备开环调节功能。

（6）遥控、遥调正确率必须为 100%。

（7）遥控、遥调成功率不低于 99%。

（8）系统正常时 CPU 平均负荷率不超过 25%。

（9）风电并网控制系统遥控、遥调网络响应时间不超过 5s。

（10）具备 1min 内下调或上调 20%风电场装机容量的 AGC 响应速率（太阳光辐照度条件不允许的情形不受此限制）。

（11）具备 2min 内从无功最大输出状态调节到无功最大吸收状态或从无功最大吸收状态调节到无功最大输出状态的 AVC 响应速率。

（12）具备有功功率调节速率限制设定，确保 1min、10min 风电场有功功率变化最大值不超过调度规定的限值（太阳光辐照度条件不允许的情形不受此限制）。

（13）在监测到电网发生出口电压极度跌落等明显异常的情况下，能可靠闭锁 AGC、AVC 自动调节。

（14）在满足电网安全性的前提下，采用最经济的调节方式，提高清洁能源利用率。

（15）AGC 调节优先采用风力发电机组限制有功功率的方式，在限功率方式无法满足调节要求的情况下，可以通过停止风力发电机组的方式执行 AGC 调节。

（16）AVC 调节优先使用风力发电机组的无功功率调节能力,在风力发电机组调节达到极限的情况下，可以调节 SVC、SVG 的无功功率输出。

（17）具备打印每日调度指令历史记录功能。

（三）风电场计算机监控系统通信接口信息

1. 风电场计算机监控系统子站通信接口信息（见表 5-3）

表 5-3 　　　　　　　　　风电场计算机监控系统子站通信接口信息

名称	单位	说明
风电场并网点有功功率	MW	正表示向系统输出有功功率，负表示从系统吸收有功功率
风电场并网点无功功率	Mvar	正表示向系统输出无功功率，负表示从系统吸收无功功率
风电场并网点电压	kV	
低压侧母线电压	kV	可以有若干个
太阳辐射强度	W/m²	水平平面内单位面积太阳辐射量

2. 风电场计算机监控系统主站通信接口信息（见表 5-4）

风电并网控制系统作为子站和风电场计算机监控系统通信，通过风电场计算机监控系统的远动机经由远动通道实现与调度主站的通信。

表 5-4　　　　　　　　　　　风电场计算机监控系统主站通信接口信息

名称	单位	说明
全站有功功率限值设值	MW	遥调点
全站有功功率限值上送	MW	遥测点 和"全场有功功率限值设值"配套
并网点电压目标值设值	kV	遥调点
并网点电压目标值上送	kV	遥测点 和"并网点电压目标值设值"配套
电压调节死区设值（备用）	kV	遥调点
电压调节死区上送（备用）	kV	遥测点 和"电压调节死区设值"配套
并网点无功允许下限设值（备用）	Mvar	遥调点
并网点无功允许下限上送（备用）	Mvar	遥测点 和"并网点无功允许下限设值"配套
并网点无功允许上限设值（备用）	Mvar	遥调点
并网点无功允许上限上送（备用）	Mvar	遥测点 和"并网点无功允许上限设值"配套
风电场正有功备用	MW	遥测点
风电场负有功备用	MW	遥测点
风电场正无功备用	Mvar	遥测点
风电场负无功备用	Mvar	遥测点
风电场 AGC 功能投退		遥控点
风电场 AGC 功能投入		遥信点 和"风电场 AGC 功能投退"配套
风电场 AVC 功能投退		遥控点
风电场 AVC 功能投入		遥信点 和"风电场 AVC 功能投退"配套

3. 功能和性能

（1）风电场计算机监控系统为并网控制提供的所有功能须在海拔 4500m 及以下、-40～+60℃条件下完全正常工作。

（2）风电场计算机监控系统与并网控制系统须采用网口方式通过 DL/T 634.5-104 或者 IEC 61850 规约通信。如果风电场计算机监控系统与并网控制系统为同一供应商，则可以采用供应商自有规约通信。遥测变化更新速率不超过 1s，遥控、遥调响应时间不超过 5s。

第二节 风电场有功功率控制

一、有功功率控制要求

GB/T 19963《风电场接入电力系统技术规定》的相关条文中，对风电场的有功功率控制要求给出了明确规定。

风电场并网运行后，有义务按照调度指令参与电力系统的调频、调峰和备用。具体来说，风电场应配置有功功率控制系统，具备有功功率调节能力。风电场能够接收并自动执行调控机构发送的有功功率及有功功率变化的控制指令，确保风电场有功功率及有功功率变化按照电力调控机构的要求运行。

风电场有功功率变化包括 1min 有功功率变化和 10min 有功功率变化。在风电场并网以及风速增长过程中，风电场有功功率变化应当满足电力系统安全稳定运行的要求，其限值应根据所接入电力系统的频率调节特性，由电力系统调度机构确定。

风电场有功功率变化速率应满足每分钟在装机容量的 10%以内，允许出现因太阳能辐照度降低而引起的风电场有功功率变化速率超出限制的情况。

当风电场有功功率在总额定功率的 20%以上时，对于场内有功功率超过额定容量的 20%的所有风电机组，能够实现有功功率的连续平滑调节，并参与系统有功功率控制。

在电力系统事故或紧急情况下，风电场应根据电力系统调度机构的指令快速控制其输出的有功功率，必要时可通过安全自动装置快速自动降低风电场有功功率或切除风电场；此时风电场有功功率变化可超出电力系统调度机构规定的有功功率变化最大限值。事故处理完毕，电力系统恢复正常运行状态后，风电场应按调度指令并网运行。

（1）电力系统事故或特殊运行方式下要求降低风电场有功功率，以防止输电设备过载，确保电力系统稳定运行。

（2）当电力系统频率高于 50.2Hz 时，按照电力系统调度机构指令降低风电场有功功率，严重情况下切除整个风电场。

（3）在电力系统事故或紧急情况下，若风电场的运行危及电力系统安全稳定，电力系统调度机构应按规定暂时将风电场切除。

二、有功功率控制系统

（一）控制目标

风电场 AGC 主要实现的目标为：维持系统频率与额定值的偏差在允许的范围内；维持对外联络线净交换功率与计划值的偏差在允许的范围内；实现 AGC 性能监视、风力发电机组性能监视和风力发电机组响应测试等功能。

（二）控制原理

有功功率控制是一个闭环控制系统，它通过控制管辖区域内发电机组的有功功率，在实现高质量电能的前提下，满足电力供需实时平衡。风电发电有功控制是基于风电功率预测、风电资源监视、运行信息采集监视等数据实现的，上级调控中心依据风电场的状态信息和功率预测下发风电场调度计划控制命令，并通过风电场的有功功率控制实现。风电场有功功率控制是在接收到总有功功率设定值或计划曲线后，制订本站内的发电计划，通过与风力发电机组之间的接口，改变风力发电机组有功功率或者启停风力发电机组，从而进行有功功率控制。同时，将本电站内的电气量、风力发电机组运行状态等实时信息传送至主站。图 5-2 所示为 AGC 反馈控制系统构成原理。

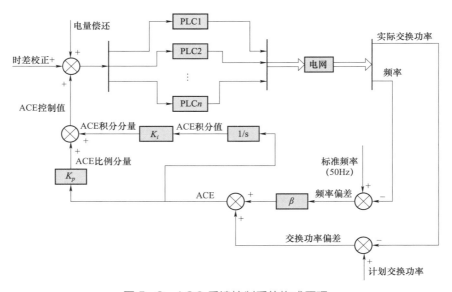

图 5-2 AGC 反馈控制系统构成原理

（三）控制流程

风电有功功率的控制是主站、子站 AGC 系统共同实现的，主站 AGC 系统根据各风电场出力等实际因素计算各风电场有功功率目标值并下发，然后由风电场接收并解析主站下发数据，进而将目标值执行，图 5-3 所示为 AGC 有功功率目标值执行流程图。

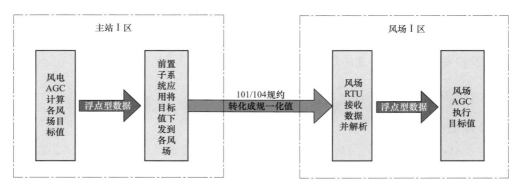

图 5-3 AGC 有功功率目标值执行流程图

当风电场接收到主站下发的目标值数据后，就根据目标值和实际并网点有功功率进行有功功率控制。首先通过实时测量值和目标值进行对比，判断两者功率偏差是否在死区阈值范围，如果满足阈值，则无需进一步调节，若超出阈值，则根据偏差值计算需要重新分配的负荷，然后进一步判断此时风力发电机组是否满足预先设定的约束条件并做出后续的有功控制调节指令，图 5-4 所示为有功功率控制实现流程图。

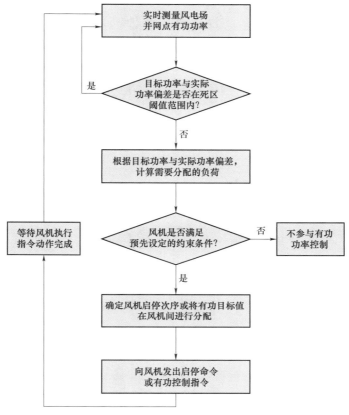

图 5-4　有功功率控制实现流程

（四）控制模式及控制策略

1. 控制模式

当前风电场通常采用的控制模式为：调度主站将控制指令下发至风电场端控制系统，风电场侧控制系统通过调节风力发电机组出力或启停风力发电机组的方式响应跟踪控制指令。

风电场 AGC 系统主要由风电场 AGC 控制系统和环网交换机、通信管理机以及各子阵中的风电风力发电机组组成，如图 5-5 所示。进行 AGC 功率调节时，厂站 AGC 系统直接对各子阵中的风力发电机组进行遥调或遥控操作。在 AGC 遥控遥调通信命令经过通信管理机时，通信管理机将其作为通信过路命令或批处理命令处理。因此，从逻辑上来讲，这种AGC 系统是一种站内直接的两层控制结构。这种控制层次结构满足和适用于以集中式风力发电机组为主的风电场，而在近年大量出现的含有组串式风力发电机组的大型风电场中遇到了很大困难，原因是同等容量的组串式风电阵列与集中式相比，风力发电机组数量增加几十倍，庞大的目标风力发电机组数量导致厂站 AGC 系统遭遇计算与通信瓶颈，厂站 AGC

系统有时不得不放弃对部分甚至全部组串式风力发电机组方阵的功率控制。因此，有厂家提出了在子阵层形成子阵 AGC 的站内分层分布式功率控制方法，并将该子阵 AGC 与箱式变压器保护测控装置、通信管理机、环网交换机一体化融合形成一台发电单元智能一体化装置，该一体化方案的优点是：风电子方阵中装置数量仅为一台，无需额外屏柜，节约大量安装费用；原装置间二次接线被精简，各项工作简单方便。对于组串式方阵，可提供子阵 AGC 功能，新增子阵 AGC 可代替原厂站 AGC 计算控制，降低厂站 AGC 系统计算控制容量，减少了 AGC 控制命令阻塞延迟严重的问题；且多方阵并行同步计算控制，时效性好。该方案对以组串式风力发电机组为主的大型风电场功率控制系统建设提供了很好地解决思路。

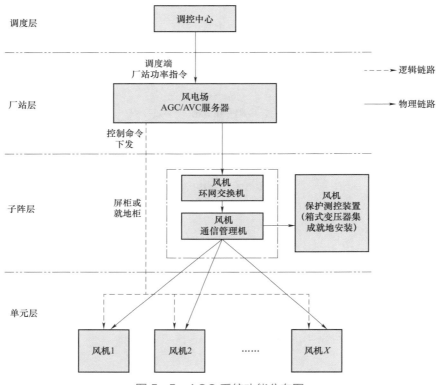

图 5-5　AGC 系统功能分布图

启停、调节风力发电机组有功功率模式

$$P_{AGC} = P_{SET} - \overline{P_{AGC}} \qquad (5-1)$$

式中：P_{AGC} 为参加 AGC 风力发电机组有功功率；P_{SET} 为全站总有功；$\overline{P_{AGC}}$ 为不参加 AGC 风力发电机组有功之和。

分配到每台风力发电机组的有功功率为

$$P_i = P_{AGC} \times \frac{P_{i\max}}{\sum_j P_{j\max}} \qquad (5-2)$$

式中：P_i 为分配到第 i 台风力发电机组的有功功率；$P_{i\max}$ 为第 i 台风力发电机组在当前条件

下最大出力。

系统根据风力发电机组控制策略，实时计算可控风力发电机组的数量以及每台可控风力发电机组需要调节的有功功率限值，然后下发风力发电机组遥调命令进行有功功率控制。

2. 控制策略

以最大化消纳风力发电为原则，常规能源调节容量不足时，调用风电场发电资源参与电网有功功率调节，为适应风力发电发展不同阶段的调节需求，应考虑多种有功功率控制策略。

（1）最大功率。控制曲线中相关时刻点的功率值为该风电场的额定容量，确保风电场出力保持最大功率跟踪，不采取限出力措施。

（2）限制功率。调度主站可在指定限制控制的同时，指定限制功率数值。控制曲线中相关时刻点的功率值为人工设置的限值。风电场出力控制在设定限值以下。限值功率从切换时刻起，对以后的计划值点修改为指定限值。当出现策略切换或计划值无效时，切换到给定模式或取消控制，并改写对应的下点计划值，触发式下发后更新计划值。

（3）按时段限制。调度主站下发指定时段修改后的计划曲线，风电场跟踪执行，相当于设置计划模式的同时，将指定时段的计划曲线修改为指定数值，同时也是对限制功率控制模式的扩展，时段结束后自动以一定斜率跟踪到原始计划。

（4）按日前计划增减。调度主站可在日前计划基础上指定日前计划调整偏移量，相当于在原计划曲线的基础上，增量调整指定时段的计划数值，可视作限制控制模式的延伸，风力发电出力与最大可调出力始终保持固定偏差（限额）。按日前计划增减模式的优点是，在实时发电计划制定中，对风电留有部分有功功率备用，使风电资源具有上调和下调出力的能力。

（5）计划跟踪。调度主站下发计划曲线，风电场跟踪执行。控制曲线中相关时刻点的功率值为风电发电计划值，同时支持人工调整计划，调整后的计划曲线将按周期下发。目前，在发电计划曲线满足实际运行需求的情况下，这种调节方式在实际运行中最为常用。调度主站根据发电计划曲线选定控制策略，无需再进行任何操作，控制方式方便、实用。风电场 AGC 按计划曲线跟踪情况如图 5-6 所示。

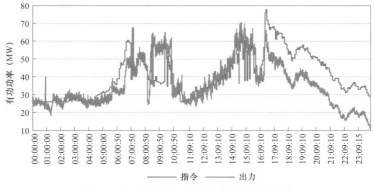

图 5-6 风电场 AGC 按计划曲线跟踪

（五）控制功能实现

典型的风电场有功功率控制应具备以下功能。

1. 风力发电机组总体控制策略

AGC 根据调度下发的有功功率目标值，将所有可调风力发电机组作为调节对象，剔除故障风力发电机组、通信故障风力发电机组、样本风力发电机组等无法调节或者不参与调节的风力发电机组。然后平均计算每台风力发电机组应该发出的有功功率限值，再通过网络将有功功率限值遥调给每台风力发电机组，风力发电机组根据 AGC 下发的有功功率限值调节功率实发值。

2. 风力发电机组平均分配策略

风力发电机组需要实时上传开关遥信、闭锁遥信以及有功功率可增加值等遥测信息。AGC 实时监测所有风力发电机组数据，在策略分析计算的时候将运用这些"四遥"数据。当风力发电机组遥测遥信状态正常，且无任何闭锁信息，即作为可调风力发电机组。AGC 系统将主站获取到的有功功率目标值平均分配给所有可调风力发电机组。

3. 人工干预接口

每台风力发电机组设置投入 AGC 软压板，均可人为设定投入、退出自动调节。该软压板可以就地投退，也可以远方投退。

4. 风力发电机组通信接口信息

风电场接入 AGC 所需基本数据见表 5-5。

表 5-5   风电场接入 AGC 所需基本数据表

类型	数据名称	范围	说明	备注
遥测	总有功功率（MW）	全场	全场上网有功功率	
	开机容量（MW）	全场	全场处于运行状态的机组总容量	
	指令反馈值（MW）	全场	收到的主站指令后，将指令值返回主站	
	实时控制上限（MW）	全场	全场实时最大理论出力，单台机组理论出力总和	
	实时控制下限（MW）	全场	全场可下调的最小出力	
	超短期功率预测值（MW）	全场	全场未来 5~15min 功率预测值	
遥信	投远方 AGC 信号	全场	全场远方 AGC 闭环控制信号	1：投入 0：退出
	AGC 允许信号	全场	全场现场 AGC 闭环控制信号	1：允许 0：不允许
	运行信号	全场	场站运行	1：运行 0：停运

三、有功功率特性测试

（一）输出特性测试

（1）气象参数测试装置的安装位置应能体现被测风电场的典型气象条件，且不影响被测风电场的正常运行。

（2）功率特性测试点应设在风电场并网点处。

（3）气象参数测试装置和功率参数测试装置时间标的同步性应达到秒级。

（4）运用气象参数测试装置测量测试点的各项气象参数，运用功率参数测试装置测量测试点的各项功率参数，在系统正常运行的方式下，连续测量至少满一天（具备一个完整的辐照周期）。

（5）读取气象参数测试装置和功率参数测试装置数据并进行分析，拟合有功功率输出曲线，并输出报表和拟合曲线，测试报表见表5-6。

表5-6　　　　　　　　　　　　　　功率输出测试报表（样表）

测试时间	
总辐射（W/m²）	
直接辐射（W/m²）	
散射辐射（W/m²）	
反射辐射（W/m²）	
紫外辐射（W/m²）	
日照时间（h）	
环境温度（℃）	
组件温度（℃）	
环境湿度（%）	
风速（m/s）	
风向（°）	
气压（hPa）	
风电场输出功率（W）	
最大功率变化率（W/min）	

（二）控制特性测试

（1）功率特性测试点应设在风电场并网点处。

（2）测量风电场当前有功功率输出。

（3）通过风电场控制系统设置风电场输出功率为当前有功功率输出的25%、50%、75%和100%，测量风电场接受指令后的有功功率变化，记录有功功率变化数据和变化曲线。

（4）通过风电场控制系统向风电场下发启动和停机指令，测量风电场接受指令后的有功功率变化，记录有功功率变化数据和变化曲线。

（5）读取功率参数测试装置数据并进行分析，输出报表和测量曲线，判别是否满足GB/T 19964《风电发电站接入电力系统技术规定》要求，报表详见表5-7。

表5-7　　　　　　　　　　　　　　功率控制测试报表（样表）

有功功率设定值			有功功率输出值	W		
0.25（标幺值）						
0.50（标幺值）						
0.75（标幺值）						
1.00（标幺值）						
有功功率变化测试			10min 有功功率变化	W	1min 有功功率变化	W
停机指令	是　□	否　□				
启动指令	是　□	否　□				

四、基于日前发电计划的功率控制

风电场有功功率控制支持计划控制、预测控制、输送断面控制、计划/断面控制、预测/断面控制、参与区域协调控制、设点控制、基于接纳能力的实时调峰控制等多种控制目标。

1. 计划控制

风电场参与计划控制时，风电场控制模式为计划模式，场站的目标出力仅由场站的实时计划决定。风电场控制模块实时或按照一定的时间间隔读取计划模块提供的日内（滚动）计划，再将读取到的场站日内计划值实时或按一定时间间隔发送至场站，场站按照接收到的计划值调整场站的实际出力。

风电场 AGC 系统通过实时监视风电场对计划曲线的跟踪情况，判断该场站是否有能力跟踪计划曲线，对于没有能力跟踪计划曲线的场站，风电场 AGC 系统在将计划值下发到该场站的同时，不再将该场站的计划值调节量计入区域调节功率。

2. 预测控制

风电场参与预测控制时，风电场控制模式为预测模式，场站的目标出力仅由场站的超短期功率预测值决定。风电场控制模块实时或按照一定的时间间隔读取预测模块提供的功率预测值，再将读取到的场站预测值实时或按一定时间间隔发送至场站，场站按照接收到的预测值调整场站的实际出力。

风电场 AGC 系统通过实时监视场站对预测曲线的跟踪情况，判断该场站是否有能力跟踪预测曲线，对于没有能力跟踪预测曲线的场站，风电场 AGC 系统在将预测值下发到该场站的同时，不再将该场站的预测值调节量计入区域调节功率。

3. 输送断面控制

将风电场投入断面控制时，场站的控制模式为断面调整模式。在进行断面控制时，首先需要计算出控制断面的控制偏差，该控制偏差为断面输出潮流限值与断面实际潮流值，并留有一定的稳定裕度。风电场功率控制功能模块自动将断面控制偏差按照给定的风电场功率分配策略分配给各个参与调整的风电场，将参与断面控制分配得到的分配量对参与调整场站原计划进行修正并得到控制目标后，再将其发送至各个场站。

（1）断面在正常区：只有投入断面控制模式的风电场承担断面的上调节量，保证电网优先接纳风电，在对断面下的场站进行功率分配时，按照"三公"调度要求进行合理安排，同时挖掘各场站的最大发电能力，实现对风电功率的多分层、多循环分配方案，提高电网接纳风电的能力。

（2）断面在紧急区：投入断面控制模式的风电场的目标值被限制在当前出力，避免进一步恶化断面，但此时风电场也不会主动下调。

（3）断面在越限区：先调节常规机组出力，只有常规机组备用不足时才调节断面下的风电场，在调节断面下风电场时仍遵循上述在断面正常区的分配原则。

4. 计划/断面控制

风电场参与计划和断面控制时，风电场控制模式为计划/断面模式，场站出力受断面和计划值的双重约束控制。

（1）断面在正常区：该类场站的目标出力仅由场站的实时计划决定，不参与断面调节。风电控制模块实时或按照一定的时间间隔读取计划模块提供的日内（滚动）计划，再将读取到的场站日内计划值实时或按一定时间间隔发送至风电场，场站按照接收到的计划值调整场站的实际出力。

（2）断面在紧急区：此时如果风电场的计划值小于场站当前出力，则下发计划值，如果计划值大于风电场出力，则下发场站当前出力，避免断面恶化。

（3）断面在越限区：先下调断面下的常规机组出力，常规机组备用不足时，再下调断面下跟踪断面的风电场出力，当常规机组、跟踪断面风电场出力都不能满足断面调节需求时，最后才下调断面下参与计划或预测控制模式的风电场出力。

5. 预测/断面控制

风电场参与预测和断面控制时，风电场控制模式为预测/断面模式，风电场出力受断面和预测值的双重约束控制。

（1）断面在正常区：风电场的目标出力仅由场站的超短期功率预测值决定，不参与断面调节。风电控制模块实时或按照一定的时间间隔读取预测模块提供的功率预测值，再将读取到的预测值实时或按一定时间间隔发送至风电场，场站按照接收到的预测值调整场站的实际出力。

（2）断面在紧急区：此时如果风电场的预测值小于场站当前出力，则下发预测值，如果预测值大于场站出力，则下发场站当前出力，避免断面恶化。

（3）断面在越限区：先下调断面下的常规机组出力，常规机组备用不足时，再下调断面下跟踪断面的风电场出力，当常规机组、跟踪断面风电场出力都不能满足断面调节需求时，最后才下调断面下参与计划或预测控制模式的风电场出力。

6. 参与区域协调控制

风电场参与区域协调控制时，风电场控制模式为区域控制模式。采用风电优先原则进行 AGC 协调控制，当电网有出力上调需求时，优先调节风电，风电上备用不够时才调节火电和水电；当电网有出力下调需求时，优先降火电和水电出力，只有火电和水电下备用不够时才下调风电出力。

（1）区域处于正常区时：参与区域协调控制的风电场始终在当前出力的基础上保持一个步长的向上调节量，避免限电，由常规机组响应区域的调节需求。

（2）区域处于上紧急区时：对区域下的风电场进行反向出力调节闭锁，避免对区域进行反向调节，同时计算区域下常规机组的快速调节备用，当快速调节备用不足以在短时间内使电网恢复正常时，区域控制模式的风电场将按设定的分配方式，参与区域调节，使电网尽快恢复正常。

7. 设点控制

风电场参与设点控制时，风电场控制模式为设点控制模式。风电场 PLC 维持调度员给定的出力目标值，该类场站不再参与调节功率分配。

8. 基于接纳能力的实时调峰控制

进行调峰控制时，首先需要获取当前控制区域内部风电总接纳能力。在得到控制区内风电总接纳能力之后，将接纳能力与风电总实际出力作为风电控制偏差，将偏差作为调节量按照给定的风电场功率分配策略分配到各个场站，在各个风电场的计划出力上叠加分配到的调节量作为目标出力，再将目标出力下发至各个场站。图5-7所示为风电场运行状态的实时监视。

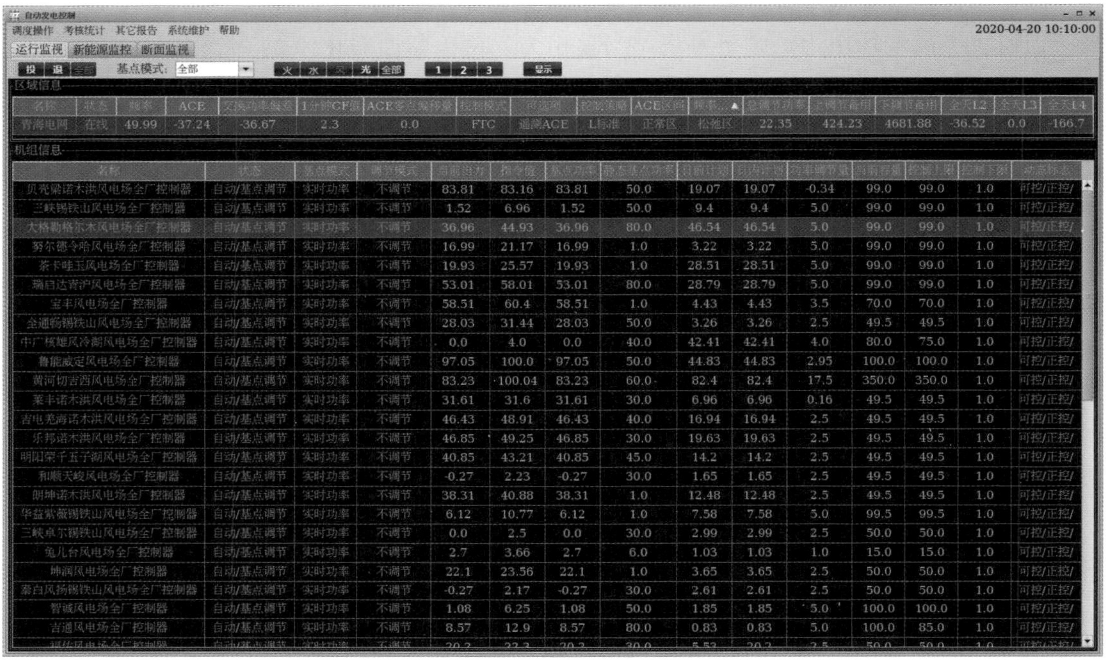

图 5-7　风电场运行状态的实时监视

风电作为一种清洁、安全和高效的新能源，在保护生态环境、延缓全球气候变暖、推进可持续发展等方面具有重要的积极意义，越来越受到世界各国的强烈关注。大型风电场的并网运行，是新能源发展利用的主要形式。

风力发电作为电源具有间歇性和难以调度的特性，风电场的功率输出具有很强的随机性，目前的预报水平还不能满足电力系统实际运行的需要。为了保证风电并网后系统运行的可靠性，需要在原来运行方式的基础上，额外安排一定容量的旋转备用以响应风电场发电功率的随机波动，维持电力系统的功率平衡与稳定。因此风电并网对电力系统的安全和经济运行提出了新的要求。

同时，近年来随着风力发电产业的发展，风力发电成为能源发展的新热点，风力发电产业在世界新能源领域的地位越来越重要。风力发电具有不持续性、调节能力差、发电量受天气及地域的影响较大等特性，大规模并网发电会对电网稳定运行造成一定影响。因此，减小大规模风力发电功率波动对电网的影响，有必要开发大规模风力发电有功功率控制功能，探索提高电网风力发电的接纳能力的方法。

第三节　风电场无功功率控制

电压是衡量电能质量的一个重要指标。电力系统中各种用电设备只有在电压为额定值时才有最好的技术和经济指标。但是在电力系统的正常运行中，用电负荷和系统运行方式经常变化，由此引起电压发生变化，不可避免地出现电压偏移。而电力系统的运行电压水平取决于无功功率的平衡，系统中各种无功电源的无功输出应能满足系统负荷和网络损耗在额定电压下对无功功率的要求，否则就会偏离额定值。随着新能源并网规模的不断扩大，风电场对于电力系统的无功功率平衡及电压稳定的作用越来越重要，因此，风电场的无功（电压）控制是风电场功率控制的重要内容。

风电场和传统水/火电厂运行控制的最大区别是，传统电厂只有几台机组，而风电场包含了数百台风力发电机组，这些风力发电机组通过集电线组成的 35kV 电气网络连接在一起，因此风电场的运行控制具有鲜明的"微网"特点，例如风电场中各台风力发电机组的机端电压在同一时刻是不相同的，其电压分布依赖于风电场网络的电气特性，只有基于完整的"微网"网络分析和潮流计算，才能对全场的每台风力发电机组进行精确协调的有功功率和无功功率控制；从系统侧来看，风电场有功/无功电压控制子站跟随电网调度中心 AVC 主站的电压控制指令，参与大规模风电场集中接入区域电网的全局稳定控制，从风电场侧本地来看，风电场子站系统维持风电场自身电压合格，提高对风电的消纳能力，保证风力发电机组连续不脱网的稳定运行。

一、电压控制要求

（1）风电场应配置无功电压控制系统，具备无功功率及电压控制能力。根据电力系统调度部门指令，风电场自动调节其发出（或吸收）的无功功率，实现对并网点电压的控制，其调节速度和控制精度应能满足电力系统电压调节的要求。

（2）当公共电网电压处于正常范围内时，风电场应当能够控制风电场并网点电压为额定电压的 97%～107%。

（3）风电场变电站的主变压器应采用有载调压变压器，通过调整变电站主变压器分接头控制场内电压，确保场内风电机组正常运行。

（4）当风电场并网点电压为额定电压的 90%～110%时，风电机组应能正常运行；当风电场并网点电压超过额定电压的 110%时，风电场的运行状态由风电机组的性能确定。

二、无功电源和无功容量

（一）无功电源

1. 基本要求

（1）风电场的无功电源包括风力发电机组和风电场集中无功补偿装置。

（2）风电场应充分利用并网风力发电机组的无功容量及其调节能力，当并网风力发电机组的无功容量不能满足系统电压与无功调节需要时，应在风电场配置集中无功补偿装置，并综合考虑风电场各种出力水平和接入系统后各种运行工况下的暂态、动态过程，配置足够的动态无功补偿容量。

（3）风电场配置的无功装置类型及其容量范围应结合风电场实际接入情况，通过风电场接入电力系统无功电压专题研究来确定。

（4）对于直接接入公共电网的风电场，其配置的容性无功容量能够补偿风电场满发时汇集线路、主变压器的感性无功功率及风电场送出线路的一半感性无功功率之和，其配置的感性无功容量能够补偿风电场送出线路的一半充电无功功率。

2. 响应时间

（1）风电场的无功电源应能够跟踪风电出力的波动及系统电压控制要求并快速响应。

（2）风电场的无功调节需求不同，所配置的无功补偿装置不同，其响应时间应根据风电场接入后电网电压的调节需求确定，风电场动态无功响应时间应不大于 30ms。

（3）电力系统发生三相短路故障引起电压跌落，当风电场并网点电压处于额定电压的 20%~90% 区间内时，风电场通过注入无功电流支撑电压恢复；自电压跌落出现的时刻起，该动态无功电流控制的响应时间不超过 75ms，并能持续 525ms 的时间。

（二）无功容量

1. 基本要求

（1）风电场的无功容量应满足分（电压）层和分（电）区基本平衡的原则，无功补偿容量应在充分考虑优化调压方式及降低线损的原则下进行配置，并满足检修备用要求。

（2）风力发电机组功率因数应能在超前 0.95~滞后 0.95 范围内连续可调。

2. 无功容量配置

（1）风电场的无功容量配置应满足 GB/T 19964《光伏发电站接入电力系统技术规定》的有关规定。

（2）风电场配置容量范围应结合风电场实际接入情况，必要时通过风电场接入电力系统无功电压专题研究来确定。计算时应充分考虑无功设备检修及系统特殊运行工况等情况。

（3）风电场要充分利用风电机组的无功容量及其调节能力；当风电机组的无功容量不能满足系统电压调节需要时，应在风电场集中加装适当容量的无功补偿装置，必要时加装动态无功补偿装置。

（三）运行电压适应性

（1）在电网正常运行情况下，风电场的无功补偿装置应适应电网各种运行方式变化和运行控制要求。

（2）风电场处于非发电时段，风电场安装的无功补偿装置也应按照电力系统调度机构的指令运行。

（3）当风电场安装并联电抗器/电容器组或调压式无功补偿装置，在电网故障或异常情况下，引起风电场并网点电压在高于 1.2 倍标称电压时，无功补偿装置容性部分应在 0.2s 内退出运行，感性部分应能至少持续运行 5min。

（4）当风电场安装动态无功补偿装置，在电网故障或异常情况下，引起风电场并网点电压高于 1.2 倍标称电压时，无功补偿装置可退出运行。

（5）对于通过 220kV（或 330kV）风力发电汇集系统升压至 500kV（或 750kV）电压等级接入电网的风电场群中的风电场，在电力系统故障引起风电场并网点电压低于 0.9 倍标称电压时，风电场的无功补偿装置应配合站内其他无功电源按照 GB/T 19964 中的低电压穿越无功支持的要求发出无功功率。

三、自动电压控制原理与实现流程

在自动装置的作用和给定电压约束条件下，风电场无功补偿装置的出力以及变压器的分接头都能按指令自动进行闭环调整，使其注入电网的无功功率逐渐接近电网要求的最优值，从而使全网有接近最优的无功电压潮流，这个过程就是自动电压控制（automatic voltage control，AVC），它是现代电网控制的一项重要功能。

AVC 利用计算机和通信技术，对电网中的无功资源以及调压设备进行自动控制，以达到保证电网安全、优质和经济运行的目的。

AVC 应用是通过利用所采集的电网各节点运行电压、无功功率、有功功率等实时数据，实现电网无功电压优化自动控制的功能模块。

工作模式分为自动模式和手动模式，并可对风电场无功电压元件优先级进行选择和投切。

风电场 AVC 流程图如图 5−8 所示。

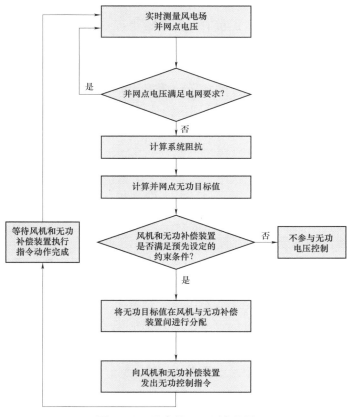

图 5−8　风电场 AVC 流程图

风电场的无功（电压）控制主要通过控制风力发电机组和无功补偿装置（SVC/SVG 装置）来实现。首先，根据风力发电机组控制策略，实时计算可控风力发电机组的数量以及每台可控风力发电机组需要调节的无功增量值，然后下发风力发电机组遥调命令进行无功增量数值控制。其次，如果计算出的全站无功增量值超出风力发电机组可调节的总无功值，AVC 系统将对剩余无功增量值启动 SVC/SVG 调节进行无功补偿。如果站内有多套 SVC/SVG，AVC 系统会对剩余无功增量值动态平均协调分配。

典型的风电场无功功率控制系统的风力发电机组与 SVC/SVG 装置应具备以下功能。

1. 风力发电机组部分

（1）风力发电机组总体控制策略。AVC 系统计算出全站无功增量值以后，将所有可调风力发电机组作为调节对象，剔除故障风力发电机组、通信故障风力发电机组、样本风力发电机组等无法调节或者不调节的风力发电机组。平均计算每台风力发电机组应该发出的无功功率增量值，通过网络将无功功率增量值发送至风力发电机组，风力发电机组收到无功功率增量值后根据当前实发值，计算出风力发电机组无功功率目标值，然后迅速补偿到位。

（2）风力发电机组平均分配策略。当本站有多个分区同时运行时，需要具备协调策略，每个分区内部应协调控制所有可调风力发电机组，在风力发电机组电压均正常的正常控制状态中，根据每台风力发电机组的无功可调裕度占风力发电机组总无功功率可调裕度的比例，并引入每台风力发电机组机端电压的裕度作为权重，来分配其无功功率。如某台风力发电机组的电压过高或过低，分别闭锁该风力发电机组增加或减少感性无功功率；风力发电机组需要实时上送开关遥信、闭锁遥信以及无功限值、实发无功功率等遥测信息。图 5-9 所示为风力发电机组平均分配策略流程图。

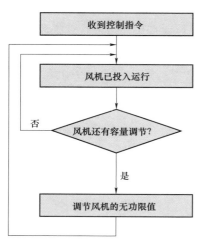

图 5-9 风力发电机组平均分配策略

（3）风力发电机组正常状态。当风力发电机组遥测遥信状态正常，且无任何闭锁信息，即作为可调风力发电机组。子站 AVC 系统将获取到的主站无功目标值平均分配给所有可调风力发电机组。

（4）风力发电机组故障状态。如果某台或者某些装置出现闭锁、通信中断或不在运行状态时，AVC 系统将会对该风力发电机组装置实行闭锁，不对其进行 AVC 调节，即不对其分配无功值。

（5）人工干预。每台风力发电机组设置投入 AVC 软压板，可人为设定投入、退出自动调节。该软压板可以就地投退，也可以远方投退。

（6）风力发电机组相关接口信息（见表 5-8）。

表 5-8　　　　　　　　　　风力发电机组相关接口信息

名称	范围	单位	说明
无功功率设值	风力发电机组最低限度有功功率满发的情况下，仍至少具备无功功率在 $[-0.3122P_N \sim 0.3122P_N]$ 内自由调节的能力（功率因数为0.95）；最好能做到有功功率满发的情况下，$[-0.4359P_N \sim 0.4359P_N]$ 内自由调节的能力（功率因数为0.9）	kvar	遥调； AVC 接口： 正表示向系统注入无功； 负表示从系统吸收无功
无功功率	同上	kvar	遥测，和"无功功率设值"配套； AVC 接口： 风力发电机组输出无功功率实时值； 正表示向系统注入无功； 负表示从系统吸收无功
闭锁并网自动控制总信号			闭锁信号为1，则闭锁对风力发电机组的 AGC/AVC 自动调节
风力发电机组电压		V	

2. SVC/SVG 装置部分

（1）SVC/SVG 控制策略。SVC/SVG 装置接受 AVC 系统无功功率指令值以及调度下发的电压上、下限定值，根据下面的策略实现无功和电压的自动控制。

当监控高压侧母线的实时电压在全站闭锁电压上、下限范围之内时，SVC/SVG 装置接收 AVC 系统下发的无功指令进行恒无功控制。

当监控高压侧母线的实时电压在全站闭锁电压上、下限范围之外时，SVC/SVG 装置自动转为恒电压控制，快速调节设备出力，把高压侧母线电压尽量调节回全站闭锁电压上、下限值范围内。

SVC/SVG 装置的投入/退出，以及 SVC/SVG 所连接开关的分合，由变电站运行人员进行操作，AVC 系统不进行遥控。SVG 稳态控制流程示意图如图 5-10 所示。

（2）SVC/SVG 控制分配原则。当本站有多套 SVC/SVG 同时运行时，需要具备协调策略，每套 SVC/SVG 需要上送本设备当前的运行状态、闭锁信息等相关遥测量和遥信，AVC 系统实时检查每套 SVC/SVG 的运行状态。

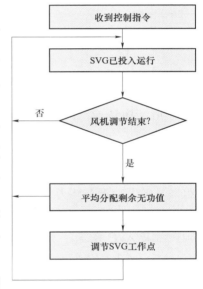

图 5-10　SVG 稳态控制流程图

（3）SVC/SVG 正常运行情况。当多台 SVC/SVG 都处于正常运行状态，并且无闭锁信息时，AVC 系统将计算出的无功增量值按照所在侧母线电压实际情况，发给 SVC/SVG 装置进行动态补偿（按照步长方式或者无功增量值方式），实现多台 SVC/SVG 轮流交替、平均调节。预判某段所在侧母线电压调节后会发生越限，闭锁该侧母线 SVC/SVG 调节。

（4）SVC/SVG 异常运行情况。如果 SVC/SVG 装置出现闭锁或不在运行状态时，AVC 系统将会对该套 SVC/SVG 装置实行闭锁，不对其分配无功功率值，将 SVC/SVG 总无功功率设定值分配给其他正常运行的 SVC/SVG 装置。

当某套 SVC/SVG 通信中断时,子站 AVC 和调度 AVC 主站都收不到该中断设备的运行状态,无法判断通信中断 SVC/SVG 的当前无功补偿状态,将闭锁所有 SVC/SVG 的调节。当故障 SVC/SVG 通信恢复后,子站 AVC 将重新进行所有 SVC/SVG 的平均分配。

AVC 系统调节是考虑主变压器高压侧无功(电压),某个 SVC/SVG 异常,闭锁全部 SVC/SVG,但不需闭锁风力发电机组无功调节,风力发电机组无功调节是否闭锁是由风力发电机组部分判断的。

(5)人工干预。SVC/SVG 设置软压板,通过该软压板实现本套设备的投入/退出。软压板可以就地投退,也可以远方投退。

(6)SVC/SVG 相关数据见表 5-9。

表 5-9   SVC/SVG 上送给 AVC 的数据

序号	名称		备注
1	遥信	SVC/SVG 投运信息	0 未投运,1 投运,每个装置一个点
2		SVC/SVG 闭锁信息	0 未闭锁,表示可以接受调度控制;1 闭锁,表示不能接受调度控制每个装置一个点
3	遥测	SVC/SVG 可增加无功	浮点数,每个装置一个点,指含容性支路在内的当前可增加无功功率值
4		SVC/SVG 可减少无功	浮点数,每个装置一个点,指含容性支路在内的当前可减少无功功率值

四、风电场 AVC 系统配置及控制原则

(一)配置原则

(1)各风电场原则上须配置无功功率控制系统,即厂站 AVC 系统;风电场风力发电机组须具备无功调节能力。

(2)风电场分期建设各期在同一并网点并网的,各期风力发电机组及无功补偿设备均须接入其 AVC 系统。

(3)风电场分期建设各期不在同一并网点并网的,每个并网点加装一套 AVC 系统,接入相应的风力发电机组及无功补偿设备。

(二)控制原则

(1)110kV 升压站仅有一家风电场上网的,其有载调压的升压变压器须接入该站 AVC 系统进行协调控制。

(2)风电场内 AVC 控制策略为,先充分利用风力发电机组无功调节能力(要求输出的有功功率为 10%~100%时,风力发电机组功率因数应能在超前 0.95~滞后 0.95 范围内连续可调),再调节升压变压器、动态无功补偿设备,正常情况下,动态无功补偿设备应保留合理的无功功率储备裕度,以应对故障情况。

(3)调度主站 AVC 下发控制指令为风电场并网点母线电压的控制目标值;在外部电网运行正常情况下,全站 AVC 系统调节到位时间应不超过 3min。风电场 AVC 子站与调度 AVC 主站交互数据内容见表 5-10。

序号		名称	备注
调度主站下发控制命令			
1	遥调	高压侧母线电压目标值	5 位指令编码整数，最高万位为 1～3 循环，每轮指令循环变化，子站可以据此判定指令是否实时更新；后面 4 位为 110kV/35kV 母线电压浮点值 × 10
2		高压侧母线电压参考值	
子站上送数据			
1	遥测	全站实时可增无功	浮点数
2		全站实时可减无功	浮点数
3	遥信	子站 AVC 运行状态	1 正常/0 异常
4		子站 AVC 控制状态	1 远方控制/0 就地控制

（4）风电场内 AVC 控制策略要充分考虑各台风力发电机组的机端电压是否合格，在机端电压合格的基础上，通过调控电站内无功设备，追随相关调度主站 AVC 下发的母线电压指令。

（5）风电场 330kV、110kV 汇集站的高压侧母线电压由调度 AVC 系统直接调控，其主变压器分接头和动态无功补偿设备均须实现远方控制。汇集站与调度 AVC 主站通过汇集站综合自动化系统交互数据，数据交互内容见表 5－11。

表 5－11　　　　　　　　　　汇集站与调度 AVC 主站交互数据内容

序号		名称	备注
调度 AVC 下发数据			
1	遥调	SVC/SVG 电压上限值	浮点数，每个装置一个点
2		SVC/SVG 电压下限值	浮点数，每个装置一个点
3		SVC/SVG 总无功功率设定值	浮点数，每个装置一个点，指含容性支路在内的总无功出力设定值
4		主变压器分接头升降遥调	每台主变压器一个点
汇集站上送数据			
1	遥信	SVC/SVG 投运信息	0 未投运，1 投运，每个装置一个点
2		SVC/SVG 闭锁信息	0 未闭锁，表示可以接受调度控制；1 闭锁，表示不能接受调度控制；每个装置一个点
3		主变压器分接头闭锁信息	0 未闭锁，表示可以接受调度控制；1 闭锁，表示不能接受调度控制；每台主变压器一个点
4	遥测	SVC/SVG 可增加无功	浮点数，每个装置一个点，指含容性支路在内的当前可增加无功值
5		SVC/SVG 可减少无功	浮点数，每个装置一个点，指含容性支路在内的当前可减少无功值

（6）风汇集站 SVC/SVG 的控制模式。调度 AVC 主站向 SVC/SVG 装置同时下发电压上、下限值和无功指令值，SVC/SVG 装置应能够实现无功功率和电压的协调控制，控制模式要求如下：当监控母线的实时电压在下发的电压上、下限范围之内时，SVC/SVG 装置按照接收的无功指令进行无功功率调节；当监控母线的实时电压在下发的电压上、下限范围

之外时，SVC/SVG 装置自主调节设备无功功率，把母线电压控制在上、下限值范围内。

五、风电场 AVC 接入及调试

基于智能电网调度技术支持系统的风电场 AVC 系统包括调度 AVC 主站和风电场 AVC 子站。风电场 AVC 子站需要完成调试工作并按要求投入运行；风汇集站需要完善 SVC/SVG 装置功能，与调度 AVC 联调并投入运行。

（一）风电场本体 AVC 接入及调试

1. 风电场 AVC 子站准备工作

（1）AVC 子站应按照主站提供的与调度主站 AVC 应用的接口规范修改完善子站装置软件功能，能够接收主站系统 AVC 应用下发的指令，准确解析并执行；能够上送主站系统 AVC 应用要求的信息。

（2）AVC 子站按照接入时间要求提前将信息点表提供给主站。

2. 与调度主站 AVC 通信测试

风电场应向主站提供风电场远动装置与调度主站 AVC 应用的通信参数。调度主站技术人员完成主站实时库及 AVC 建模工作。

风电场与调度主站 AVC 通信通道和通信接口测试应向调度申请。

试验时，AVC 主站与风电场 AVC 子站、风电场远动装置配合，核对上送和下发的数据，保证通信正常，由主站 AVC 技术人员通过人工置数方式将指令下发到风电场子站，子站核对是否能够正确解析。风电场做好测试记录。

3. 与调度主站 AVC 开环测试

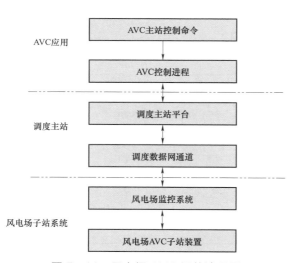

图 5-11 风电场 AVC 通信流程图

主站与子站人员核对母线电压值、当前无功设备的量测值，确保数据准确无误后由主站 AVC 技术人员通过人工置数的方式下发母线电压的遥调设定值，测试子站在相应的时间内母线电压是否能达到设定值，记录测试结果。

4. 与调度主站 AVC 闭环测试

开环测试完成后，子站 AVC 将子站投入到远方控制，主站 AVC 实现闭环，测试24h。

5. 风电场 AVC 系统通信协议及交互信息要求

（1）通信流程。风电场 AVC 通信流程如图 5-11 所示。

（2）风电场子站上送信息量如表 5-12 所示。

表 5-12 风电场子站上送信息量

项目	指令内容
全站实时可增无功【遥测量】	
全站实时可减无功【遥测量】	
子站 AVC 运行状态【遥信量】	1 正常/0 异常
子站 AVC 控制状态【遥信量】	1 远方控制/0 就地控制

（3）风电场主站下发信息量如表 5-13 所示。

表 5-13 风电场主站下发信息量

项目	指令内容
高压侧母线电压目标值【遥调量】	5 位指令编码值： 最高万位为 1～3 循环，每轮指令循环变化，子站可以据此判定指令是否实时更新；
高压侧母线电压参考值【遥调量】	如果 15min 内没有收到新的命令，认为主站退出，自动切换到本地运行； 当主站指令刷新了之后，电站侧具备自动投入到远方的功能； 后面 4 位为 330kV/110kV/35kV 高压侧电压浮点值×10

（二）风汇集站 SVC/SVG 接入调度主站及调试

1. 风汇集站准备工作

风汇集站 SVC 装置厂家按照主站提供的与调度主站 AVC 应用的接口规范修改完善子站装置软件功能，能够接收主站系统 AVC 应用下发的指令，准确解析并执行，上送主站系统 AVC 应用要求的信息。

2. 与调度主站 AVC 通信测试

变电站风汇集站应向调度主站提供变电站远动装置与 AVC 应用相关 SVC 装置的通信参数。调度主站专业人员完成主站系统数据库创建及建模。

试验前，风汇集站申请 SVC 装置与调度主站 AVC 通信通道和通信接口测试。

试验时，AVC 主站与电站监控系统、SVC 装置技术人员配合，核对上送和下发的数据，由主站 AVC 应用专业人员通过人工置数方式将指令下发到电站监控系统，查看相应设备是否能够正确动作。

3. 风汇集站 SVC 装置

（1）风汇集站子站上送信息量如表 5-14 所示。

表 5-14 风汇集站子站上送信息量

项目	指令内容
电压采样值【遥测量】	母线电压 SVC 装置应能实时将装置采集并用于控制判定的母线电压值上传到调度主站
SVC/SVG 闭锁信息【遥信量】	0 未闭锁，1 闭锁； 表示 SVC 装置接受主站 AVC 控制的状态是否闭锁

（2）风汇集站主站下发信息量如表 5–15 所示。

表 5–15　　　　　　　　　　风汇集站主站下发信息量

项目	指令内容
电压设定值【遥调量】	母线电压×10＋循环码×10000
电压死区值【遥调量】	电压死区值×10＋循环码×10000

（3）调度 AVC 主站下发的命令通过调控机构调度主站系统转发流程如图 5–12 所示。

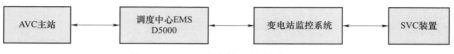

图 5–12　调度主站系统转发流程图

第四节　风电场柔性功率控制

　　大规模新能源接入为电网的运行和控制带来新的挑战，由于新能源并网地区电网结构相对薄弱且远离负荷中心，而光伏电站、风电场的稳定控制和快速调节性能较差，其出力具有较强的随机性和波动性，且受天气及地域的影响较大，送端电网电压波动较大。在光照和风力大幅度波动情况下，离线定制的策略表无法完全解决电网紧急状态下的安全稳定问题。

　　为了保障电力系统的安全稳定运行，提出了风电场柔性功率控制，实现在电网不同运行状态下具备多种功能的功率控制。

一、风电场柔性控制总体框架

（一）风电场柔性控制的目标

　　风电场柔性控制是将地理上毗邻、特性上相关且拥有一个共同接入点的风电场等间歇式电源柔性进行一体化整合、集中协调控制，有效地平抑单一场站出力的随机性、波动性和间歇性，尽量形成一个在规模和外部调控特性上都与常规电厂相近的电源，具备灵活响应电网调度与控制的能力，提高间歇式电源利用率。

　　从有功频率控制、无功电压控制、安全稳定控制的角度，风电场柔性控制应具备的基本功能包括：跟踪出力计划能力、调峰/调频能力、紧急有功功率支撑能力、定无功功率/定功率因数/定电压控制能力、动态无功支撑能力、在线安全稳定预警与辅助决策功能、故障或超输电元件极限时的紧急降出力或切机（切场站）功能、故障时的补偿装置紧急投切功能、检测到频率/电压异常时的高频/低压切机（切场站）功能，严重故障导致系统失稳时的场站或柔性解列功能等。

（二）风电场柔性控制功能模式

　　有功功率控制、无功功率控制、安全稳定控制、风力发电出力控制四个控制功能分别介绍如下。

1. 有功功率控制

正常情况下有功功率控制的核心是其控制策略，控制策略实际上就是调控中心调度控制工作人员平时对电站调度运行控制经验和控制方法的体现，通过控制系统对控制策略的自动实施，代替调度员对风电场发电的实时控制，减少调度员和风电场之间频繁的业务联系和复杂的计算，让其专注于对全网的监控。同时也能最大程度地利用电网的资源，提高对风电的接纳能力，最大程度地利用可再生资源。

根据电网送出约束条件，实时计算电网最大输送风电能力，根据输送能力的变化以及各风电场当前出力和风电场提出的加出力申请、风电功率预测，每固定周期计算一次各风电场的计划，并下发至各风电场，各风电场 SCS - 500 装置根据此计划值进行控制，如图 5 - 13 所示。

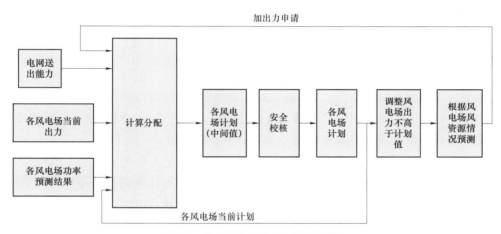

图 5 - 13 有功功率控制策略框图

2. 无功功率控制

调控中心站根据上传的风电场出力、关键断面潮流、裕度，风电上网主变压器潮流等数据，将各风电场和汇集站作为整体进行控制，兼顾各风电场母线电压。这样可以避免各风电场根据自身无功电压进行调节后，可能达不到要求或调节过程中出现振荡。根据电网的安全性和经济性需求，通过决策软件对无功电压分布进行优化计算，配置无功电压指令，下发给各控制子站，进行无功电压协调控制。各电站执行站根据控制指令协调风电场的无功调节设备动作。

由于不能保证风电机组能完全履行类似于常规电源的电压控制任务，有必要在输电网层面安装电压控制装置。同时，由于大量无功补偿装置（电容器、SVC、SVG）用于风电集中并网地区的电压控制，电压控制变得越来越复杂，建立从风电场到汇集站近区，再至区域电网的分层分级、联合无功调控策略显得尤为重要。

3. 安全稳定控制

大规模新能源接入会对电网的安全稳定性产生重要影响，需要对电网安全稳定控制系统加以升级改造，主要是在风电场增加安全稳定控制装置，实现风电场有功功率的监测、上传及接受主站下达的切除风电控制命令。

安全稳定控制系统检测到故障发生时，根据离线分析计算得到的相应故障下的控制策略，计算得出需要的切机总量，然后根据各风电场各馈线潮流及优先级，按过切原则实施切机控制。风电切机方式如下：把切机量根据设计的配比方式（如根据各风电场出力比例）分配给各风电场，再由电站按馈线优先级依次切除本电站馈线。

4. 风力发电出力控制

在信息公开、控制公平前提下，允许风力发电场执行中心站提出加出力申请。风电场的值班人员可通过装置提供的控制终端，向调度控制中心站提出加出力申请，调度控制中心站将自动受理风电场发来的加出力申请，如经过计算存在裕度，则自动批复，把新的计划值下发到提出加出力申请的风电场，风电场可按新的计划执行。当本电站的出力超计划值时，装置首先告警，如在设定时间内没有回到计划值以下，自动选择跳开电站馈线开关，切除馈线上的所有电站。

二、风电场柔性控制体系结构

（一）风电场柔性控制体系平台

类似于常规电源的 EMS 系统，风电场柔性的协调控制必须依托相应的控制平台实现。规模化光伏电站、风电场等间歇式电源柔性往往地域分布较广，且经多级升压后集中并网。因此，柔性协调控制系统必然要相应形成分层分区控制体系。

将前文所述的各项功能按照逻辑结构有机集成，并考虑与外部系统的无缝连接，可得到风电场柔性控制平台的整体功能结构。一次能源监测与运行数据支撑模块将风资源及柔性的运行状态上报柔性协调控制平台、电网调度系统及间歇式电源功率预测系统。柔性协调控制平台接收上级调度指令及功率预测信息，基于数据支撑模块提供的资源信息及柔性运行状态，进行柔性运行优化与调度计划的协调分解，将出力计划下发给有功功率控制模块；在线安全稳定预警与辅助决策模块周期性地更新输电元件极限/裕度、灵敏度、预防控制措施等信息，形成有功功率、无功功率、安全稳定控制模块的协调控制域；然后三个功能模块经协调优化计算形成控制命令，下发给控制对象，最终实现柔性的闭环自动控制。

典型的分层分区控制体系可以包括主站、子站、执行站、光伏组件/风电机组的四层结构。主站配置有各种高级应用软件，实现信息汇集、协调优化决策及命令下发功能，建议放置在调度中心；子站和执行站建议分别放置在升压站和场站汇集站，实现信息的采集与上传，以及就地的有功功率、无功功率与安全稳定控制功能；光伏电站、风电场一般建设有监控系统，柔性协调控制平台可通过标准化接口，实现底层风电机组和光伏组件的监测与控制功能。各层次之间的通信网络，可综合考虑数据交互量、功能实时性需求以及经济性等因素，选择以太网、专网或者光纤网等。柔性协调控制平台通过由机组/组件、场站、场站群、柔性组成的四层控制体系，实现自下而上的可观测、自上而下的可控制。

最终，依托柔性协调控制平台及其分层分区控制体系构成柔性协调控制系统，实现柔性控制目标，即从电网侧看，柔性作为一个接近于常规电源的可观、可控、可调的电源参与电网运行与控制。

（二）系统组成

从体系架构上，风电分层分区控制系统主要由调控中心主站（控制主站）、控制子站和场站执行站（场站）组成，具体如图 5-14 所示。

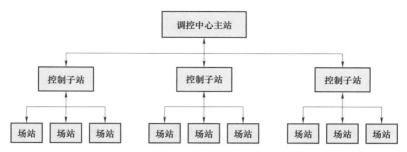

图 5-14　风力发电安全稳定控制系统配置图

1. 调控中心主站

调控中心主站部署前置机与各控制子站、电站执行站通信。主要实现对整个系统进行实时监控，实现正常情况下的风电有功功率控制协调策略、各风电场控制计划指令的实时计算和下发、风电加出力申请的自动批复、运行方式和控制模式的切换等主要功能，调度员能通过调度控制中心站的控制终端实时监控各风电场控制计划值数据、风电场出力、关键断面潮流、裕度，风电场主变压器上网潮流等数据以及各控制子站、场站执行站装置的运行情况、控制模式、动作报告等内容。调控机构主站可同时对多个地区、多个场站实现功率控制。

2. 控制子站

控制子站部署在汇集站，双套配置。控制子站负责与场站执行站通信，接收各风电场装置上送的实时出力信息，结合送出断面信息、故障信息等，在电网紧急情况下，进行优化组合控制，实现切机最小化，从而保证电网的安全稳定运行，提高控制的经济性。控制风力发电时，通过优化切除场内 35kV 或 10kV 集电线路提高控制的精细化程度。对此设备进一步扩充实现故障情况下的无功电压紧急控制。

3. 场站执行站（场站）

在集中并网送出的各风电场部署稳控装置，作为风电控制执行站，单套配置。实时采集、监测各风电场的主变压器上网功率和各 35kV 或 10kV 馈线（集电线路）的功率，上送相关信息至控制子站、调控机构主站。接收控制子站的紧急控制命令，实现紧急控制，控制时，通过优化切除 35kV 或 10kV 馈线提高控制的精细化程度，并根据调控机构主站各种运行方式自动给各风电场分配出力计划，控制电站出力。

三、柔性功率控制系统

柔性功率控制系统与传统的基于日前发电计划的功率控制系统相比，在提高风力发电的消纳能力和电网的安全稳定运行水平方面具有明显的优势。

（一）主要特点

柔性功率控制系统最大的特点是在电站侧功率控制装置采集上传信息、SCADA 信息、状态估计数据、风电预测数据等多源数据整合的基础上，实现在电网各种运行方式下，满足各风电送出断面和设备安全前提下，制订风力实时发电计划，使得风电出力最大。能够实现风电在线接纳能力评估、风电场发电计划执行情况、在线监视与涉网性能指标、在线考核评估等功能。系统有很强的实时性，能够解决由于各种原因引起的受限断面未充分利用问题。

（二）系统功能

柔性功率控制系统应对运行状态如图 5－15 所示。

图 5－15　柔性功率控制系统应对运行状态

柔性功率控制系统具备的功能如图 5－16 所示。

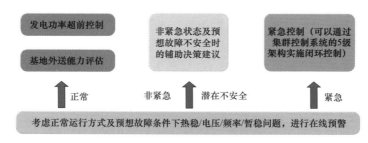

图 5－16　柔性功率控制系统具备的功能

据此，该系统具备的功能主要有，考虑正常运行方式及预想故障条件下风电场、风电场新能源基地的热稳/电压/频率/暂稳问题，进行在线预警，识别电网运行状态。

正常状态下的并网功率超前控制：由柔性控制系统闭环实时调节新能源电站的并网功率；向火电机组发送控制目标值；向变电站发送电压或无功功率目标值。

非紧急状态与潜在不安全状态下的辅助决策：调控机构主站计算出的新能源电站调整策略可通过系统闭环执行，也可由调度员人工执行，水火电站调整策略由调度员人工执行。

紧急控制：直流功率紧急调制、投切容抗器及动态无功补偿设备、切除风电场、风电场的集电线路或直接切除整场、切除水火电机组。

新能源发电柔性功率控制系统主要包括以下几种功能。

1. 新能源有功控制策略

断面裕度自动控制模式基于新能源外送断面裕度，各新能源电站当前出力、新能源电站上传的下一时刻最大发电能力等信息，根据指定的出力计划分配方式，自动计算各新能源电站实时出力计划。若电网发生特殊情况，需要人工干预，可转入调度员控制模式，此模式可人工控制各新能源电站的出力计划。出力计划采用事先录入的96点出力计划。电网事故情况下，若电网接纳风电能力下降，需要消减新能源电站出力，此时可转入紧急降出力模式，此模式下，调度人员只需输入需要削减的有功出力总和，系统自动根据输入的削减量，按照指定原则分配给各新能源电站出力，新能源电站自动调节出力。调峰模式主要是电网运行中，因为调峰困难而限制新能源发电的情况，系统获得电网当前的调峰能力，然后通过对综合新能源电站出力及预测情况，优化电站出力。

对于出力计划分配方式，可以支持按比例方式或按顺序分配方式。对于比例方式包括按装机容量、按预测容量等。对于顺序分配方式，顺序可以为指定的顺序或根据在线计算的涉网性能指标排序等，计划分摊过程中考虑各级断面裕度和设备的过载限值。

该系统提供方便灵活的数据维护画面。可以设置的内容包括：系统控制模式、风电场的多级分区、电网运行方式、不同方式的考核断面、断面限额、断面关联风电场等。可以对系统整体或分区设置不同的控制模式。

2. 风电涉网性能指标在线评估与风电在线监视

根据风电场预测、出力计划、实际出力等信息，在线计算风电场的调节性能、预测精度等指标。对风电场超计划量、增发量等统计信息进行计算。计算风电外送断面、设备的过载裕度、关键母线电压裕度。

在以上信息基础上，实现风电外送通道电网安全状态与风电场的一体化监视。支持表格和曲线的展示。对于表格展示，支持自动排序和按关键项手动排序。各种信息按分区进行统计和展示。

3. 多源数据整合

在省网状态估计数据基础上，综合利用控制装置采集上传信息、SCADA量测信息和离线方式数据，形成含风电场详细建模的省网状态估计数据，在此基础上，与外网数据（网调在线下发或离线方式数据）拼接，形成用于在线接纳能力评估的全网数据。

4. 风电在线接纳能力评估

在多源数据整合的全网数据基础上，考虑风电预测信息形成风电场可调空间，计及控制性能代价比和涉网性能指标形成调整队列，采用极限计算的方式计算风电送出断面极限和风电场最大出力。在本系统中，该结果仅进行展示，不纳入闭环控制。

5. 基态辅助决策与校正控制

针对电网当前状态下，已出现设备过载、断面越限、母线电压越限、频率越限、低频振荡等安全稳定问题，按照不安全的严重程度和允许人工施加控制的时限，结合安控装置按照离线策略的动作情况，调整风电场有功出力，紧急状态能够给出场站集电线路的开断控制策略，以抑制或消除电网的警戒状态或紧急状态。

6. 预防控制与稳控策略在线计算

目前预防控制可以针对多种安全稳定问题，协调多种可控手段（水火电、直流）进行控制。紧急控制（离线策略搜索、定值计算、实际过载紧急控制、预想故障暂态热稳紧急控制等）针对暂态稳定（暂态功角稳定、暂态电压跌落）和热稳定问题，采用切机、切负荷的方式进行控制。从风力发电调度优先增出力、最后降出力的要求出发，需要在预防控制和紧急控制中区分新能源与常规能源的优先级。在风电集中并网的地区，由于并网功率波动、远距离输电的缘故，电压的安全稳定问题突出，还需要实现电压越限的紧急控制功能。

预防控制和紧急控制都应考虑风电场的控制性能代价，并挖掘历史运行信息中响应调控的调节能力，提高计算控制的公平性、精细化和可靠性。

此外作为第一道防线的预防控制与第二道防线的紧急控制，两者的控制策略计算相互独立，严重故障的预防控制未考虑紧急控制装置动作的影响，需要进行协调控制考虑。

7. 第三道防线措施校核

根据电网实时工况，在线自动搜索并生成第三道防线考核故障，仿真多重严重故障下失步解列、低频低压减载、高/低周切机、低频振荡解列等装置的动作特性，进行安全稳定评估，在线校核第三道防线的适应性。

（三）应用实例

下面以青海电网为例，介绍新能源柔性功率控制系统的实际应用。

青海新能源柔性功率控制系统的实时监控界面如图 5-17 所示。

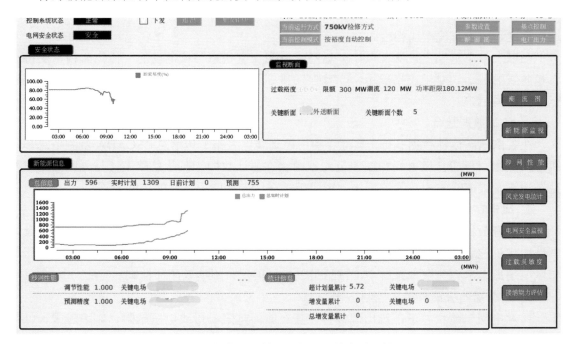

图 5-17　新能源柔性功率控制系统实时监控界面

新能源柔性功率控制系统通过对新能源发电外送通道各断面潮流进行实时监控，可以实时计算各潮流断面的传送裕度，然后根据各新能源电站上送的最大发电能力，优化控制各新能源电站出力，在保障电网安全稳定的前提下，提高新能源的利用率，保证出力送出的最大化、最优化。

针对光电、风电、水电和火电共用外送通道的情况，通过优化控制风电场、水电厂和火电厂的出力，合理利用光、风资源，达到光风水火联合调节的目的，以提高新能源的整体利用率。

为了更好地适应电网运行方式、调度模式的变化，系统支持按断面裕度自动控制模式、调度员模式、紧急调峰模式、紧急控制模式等控制模式，以便在各种运行方式及故障情况下合理分配各新能源电站的出力计划，保证电网的稳定可靠运行，同时最大限度提高电网的输送能力，使风电场的出力最大化、最优化，实现对风力资源的充分利用。

图 5-18 所示是对柔性功率控制断面实时情况的直观展示。从图中容易看出，当前的格尔木外送断面实时值为 87MW，限额为 300MW，断面裕度为 213MW。在这种情况下，可以增加本断面范围内的新能源出力，新能源的消纳能力得到大幅度提升。

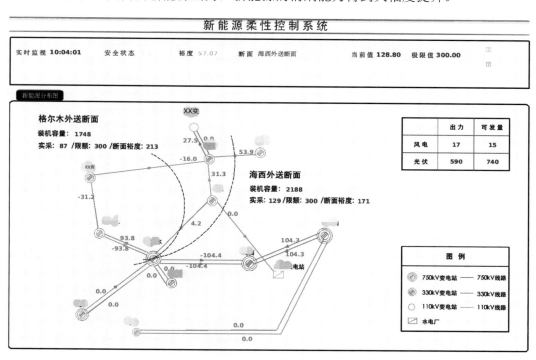

图 5-18　新能源柔性功率控制断面

由于柔性功率控制技术在提高风力发电消纳能力和电网安全稳定运行水平方面具有明显的优势，且经济性良好，因此，风电场将逐步接入和应用具有 AGC、AVC 及切馈线功能的柔性功率控制系统，从而取代独立的风电场功率控制系统和安全稳定控制装置。而大型新能源汇集站仍应配置独立的双套安全稳定控制装置。

第五节　风电场功率控制系统日常运维

风电场功率控制系统已在并网风电场广泛应用，其技术水平日趋成熟，国内生产厂家较多。本节从系统结构及组成、系统功能与日常运维、系统常见故障解决方法三个方面对风电场功率控制系统进行介绍。

一、系统结构及组成

（一）系统结构

风电场功率控制系统是根据风力发电特性而开发的控制系统，它将风力发电机组、SVG、集电线路等设备视为一个整体，依据调度指令，进行有功功率和无功功率的连续协调控制，满足电网安全运行需要。风电场功率控制系统总体架构如图 5－19 所示。

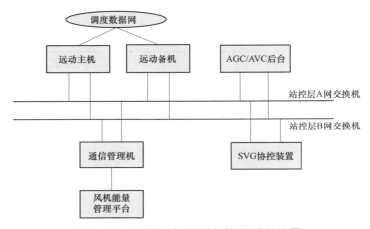

图 5－19　风电场功率控制系统总体架构图

系统一般由 AGC/AVC 维护工作站、智能通信终端、网络交换机等设备组成。系统与现场监控系统、无功功率补偿装置等设备通信，获取实时运行信息，数据通信宜采用网络模式，也可采用串口通信模式，并将实时数据通过电力调度数据网上传到主站系统，同时从主站接收有功功率/无功功率控制指令，转发给风力发电机组后台监控系统、无功功率补偿装置等进行远方调节和控制。

智能通信终端完成通信和数据采集、信息上传、执行有功功率/无功功率控制指令等功能。

（二）核心设备

AGC/AVC 维护工作站一般安装于控制室，完成系统运行、维护、数据存储、数据监视控制、数据展示等功能。作为 AGC/AVC 的人机界面，实现 AGC/AVC 子站的运行信息监视、控制模式的切换、定值下装、曲线查看等功能。典型 AGC/AVC 监视界面如图 5－20所示。

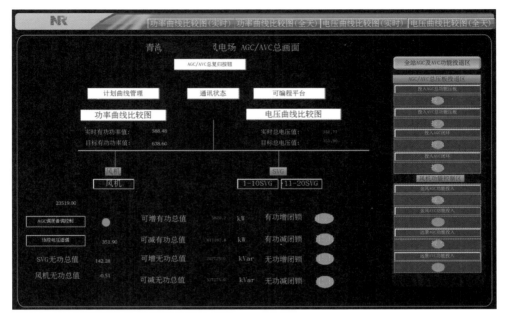

图 5–20 典型 AGC/AVC 监视界面

（三）主要功能

1. 有功控制功能

有功控制以风电场的并网有功为控制目标，根据电站的运行状况实时进行功率损耗的计算，再对目标指令进行叠加，对功率限制条件进行判断后，计算出最终下发到机群的总有功目标，再通过等比例裕度原则对机组进行分配。

（1）控制方式。

1）调度远方模式：接受调度的有功目标指令或有功计划曲线。

2）就地计划曲线模式：根据当前时间和就地的有功计划曲线，计算出当前的有功目标指令。

3）就地人工指令模式：由就地运行人员进行有功目标值设定。

（2）有功控制策略。

1）有功指令的计算方式。当有功指令变化时，计算有功指令与当前实发值的差值，如果差值大于调节死区，则立即进行有功目标指令的重新计算；当有功指令没变化，但由于场内有功损耗造成的指令与当前实发值的差值大于调节死区值，则立即重新计算有功目标指令，以维持风电场总出力的稳定。

2）有功分配策略。AGC 系统根据最终下发的总指令，对各风力发电机组进行有功目标分配。

针对风力发电特点的优化控制算法，在满足调度主站下发的有功功率目标值以及电网和设备的各种安全约束的前提下，结合风力发电机组的运行状况，对总目标指令进行分配，子站提供等比例分配法和相似裕度分配法两种分配策略。

3）调节精度控制。系统通过死区设置，对目标指令进行 PID 控制，时刻对目标值和当前实发值进行监视控制，使实发值与目标值的差值在死区范围内，以达到 AGC 的有功调节精度要求。根据现场风力发电机组启停的反应速率，可设置调节死区和调节步长。

（3）有功调节的安全性约束。有功调节的安全约束主要有以下几个方面：

1）功率变化率约束：系统设置功率变化门槛值，实时计算功率的变化率，保证有功调节的平滑性。

2）与调度通信终端处理：当与调度通信中断时（通信终端判定时间可调）或一段时间内（通常为 15min）未收到调度指令时，系统维持当前运行指令。

3）与厂内通信中断：若 AGC 与综合自动化系统通信中断，则立刻闭锁 AGC 调节功能。

2. 无功功率控制优化控制

无功功率优化控制以风电场上网无功或母线电压作为控制目标，接受电压目标指令，结合实时计算的电站内部无功损耗，最终生成目标无功功率调节指令。根据控制策略和无功分配策略，对风力发电机组和无功补偿设备进行无功分配。

（1）控制方式。风电场 AVC 有四种控制方式：

1）调度远方模式：接受调度的目标曲线或遥调指令（可分为电压或无功两种）。

2）就地计划曲线模式：按就地设置的计划曲线（电压或无功），根据当前时刻，提取出当前目标值，进行跟踪控制。

3）就地人工指令模式：由运行人员就地进行无功或电压目标值设定。

4）调节精度控制：系统通过死区设置，对目标指令进行 PID 控制，时刻对目标值和当前实发值进行控制，使实发值与目标值的差值在死区范围内，以达到 AVC 的有功调节精度要求。

（2）无功调节安全性约束。无功调节的安全性约束主要有以下几个方面：

1）功率变化率约束：系统设置功率变化门槛值，实时计算功率的变化率，保证无功调节的平滑性。

2）与调度通信中断处理：当与调度通信中断（通信终端判定时间可调）或一段时间内（通常为 5min）未收到调度指令时，系统维持当前运行指令。

3）与厂内通信中断：若 AGC 与监控系统通信中断，则立刻闭锁 AVC 调节功能。

4）电压上下限闭锁：对电压上、下限进行跟踪，当越上限时，无功增闭锁；当越下限时，无功减闭锁。

二、系统功能与日常运维

（一）控制功能实现

1. AGC/AVC 运行主画面及功能

（1）正常运行主画面。运行主画面一般包含功能压板、分图画面链接、总复归按钮及状态检测和系统参数，典型界面如图 5-21 所示。

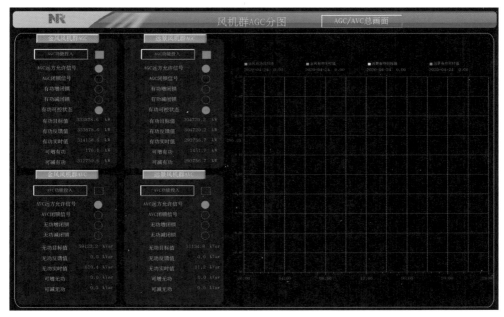

图 5-21 运行主画面

各功能如下：

1）功能压板：AGC/AVC 功能投退压板，将其投入以后，对应的 AGC/AVC 系统就会开始启动进行稳态调节。退出以后，AGC/AVC 系统将停止进行稳态调节。通过压板后面的状态遥信，可以分辨出当前 AGC/AVC 功能压板是投入还是退出状态。

2）监视画面：主要是进入到各段母线的分图。

3）信号复归：AGC/AVC 系统控制风力发电机组和 SVG 无功补偿装置，一旦控制不成功，将闭锁该设备再次遥控，确认该设备可以再次遥控后，应将原来的闭锁状态复归掉。

4）状态监测：主要是对一些重要的遥信遥测数据的实时显示。

5）系统参数：主要是对一些保护定值进行显示。

（2）功能压板操作。AGC/AVC 总功能压板投退选择"投入控制 AGC/AVC 功能压板"并确认后，压板状态由退出变为投入；退出压板的方法与投入是一样的，选择画面上相应的压板并确认后，即可改变压板的状态。该压板是 AGC/AVC 功能主压板，只有投入该压板，AGC/AVC 功能才会正常运行。

功能压板：投入 AGC 功能压板和投入 AVC 功能压板，这些压板的状态指示了风电场相应功能的投退状态。

风力发电机组工作状态：包含风力发电机组启机、并网、正常运行、停机，共同指示自身的运行状态。

实时数值：包含风力发电机组有功功率/无功功率输出功率、有功功率/无功功率设定值以及风力发电机组的操作优先级和当日已操作次数，指示风力发电机组当前发电工作的具体情况。

2. AGC/AVC 功能实现

在 AGC/AVC 系统中，总功能以及各个 AGC/AVC 功能的投入与退出，都是通过对应的软压板的投入和退出来控制的。根据系统功能的需要，在软压板管理中通过对不同功能的软压板进行投退及参数设置来实现对 AGC/AVC 的控制功能。典型系统软压板管理如表 5-16 所示。

表 5-16 软 压 板 管 理

名称	状态
AGC AVC$WAGCAVCS$控制$AGC 功能	☑ 投入
AGC AVC$WAGCAVCS$控制$AVC 功能	☑ 投入
AGC AVC$WAGCAVCS$控制$AGC 触发调节功能	☑ 投入
AGC AVC$WAGCAVCS$控制$AVC 触发调节功能	☐ 投入
AGC AVC$WAGCAVCS$控制$AVC 无功置换功能	☐ 投入
AGC AVC$WAGCAVCS$控制$有功超发告警功能	☑ 投入
AGC AVC$WAGCAVCS$控制$数据跳变判别功能	☑ 投入
AGC AVC$WAGCAVCS$控制$数据刷新判别功能	☑ 投入
AGC AVC$WAGCAVCS$控制$全局参数$AGC 闭环	☑ 投入
AGC AVC$WAGCAVCS$控制$全局参数$AVC 闭环	☑ 投入
AGC AVC$WAGCAVCS$控制$全局参数$有功调节不到位判别功能	☑ 投入
AGC AVC$WAGCAVCS$控制$全局参数$主变调档闭环	☐ 投入

3. 控制效果

AGC/AVC 功能投入后，后台将会记录调度下发的目标值和本站实际的调节值，并在一个画面上显示。

风电场功率控制系统提供有功功率和电压的曲线查看功能。通过曲线，可以直观地看出目标值与实际值变化趋势，从而监视 AGC 和 AVC 的控制效果。有功功率和电压的曲线分别如图 5-22 和图 5-23 所示。

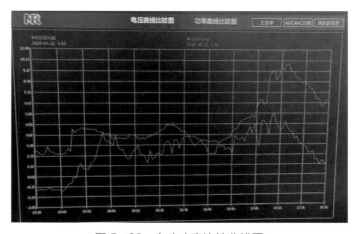

图 5-22　有功功率比较曲线图

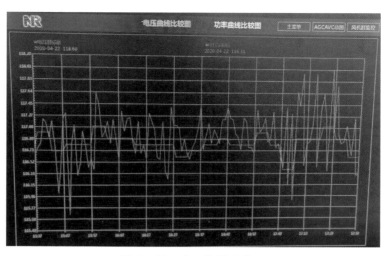

图 5-23　电压比较曲线图

（二）参数配置方法

1. 配置整型参数

配置整型参数的内容如表 5-17 所示，典型配置方法如表 5-18 所示。

表 5-17　　　　　　　　　　　配 置 整 型 参 数

名称	参数值	单位	默认值	最大值	最小值
AGC AVC$WAGCAVC$控制$AGC 有功分配方式	比例值		1		
AGC AVC$WAGCAVC$控制$AVC 指令下发方式	电压目标值方式		0	2	0
AGC AVC$WAGCAVC$控制$AVC 无功分配方式	SVG 无功裕度优化		3		
AGC AVC$WAGCAVC$控制$动态无功处理方式	储备模式		0	2	0
AGC AVC$WAGCAVC$控制$有功限速率模式	不限速率		1	10	1
AGC AVC$WAGCAVC$控制$AGC 调节周期	30000	ms	30000		1000
AGC AVC$WAGCAVC$控制$AVC 调节周期	20000	ms	30000		1000
AGC AVC$WAGCAVC$控制$无功置换周期	30000	ms	30000		1000
AGC AVC$WAGCAVC$控制$AGC 越合格线确认时间	2000	ms	5000		1000
AGC AVC$WAGCAVC$控制$AVC 越合格线确认时间	2000	ms	5000		1000
AGC AVC$WAGCAVC$控制$有功超发告警判别时间	900	s	300		2
AGC AVC$WAGCAVC$控制$母线电压不变化确认时间	45	s	30		10
AGC AVC$WAGCAVC$控制$目标有功主站标识值	1		1	1	0
AGC AVC$WAGCAVC$控制$AGC 自定义全局闭锁标识（自动复归）	0		0		0
AGC AVC$WAGCAVC$控制$AGC 自定义全局闭锁标识（手动复归）	0		0		0
AGC AVC$WAGCAVC$控制$AVC 自定义全局闭锁标识（自动复归）	0		0		0
AGC AVC$WAGCAVC$控制$AVC 自定义全局闭锁标识（手动复归）	0		0		0
AGC AVC$WAGCAVC$控制$AVC 自定义单向增闭锁标识（自动复归）	0				
AGC AVC$WAGCAVC$控制$AVC 自定义单向减闭锁标识（自动复归）	0				
AGC AVC$WAGCAVC$控制$全局参数$电压回调控制周期	20000	ms	20000		1000
AGC AVC$WAGCAVC$控制$全局参数$风机群有功调节不到位判别时间	60	s	60		0
AGC AVC$WAGCAVC$控制$全局参数$风机群有功调节不到位复归时间	60	s	60		0
AGC AVC$WAGCAVC$控制$青海接口$目标电压主站标识值	1				
AGC AVC$WAGCAVC$控制$青海接口$目标电压刷新标识集	1				
AGC AVC$WAGCAVC$控制$配合快速调频$遥调等待时间	30000	ms	30000		
AGC AVC$WAGCAVC$控制$配合快速调频$调频动作信号	0				

表 5-18 　　　　　　　　　　　　　　　整型参数配置方法说明

序号	参数名称	配置方法
1	风力发电机组有功调节	表示命令发送时间间隔,程序会根据这次命令个数来确定下次策略开始时间设置,与XML文件里的命令时间间隔一样即可
2	调度命令持续时间	调度要求命令需要保持的一个时间,如果调度要求调节后要15min保持这样一个值,设置900即可
3	遥测数据上送时间	遥测数据从监控厂家上送给AGC系统的时间,即AGC从命令下发,到风力发电机组调节动作完毕,再到监控系统将变化后的数据上送到AGC系统的时间。该时间越大,AGC系统的两次控值之间的时间间隔越大。推荐配置:30~60s
4	出力上限	全场装机容量
5	出力下限	0
6	出力控制死区	调节最终值和目标值允许偏差范围,每个省份可能要求不一样,具体情况需要和调度确定,青海要求死区范围为0.1~0.3MW,一般设为0.2
7	单次容量变化率	每次调节不能超过容量的百分比。在和调度闭环调试的时候,一般设置为1,1表示单次允许调节范围为装机容量的100%,因为调度对AGC有时间要求(10min必须达到调度的目标出力值),若单次容量变化率设置过小就达不到要求
8	分钟级变化率	每分钟调节不能超过容量的百分比。在和调度闭环调试的时候,一般设置为1,1表示允许调节范围为装机容量的100%
9	微调比例	百分比,取值为-100%~100%,设置在微调时的死区值,在和调度闭环调试的时候,一般不要设置,因为如果设置了,就会微调,这样调节时间就会比较长,以防满足不了调度对AGC调节时间的要求。电站以计划模式运行时,该值设置一般设置为50
10	微调死区值	百分比,取值为0~100%,微调的一个参数(只会在到达调度要求死区之后才会微调),当到达死区时,会根据这个参数来设定新的目标值,-100~100表示下降或是上升死区的百分比。在和调度闭环调试的时候,一般不要设置,因为如果设置了,就会微调,这样调节时间就会比较长,以防满足不了调度对AGC调节时间的要求。电站以计划模式运行时,该值设置一般设置为30
11	AGC有功功率分配方式	按风力发电机组理论功率比例分配
12	AVC指令下发方式	按电压目标值方式
13	AVC无功功率分配方式	按SVG无功功率裕度优先分配
14	AGC调节周期	AGC调节周期为30s
15	AVC调节周期	AVC调节周期为20s
16	无功功率置换周期	无功功率置换周期为30s
17	AGC/AVC越合格线确认时间	AGC/AVC越合格线确认时间为2s
18	电压回调控制时间	电压回调控制时间20s

2. 配置浮点型参数

配置浮点型参数的内容如表 5-19 所示,典型配置方法如表 5-20 所示。

表 5-19　　　　　　　　　　　　　　　AGC/AVC 配置浮点型参数

序号	名称	参数值	单位	默认值	最大值	最小值	相关曲线	SOPHIC 通用数据源	系数	偏移量
1	AGC AVC$WAGCAVC$控制$风电场装机容量	99	MW	100		0			0	0
2	AGC AVC$WAGCAVC$控制$有功目标接收值	27.6308	MW				AGC/有功功率目标值		1000	0
3	AGC AVC$WAGCAVC$控制$有功上调死区值	0.5	MW	0.5		0			0	0
4	AGC AVC$WAGCAVC$控制$有功下调死区值	0.5	MW	0.5		0			0	0
5	AGC AVC$WAGCAVC$控制$高压侧电压目标接收值	116.7	kV			0.1	AVC/电压目标值		0	0
6	AGC AVC$WAGCAVC$控制$电压调节死区	0.2	kV	0.3		0			0	0
7	AGC AVC$WAGCAVC$控制$无功目标接收值	0	Mvar						0	0
8	AGC AVC$WAGCAVC$控制$无功调节死区	0.5	Mvar			0			0	0
9	AGC AVC$WAGCAVC$控制$功率因数目标接收值	0							0	0
10	AGC AVC$WAGCAVC$控制$功率因数调节死区	0							0	0
11	AGC AVC$WAGCAVC$控制$动态无功上调储备目标接收值	0	Mvar	0					1000	0
12	AGC AVC$WAGCAVC$控制$动态无功下调储备目标接收值	0	Mvar	0					1000	0
13	AGC AVC$WAGCAVC$控制$无功电压灵敏系数	1300							0	0
14	AGC AVC$WAGCAVC$控制$无功置换步长	2	Mvar						0	0
15	AGC AVC$WAGCAVC$控制$单次最大有功调节量	9999	MW						0	0
16	AGC AVC$WAGCAVC$控制$单次最大无功调节量	3	Mvar						0	0
17	AGC AVC$WAGCAVC$控制$高压侧母线电压高闭锁值	125	kV	9999					0	0
18	AGC AVC$WAGCAVC$控制$高压侧母线电压低闭锁值	110	kV	-9999					0	0
19	AGC AVC$WAGCAVC$控制$母线电压控制上限	125	kV						0	0
20	AGC AVC$WAGCAVC$控制$母线电压控制下限	110	kV						0	0
21	AGC AVC$WAGCAVC$控制$并网点无功上限	9999	Mvar	9999					0	0
22	AGC AVC$WAGCAVC$控制$并网点无功下限	-9999	Mvar	-9999					0	0
23	AGC AVC$WAGCAVC$控制$目标电压与实际偏差限值	2	kV	2					0	0
24	AGC AVC$WAGCAVC$控制$有功双量测偏差限值	9998	MW	9999		2			0	0
25	AGC AVC$WAGCAVC$控制$母线电压三相不平衡判别门槛值	2	kV	2		0			0	0
26	AGC AVC$WAGCAVC$控制$有功跳变判别门槛	50	MW	999999		5			0	0

表 5-20　　　　　　　　　　　　　　浮点型参数配置方法说明

序号	参数名称	配置方法
1	控制间隔时间	AGC 下发遥控命令或者遥调命令间隔时间。配置方法：向监控系统发送风力发电机组目标有功的遥调命令的间隔时间×电站风力发电机组台数+遥测数据从监控系统上送 AGC 系统的时间。若时间配置较小，AGC 调试时，升压站高压侧总有功会出现忽高忽低的情况，调试效果不好；若时间配置较大，AGC 调试时，会经过很长时间才能调到目标出力，不能达到调度的时间要求。应根据现场实际调节经验值配置
2	风电场装机容量配置	全场装机容量
3	出力控制死区	调节最终值和目标值允许偏差范围，这个值自己去试验，全场风力发电机组功率调节时的实发值和目标值的一个偏差

3. 配置风力发电机组群参数

配置的参数包括软压板、整型参数、浮点型参数。

4. 配置 SVG 无功补偿装置参数

配置的参数包括软压板、SVG 整型参数、SVG 浮点参数。

（三）日常运维要点

风电场功率控制系统的运行需要运维人员注意以下几点。

1. 设备通电检查

（1）LCD 显示屏显示正常画面，无硬件和配置类告警信息。

（2）指示灯显示正常状态。

（3）各主机、管理机等设备应接触良好，操作灵活。

（4）系统启动是否正常。

2. 功率控制服务器投运

（1）如无特殊需要，应清除装置内的试验记录数据。

（2）功率控制服务器的装置参数和配置参数应按最后一次与调度联调数据进行配置。

3. 工作站运行

因为 AGC 与 AVC 的监控页面和运维方式类似，下面就以 AGC 的监控运行方式为例进行说明。图 5-24 所示为 AGC 监控画面。

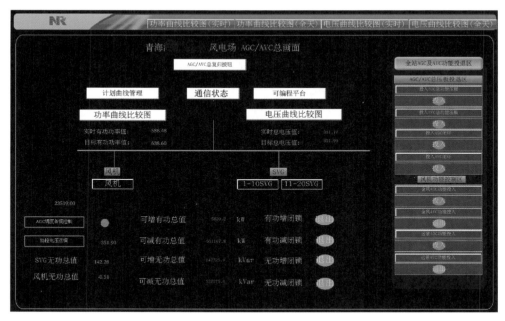

图 5-24　AGC 监控画面

运行人员对 AGC/AVC 监控软件操作分为以下两种情况：

（1）需要调度控制电站出力。将 AGC 监控画面中"AGC 控制""闭环控制"和"投入远方控制"三个信号全部投入。

（2）需要本地来进行 AGC 控制电站出力。

1）首先通过"本地指令—人工置数"对目标值进行设置，在设置框内输入要调节的目标值（单位 MW）并确定。

2）选择"AGC 闭环"，设为"投入"状态并确定后将闭环投入。

3）进入"AGC 控制"，选择"投入"并确定后将 AGC 控制投入。

完成上述三个步骤即可实现本地对电站出力的控制。

三、系统常见故障解决方法

风电场功率控制系统常见的故障及解决方法总结如下。

（1）通道状态监视。如果通道发生中断，会出现调度主站下发的遥调值收不到或者控制系统下发到风力发电机组的命令发不下去等现象，导致系统处于非正常的状态，因此应立即排查解决。

通道出现中断一般无外乎两种情况：

1）物理链路出现问题，如网线松动接触不良等。

2）后台通信程序或管理机出现异常情况，重启程序或机器即可。

（2）工作站监控数据不刷新。

1）检查工作站监控软件中前置程序是否正常启动。

2）检查工作站与功率控制服务器之间的通信链路是否正常。

3）检查功率控制服务器的应用是否正常启动。

4）检查远动装置运行是否正常。

（3）AGC 限负荷，执行不佳。在 AGC 控制投入和 AGC 闭环投入后，一段时间实时出力没有下降到预定目标，原因可能有：

1）控制系统设置的下限值高于目标设定值。

2）与调度通道中断，AGC 闭锁。

3）与风力发电机组群后台服务器的通信存在异常，导致风力发电机组群无法接收到分配的遥调命令。

4）由于风力发电机组后台控制策略的原因，收到遥调命令后不执行。

（4）AGC 升负荷，达不到调节效果。在 AGC 控制投入和 AGC 闭环投入后，一段时间实时出力没有下降到预定目标，原因可能有：

1）控制系统设置的上限值低于目标设定值。

2）与调度通道中断，AGC 闭锁。

3）与风力发电机组群后台服务器的通信存在异常，导致风力发电机组群无法接收到分配的遥调命令。

4）由于风力发电机组后台控制策略的原因，收到遥调命令后不执行。

5）天气原因导致风力发电机组群的出力达不到既定的目标。

6）AGC 下发负荷低于标杆机实际运行负荷。

（5）增有功功率闭锁报警。当实时出力达到全场风力发电机组出力的上限时，系统会报增有功功率闭锁。

（6）减有功功率闭锁报警。当实时出力达到标杆风力发电机组出力的上限时，系统会报减有功功率闭锁。

（7）AVC 调节不到位。AVC 调节不到位的原因有：

1）目标值超出了系统设定的上、下限，系统不进行 AVC 计算和目标分配。

2）无功容量不足（风力发电机组无功补偿和 SVG 等装置均已满发），导致无法调节到位；

3）由于通信或装置本身原因，调节命令不执行。

（8）程序会因为数据库缺少某字段而中断。原因是数据库和界面的版本太低，需要升级至对应的版本。

（9）全场目标出力的调节速率慢。原因是配置文件规约里的命令时间间隔太小以及后台程序版本太低，需要升级至对应的版本。

（10）接口转发通道一直显示等待客户端连接，而客户端在一直尝试连接，却一直连不上；用工具代替程序作为子站，却能被客户端连接上。接口机的防火墙没有关闭，造成虽能彼此 ping 通，却连不上；应将对应接口机的防火墙关闭。

第六章　风电场快速频率响应技术

大规模随机波动的风电功率接入会引起电网系统频率的偏差，从而影响系统安全稳定运行。为了保证大电网的安全稳定运行，减少频率事故的发生，需要考虑频率稳定性问题。

随着风电、光伏大规模的发展渗透，不断挤占了具有转动惯量的常规水、火电机组开机空间，同时光伏发电和风力发电等新能源对电网呈现弱惯性或零惯性，不具备一次调频能力，普遍不参与电网调频，随着其渗透率的不断提高，新能源发电自身的不确定性和波动性将增加电力系统的频率稳定控制的难度，电网频率控制特性的结构性困境日趋明显。当电网频率出现较大波动时，新能源高渗透率的区域电网的频率调控难度特别大，进而影响了电力系统的安全稳定，迫切需要新能源机组参与电网快速频率响应，提升大电网频率的安全水平。快速频率响应可使风电场具备参与电网一次调频的能力，进而对提升网源协调配合度、提升系统安全稳定运行、促进新能源持续健康发展具有重要的意义。

本章首先论述了风电场快速频率响应技术的基础理论，然后介绍了快速频率响应系统的主要概念及系统的技术性能功能，最后通过工程应用重点介绍风电场快速频率响应系统的结构组成、典型方案和日常运维的解决方法。

第一节　原　理　简　介

风电场快速频率响应，是指电网的频率一旦偏离额定值时，风场机组的控制系统就自动地控制机组有功功率的增减，限制电网频率变化，使并网点频率维持稳定的自动控制过程。

一、一次调频基本原理

快速频率响应（一次调频）是指当电力系统频率偏离目标频率时，电场通过控制系统自动反应，调整有功功率，减少频率偏差的综合控制功能。

快速频率响应系统可使风电场具备一次调频功能，通过风力发电机组控制技术实现频率快速响应，其整体上进一步挖掘了区域电网内的系统调频资源，并充分发挥风电场的频率调节控制能力，提升大功率扰动下电网频率的恢复能力。

（一）原理介绍

通过对风电场的特性研究，形成了频率变化和有功功率变化的关系函数；通过设定调差率及系统频率变化量标幺值（以额定频率为基准值）与有功功率变化量标幺值（以额定功率为基准值）关系，形成了频率与有功功率折线函数；风电场快速频率响应系统按照折线函数进行电站有功调节，即可发挥其一次调频能力。

风电场可以通过加装独立控制装置（快速频率响应装置）完成有功功率—频率下垂特性控制，使其在并网点具备参与电网频率快速调整能力。快速频率响应的有功功率—频率下垂特性通过设定频率与有功功率折线函数实现，计算式为

$$P = P_0 - P_N \times \frac{f - f_d}{f_N} \times \frac{1}{\delta\%} \tag{6-1}$$

式中：f 为电网频率，Hz；f_d 为快速频率响应死区（该值可根据各区域电网实际情况确定），Hz；f_N 为系统额定频率，Hz；P 为理论有功功率；P_N 为额定功率，MW；$\delta\%$ 为新能源快速频率响应调差率（该值可根据各区域电网实际情况确定）；P_0 为有功功率初值，MW。

调差率反映一次调频静态特性曲线的斜率，为系统频率变化量标幺值（以额定频率为基准值）与有功功率变化量标幺值（以额定功率为基准值）之比的负数。

（二）风电场快速频率响应

以风电场推荐的一次调频技术参数设定值为例，快速频率响应频率死区设定为0.1Hz，调差率设定为2%，最大调节量限幅设定不小于额定容量的10%，风电场参与电网一次调频下垂曲线如图6-1所示。

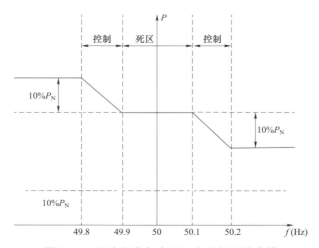

图6-1　风电场参与电网一次调频下垂曲线

在电网高频扰动情况下，当频率值变化越过死区时，快速频率响应系统，根据频率与有功功率折线函数，计算出一次调频对应的有功下调调节量，对风电场进行有功功率向下调控；当有功功率降至额定容量的10%时，可不再向下调节。在电网低频扰动情况下，当频率值变化越过死区时，根据频率与有功功率折线函数，计算出一次调频对应的有功上调

调节量，对风电场进行有功功率向上调控。在电网低频扰动情况下，风电场根据实时运行工况参与电网频率快速响应，不提前预留有功备用。当频率调节到死区范围内时，停止一次调频。当有功调节到设定的定值上限或者下限时，闭锁一次调频。

（三）风力发电机组参与快速频率响应方式

风电机组调频主要包括预留旋转备用和风轮旋转动能利用两种方式，具体包括惯量响应控制（风轮旋转动能利用）、转速控制（预留旋转备用）和桨距角控制（预留旋转备用）等，三种控制方法可进行组合协调控制。

1. 惯量响应控制

风电机组惯量响应控制思路：通过风电机组电磁转矩控制，实现风电机组惯量储能的快速吞吐，达到参与电网调频的目的。通过检测系统频率变化来调节风功率跟踪曲线，释放风电机组隐藏动能参与系统频率调整。然而，在频率恢复过程中，风电机组转速会依据最大风功率跟踪情况恢复，发电机转子加速吸收有功功率易导致系统发生二次频率跌落。

2. 转速控制

风电机组转速控制思路：放弃风电机组最大功率跟踪以换取系统频率稳定安全，即风电机组减载运行控制策略，风电机组减载运行情况下转速控制调频示意图如图6-2所示。由于该方法修改了风电机组最大功率跟踪曲线，实现方式复杂，且实时运行中风电机组产生弃电，因此一般不采用此种方法。

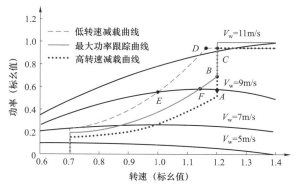

图6-2　风电机组转速控制调频示意图

3. 桨距角控制

风电机组桨距角控制思路：在风电机组处于稳态运行时，适当增加风力发电机组桨距角，放弃最大风功率跟踪，引入系统频率变化率作为输入控制风力发电机组的桨距角变化。

当系统频率发生跌落后，风力发电机组桨距角减小，风电机组恢复到最大风功率跟踪状态，捕获的机械功率增加，能为系统提供额外功率支撑。桨叶角控制调节速度较慢，且存在机械磨损。

二、一次调频功能性能

（一）风电场快速频率响应系统解决方案

将风电场快速频率响应系统部署于风电场监控网，位于安全Ⅰ区，典型功能方案如图 6-3 所示。

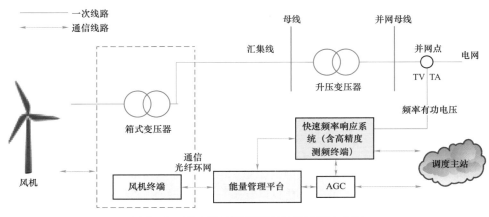

图 6-3　风电场快速频率响应系统解决方案

当出现频率越限时，快速频率响应系统（含高精度测频终端）启动调节，通过叠加 AGC 指令，将命令发送到风力发电机组能量管理平台，最后由风力发电机组能量管理平台完成对风力发电机组的指令下发，并在规定的时间内监测功率调节结果，形成闭环控制。

1. 关键技术点

（1）电网频率正常时，AGC 系统根据控制策略通过风力发电机组能量管理平台下发风力发电机组的控制策略指令。

（2）电网频率异常时，AGC 闭锁调控，快速频率响应系统启动频率响应模式，向风力发电机组能量管理平台下发指令。

该解决方案的调节时间很大程度上依赖于风力发电机组能量管理平台的通信网络。

2. 重点关注点

（1）通信的快速性依赖风力发电机组终端主控 PLC 通信协议。

（2）快速频率响应系统，需完成与 AGC 控制策略的协同联调。

（3）风电机组终端主控 PLC 支持控制柜与机组之间的快速通信。

（二）风电场快速频率响应功能

1. 整体功能描述

（1）具备高精度测频终端，采集速度快，单独采集风电场并网点的电压互感器、电流互感器信号，计算并网点频率、电压、电流、功率等数据；测频精度、分辨率应不大于 0.003Hz，频率模拟信号采样周期不大于 100ms，测频终端应考虑新能源场站谐波对测量精度的影响。

（2）高精度测频终端留有电压互感器信号冗余输入口，可接受外部试验输入的电压模拟信号，方便进行快速频率响应试验、调试以及性能优化试验。

（3）快速频率响应系统也可留有数据信号冗余输入口，可接受外部试验输入的频率和电压数字信号，进行调试或模拟实验。

（4）快速频率响应系统能在界面设置、修改一次调频相关的功能投退、频率死区、调差率、最大调节量限幅、有功控制周期、AGC反向闭锁定值等参数；具备界面操控、运行监视、数据采集等人机交互功能。

（5）快速频率响应系统具备一次调频事件记录、查询功能，当系统频率超过死区后，自动记录并网点频率、AGC功率给定值、一次调频调节量、一次调频目标出力、电站实际出力、最大/最小功率点、最大/最小频率点等信息。

2．具体功能描述

（1）快速频率响应系统，通过高精度测频终端采集的频率信号，快速判断是否启动快速频率响应调节。

（2）在电网高频扰动情况下，频率值变化越过死区，快速频率响应系统对风电场进行有功功率向下调控，一次调频的调节量不超过快速频率响应的最大调节量限幅，当有功功率降至额定容量的10%时，一次调频不再向下调节。

（3）在电网低频扰动情况下，频率值变化越过死区，快速频率响应系统对风电场进行有功功率向上调控，一次调频的调节量不超过快速频率响应的最大调节量限幅；若风电场没有安装电化学储能或其他备用发电单元，风电场根据实时运行工况参与电网频率快速响应，不提前预留有功功率备用。

（4）快速频率响应系统与场站自动发电控制（AGC）系统控制相协调：快速频率响应系统能够接受场站AGC指令，并给AGC系统反馈一次调频启动信号，与AGC进行协调控制：当一次调频启动时，闭锁AGC调控，一次调频优先级应高于AGC，一次调频的控制目标应为AGC有功功率指令值与一次调频响应调节量的代数和。

（5）AGC反向闭锁定值：当电网频率超出（50±0.1）Hz时，风电场快速频率响应系统应闭锁AGC反向调节指令（该值可根据各区域电网实际情况确定）。即当一次调频调节量与调度AGC有功功率指令方向相反时，如果电网频率低于额定频率0.1Hz时，应闭锁AGC减负荷指令；如果电网频率高于额定频率0.1Hz时，应闭锁AGC加负荷指令。

（6）快速频率响应系统根据内部控制算法和逻辑，综合考虑所有外在因素，对一次调频的总控制目标进行全场分配，计算出风力发电机组合理的有功功率目标值并下发给风力发电机组。

（7）快速频率响应系统一次调频能躲过单一短路故障引起的瞬时频率突变。

3．扩展功能描述

（1）快速频率响应系统可以把一次调频投退信号、一次调频动作状态信号、有功功率、频率等数据上传至调度侧相关监控系统。

（2）快速频率响应系统具备出力响应合格率、积分电量合格率、快速频率响应合格率等相关考核指标的计算分析功能。快速频率响应出力响应合格率指在频率变化超过快速频率响应死区下限（或上限）开始至快速频率响应动作时间内（如果时间超过 60s，则按 60s 计算），新能源场站实际最大出力调整量占理论最大出力调整量的百分比；快速频率响应积分电量合格率指在频率变化超过快速频率响应死区下限（或上限）开始至快速频率响应动作时间内（如果时间超过 60s，则按 60s 计算），新能源场站快速频率响应实际贡献电量占理论贡献电量的百分比；快速频率响应合格率等于快速频率响应出力响应合格率和快速频率响应积分电量合格率的代数平均值。

（3）快速频率响应系统支撑 IEC 61850、IEC 101、IEC 103、IEC 104、Modbus-TCP、Modbus-RTU 等通信标准规约，高精度测频终端应具有单独的通信功能。

（三）风电场快速频率响应技术指标

1. 参数设定要求

风电场大量使用了机械器材，为避免风力发电机组过于频繁调整对设备的损耗，参数设定如下：

（1）快速频率响应系统频率死区：风电场快速频率响应系统频率死区推荐技术参数为 0.1Hz（该值可根据各区域电网实际情况确定）。

（2）快速频率响应系统调差率：风电场快速频率响应系统调差率推荐技术参数为 2%（该值可根据各区域电网实际情况确定）。

（3）AGC 反向闭锁定值：当电网频率超出（50±0.1）Hz 时（该值可根据各区域电网实际情况确定），风电场快速频率响应系统应闭锁 AGC 反向调节指令。

2. 响应过程要求

风电场快速频率响应系统的调节目标变化量（调节量）不低于额定容量 10%的频率阶跃扰动，响应过程满足以下要求，如图 6-4 所示。

（1）响应滞后时间 t_{hx}：自频率越过快速频率响应频率死区定值开始，到发电出力可靠地向调频方向开始变化所需的时间，风电场 t_{hx} 不超过 2s（该值可根据各区域电网实际情况确定）。

（2）响应时间 $t_{0.9}$：自频率超出频率死区定值开始，至有功功率调节量达到调频目标值与初始功率之差的 90%所需时间，风电场 $t_{0.9}$ 不超过 12s（该值可根据各区域电网实际情况确定）。

（3）调节时间 t_s：自频率超出调频死区开始，至有功功率达到稳定（功率波动不超过额定容量±2%）的最短时间，风电场 t_s 不超过 15s。

（4）调频控制偏差：调频控制偏差应控制在额定容量的±2%以内。

（5）快速频率响应系统的有功功率控制周期不大于 1s。

（6）快速频率响应的最大调节量限幅：最大调节量限幅设定不小于额定容量的 10%，且不得因快速频率响应导致风力发电机组脱网或停机。

（7）快速频率响应功能能躲过单一短路故障引起的瞬时频率突变。

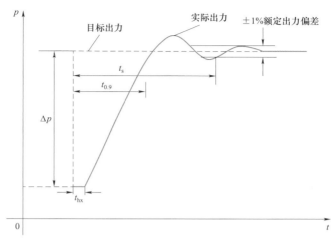

图 6-4　快速频率响应频率阶跃扰动过程调节示意图

（8）快速频率响应合格率应不小于 60%。

3. 系统技术参数

（1）测频精度：频率测量分辨率不大于 0.003Hz。

（2）频率采样周期：频率采样周期不大于 100ms。

4. 风电场快速频率响应性能分析

风电场快速频率响应性能指标仿照常规电源机组，通过采用响应时间、调节速率、60s 积分电量完成率三个指标定量分析评价风电场参与电网快速频率响应性能，具体定义如下：

（1）响应时间：从电网频率越过快速频率响应动作频率开始，至目标功率 2% 所需要的时间，通过该指标反映风电场快速频率响应性能。

（2）调节速率：从电网频率越过快速频率响应动作频率到响应目标功率 90% 所需的时间，通过该指标反映风电场快速频率响应调节速率。

（3）60s 快速频率响应动作积分电量完成率：风电场 60s 快速频率响应实际动作积分电量与理论动作积分电量之比的百分数，通过该指标反映风电场响应预设需调节功率目标的程度。

第二节　快速频率响应系统介绍

一、系统控制逻辑

风电场快速频率响应系统通过以下过程实现快速频率响应：

（1）设定快速频率响应系统的定值参数和计算参数，快速频率响应频率死区：风电场设定为 ±0.1Hz；调差率：风电场设定为 2%；最大调节量限幅：风电场设定 10% 额定容量；

AGC 反向闭锁定值：风电场设定为（50±0.1）Hz；高频扰动调节下限：有功功率降至额定容量的 10%时可不再向下调节。

（2）实时监测并网点频率和有功功率，实时判断频率偏差 Δf，当 Δf 没有超过限值时，频率有功功率变化调节量为 0，不启动快频响应系统，全场有功功率由场区 AGC 系统控制。当 Δf 超过限值时，启动快速频率响应，闭锁原 AGC 系统，通过频率与有功功率折线函数，计算频率有功功率变化调节量（快速频率响应调节量）。

（3）对频率有功功率调节量和 AGC 调度目标值进行协调，即风电场有功功率控制总目标值，变为 AGC 目标值与快速频率响应调节量的代数和。

（4）驱动优化控制策略结合现场风力发电机组特性，把有功功率控制总目标值分配给相应风力发电机组，并形成遥调目标值下行到风力发电机组。

（5）控制校验，对相应风力发电机组有功功率响应校核，快速循环迭代控制，使有功功率达到稳定。

（6）结合比例积分微分（proportional integral differential，PID）控制理论，进行迭代修正偏差控制。

风电场快速频率响应系统控制逻辑如图 6–5 所示。

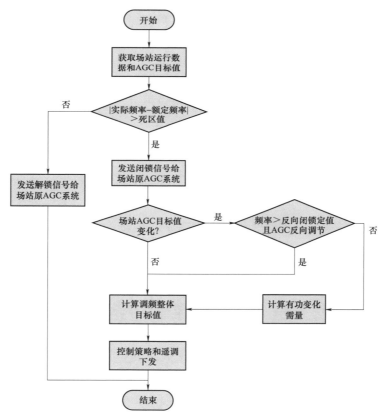

图 6–5　风电场快速频率响应系统控制逻辑图

二、系统功能简介

风电场快速频率响应系统提供的人机交互功能便于运行值班人员监视现场设备运行状况，其功能主要包含实时监测、快速频率响应、历史查询、系统配置等管理功能。

（一）实时监测

系统的实时监测模块主要是实时显示并网点电流、电压、有功功率、无功功率、频率等数据以及设备状态信息，实现对设备的监测功能。

（二）快速频率响应

监测风电场并网点频率，当实时频率和额定频率偏差大于快速频率响应死区时，通过特性曲线公式，将额定频率和当前实际频率差值换算为功率值，即快速频率响应调节量，然后将该功率调节量和 AGC 实时目标命令进行优化协调，形成全场控制总有功功率目标值，同时闭锁场站 AGC 系统，并将该目标值按照有功功率和频率优化控制策略分配到风力发电机组，使风电场能够快速进行有功功率调节，支撑系统频率的变化，维持电网的稳定运行。

（三）历史查询

系统具备历史命令、历史曲线、事件查看、一次调频统计、系统日志等管理工具，保存系统历史运行状况、操作记录等信息，可按照不同条件查询和导出。

可以报表和曲线方式显示每日计划曲线和快速频率响应情况，以及快速频率响应合格率、出力响应合格率、积分电量合格率等相关考核指标的计算情况，此数据可以发现历史事件的规律和潜在问题，并可为值班人员提供运行分析的数据基础。

（四）系统管理

系统提供功能完备的设备管理、定值管理、通道配置、用户管理等管理工具，给系统提供更加人性化的操作方案。设备管理、定值管理实现对场站内设备灵活配置，结合实时检修和设备状态等，可以方便地调整参数，实现系统半智能化性的自学能力，满足优化控制模型时刻适合现场变化条件。

第三节　快速频率响应工程应用

为提升并网发电机组运行管理水平，保障电网安全、优质、经济运行，进一步优化电力资源配置，加强电力系统网源协调技术管理工作，西北地区依据 DL/T 1870《电力系统网源协调技术规范》和西北监能市场〔2018〕66 号《关于印发〈西北区域"两个细则"〉的通知》等文件要求，规定风电场需配置快速频率响应系统，并网运行时一次调频功能始终投入并确保正常运行。同时，西北监能市场〔2018〕41 号《国家能监局西北监管局关于开展西北电网新能源场站快速频率响应功能推广应用工作的批复》，西北调控〔2018〕137 号《国家电网公司西北分部关于开展西北电网新能源场站快速频率响应功能工作推广的通知》，国家电网西北分部关于印发《西北电网新能源场站快速频率响应功能入网试验方案（试行）》等文件，明确规定了风电场的快速频率响应系统的建设和运行管理。

风电场的一次调频功能模式分为机组级（风力发电机组）和场站级，机组级一次调频指在风力发电机组内实现一次调频功能，场站级一次调频指在站控层实现场站级主控系统，并将调频指令下发至风电场各个风力发电机组方阵实现一次调频功能。现在主流典型解决方案是场站级调频，即通过快速频率响应系统来实现风电场整体一次调频功能。

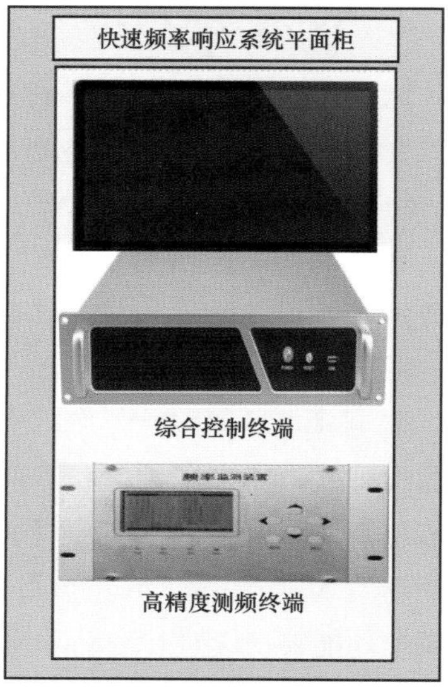

一、典型配置方案

风电场快速频率响应系统是场站控制装置，部署在信息安全Ⅰ区，可分布式部署，统一组屏，标准二次电力柜体放置在二次室中。

风电场快速频率响应系统典型硬件配置方案：由高精度测频终端、综合控制终端、显示器、工作站组成，风电场快速频率响应系统的平面柜示意图如图6-6所示。

1. 高精度测频终端

高精度测频终端使用高精密电子器件、快速采样模块和高精度频率计算模块，负责采集并网点的频率变化和有功功率变化，遵循"直采直送"的原则。

图6-6　快速频率响应系统的
平面柜示意图

2. 综合控制终端

风电场快速频率响应系统运行的主体设备，集前置系统、优化算法服务、控制策略服务、设备监测和数据管理为一体的综合终端，为管理者提供更加便捷、兼容性更强的人机界面；实现对电网异常判断、有功及频率监测、风力发电机组运行状态监测、综合优化控制、统计报表分析和数据综合管理功能，满足快速频率响应要求。

3. 规约支撑

系统整体支撑 IEC 61850、IEC 101、IEC 103、IEC 104、Modbus-TCP、Modbus-RTU 等通信标准规约。

二、典型网络结构

风电场快速频率响应系统典型网络结构如图6-7所示，该系统可采用双网结构，满足风电场发电并网技术、并网调度运行要求和二次防护安全性要求。

对于风电场，快速频率响应系统配置一台综合控制终端，可同时控制500个对象。

1. 并网点数据

快速频率响应系统可以通过高精度测频终端，直接采集并网点电压与电流，计算有功功率、无功功率、电压、电流和频率，精度高、速度快，不需再经过其他测控装置或系统中转，遵循"直采直送"的原则。

2. 与场站 AGC 系统通信

快速频率响应系统与场站 AGC 系统进行通信，获得调度下发的 AGC 目标值，并上传一次调频启动闭锁信号。

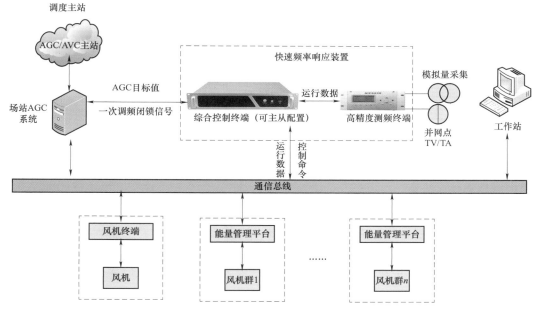

图 6-7 风电场快速频率响应系统典型网络结构

3. 与风力发电机组通信

快速频率响应系统接入站控层中心环网交换机，与风力发电机组能量管理平台进行通信，获取风力发电机组运行状态，下发风力发电机组控制指令。

三、典型施工部署

风电场快速频率响应系统部署操作方便，尽量利用原有设备和网络，并对相应设备进行优化升级，提升通信速度和稳定性，实现快速频率响应的精准性。风电场快速频率响应系统部署如图 6-8 所示。

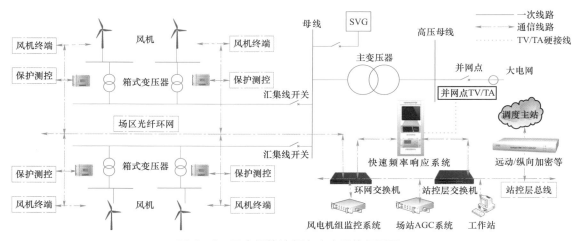

图 6-8 风电场快速频率响应系统部署图

1. 设备安装布线

（1）部署平面柜：新增快速频率响应控制屏柜，平面柜部署在监控机房内，平面柜中安装快速频率响应系统和装置，与其他通信平面柜进行通信。

（2）快速频率响应系统的高精度测频终端接入并网点电压互感器、电流互感器的信号电缆，进行相关回路布线和接线。

（3）快速频率响应系统综合控制终端通过网线与站控层交换机通信，连接场站 AGC 系统，实现与 AGC 的交互通信。

（4）快速频率响应系统综合控制终端通过网线连接风电场环网交换机，与风电场场区间隔层进行通信。

2. 系统整体调试

（1）场站 AGC 系统进行调试，与快速频率响应系统实现了一次调频和二次调频之间的协调控制和闭锁切换。

（2）风电场风力发电机组能量管理平台通信设备调试，与快速频率响应系统建立点对点链路通信，从而减少中间通信环节。

（3）调试风力发电机组有功功率的执行速度、精度，满足快速频率响应调节速度需求。

3. 优化调试和入网检测

（1）快速频率响应系统与调度主站等通信联调。

（2）快速频率响应系统整体调试和调试优化。

（3）系统投运前，组织并委托有资质的电力试验单位完成一次调频试验。

四、入网试验简介

风电场完成快速频率响应功能后，组织并委托有资质的电力试验单位完成一次调频试验，在场站并网点通过现场试验验证是否具备快速频率响应功能；具体包括测试风电场快速频率响应滞后时间、响应时间、测频精度等指标是否满足一次调频要求，检验场站的快速频率响应功能是否与 AGC 协调配合，判断风电场是否具备要求的快速频率响应能力。

风电场的具体试验方案和内容由试验单位提供具体指导文件，本章节介绍典型试验方案内的部分经典试验内容，现以某 100MW 风电场的一次调频试验为例进行说明。

（一）入网试验综述

风电场快速频率响应入网试验内容包括：① 频率阶跃扰动试验；② 模拟实际电网频率扰动试验；③ 防扰动性能校验；④ AGC 协调试验。

现场试验采用频率信号发生装置模拟场站并网点电压互感器的二次侧信号，给出频率试验信号，并发送给风电场快速频率响应系统的高精度测频终端。风电场的快速频率响应控制系统的高精度测频终端应支持信号发生装置的信号接入。测试接线如图 6-9 所示。

验证新能源场站在频率阶跃扰动情况下的响应特性，按照电网公司标准要求，在 20%~30% 负荷、50%~90% 负荷下进行频率阶跃扰动试验，分 4 种工况下分别开展试验，测试工况按表 6-1 定义。

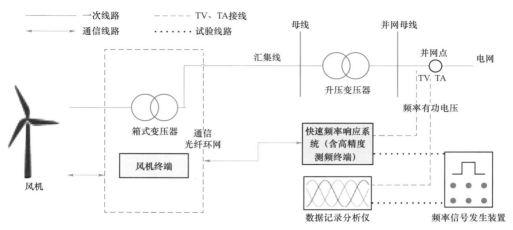

图 6-9　风电场快速频率响应系统试验接线示意图

试验前风电场内的风力发电机组应处于正常运行状态,处于故障停机的风电机组容量比例应不超过 5%,不同的试验项目应分别在对应的工况下完成现场试验,测试工况按照表 6-1 定义。

表 6-1　　　　　　　　　　风电场快速频率响应试验工况描述

出力区间	限功率	不限功率
20%~30%P_n	工况 1	工况 2
50%~90%P_n	工况 3	工况 4

注 1. P_n 为新能源场站额定容量。

　　2. 限功率时,风电场在征得所属区域电网调度同意后,应退出 AGC 远程控制,所限功率应不小于 15%P_n。

(二)频率阶跃扰动试验

频率阶跃扰动试验目的为验证风电场在频率阶跃扰动情况下的响应特性,按照电网公司标准要求,在 20%~30%负荷、50%~90%负荷下进行频率阶跃扰动试验,在 4 种工况下分别开展试验;此处只展示一种样例,如图 6-10 所示下扰阶跃,表 6-2 为阶跃试验结果。

表 6-2　　　　　　　　　　风电场频率阶跃扰动试验结果

频率扰动类型	阶跃目标值 (Hz)	响应滞后时间 (s)	响应时间 (s)	调节时间 (s)	阶跃前有功 (MW)	阶跃后有功 (MW)	控制偏差
阶跃下扰	49.80	1.60	6.82	9.54	52.56	61.82	0.74%

(三)模拟扰动试验

模拟实际频率扰动试验分别在工况 1 和工况 3 负荷段下进行,采用电网典型的频率扰动信号,测试电站在模拟电网实际频率扰动情况下的响应特性,此处只展示一种样例,如图 6-11 所示波动上扰,表 6-3 为模拟扰动试验结果。

表 6-3　　　　　　　　　　　　　模拟电网频率扰动试验结果

频率扰动类型	一次调频出力响应合格率	一次调频积分电量合格率	一次调频合格率
波动上扰	95.40%	100.53%	97.97%

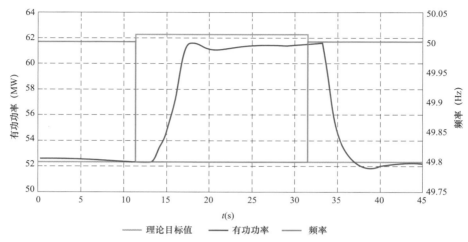

图 6-10　频率阶跃至 49.8Hz，有功功率响应波形（工况 3）

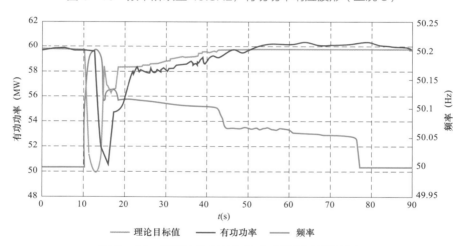

图 6-11　频率上扰时的有功响应波形（工况 3）

（四）防扰动性能校验

防扰动性能校验应在限负荷工况下开展，采用频率信号发生装置模拟电网的高低电压穿越等暂态过程，分别输出以下两种校验信号，检验新能源场站快速频率响应功能是否误动作。调节信号发生装置输出两种校验信号。

（1）信号一：选取快速频率响应控制系统计算频率的某一相，电压幅值瞬间跌落到（0%、20%、40%、60%、80%）额定电压，持续时间 160ms，并在电压跌落和恢复时完成两次相移，每次相移 60°。

（2）信号二：电压幅值瞬间阶跃到（115%、120%、125%、130%）额定电压，持续时间 500ms，并在电压阶跃和恢复时完成两次相移，每次相移 60°。如图 6－12 所示，信号一情况下一次调频未启动，如图 6－13 所示，信号二情况下一次调频未启动，可见在电压幅值与相位发生突变时，功率没有发生变化。试验结果证明，该风电场快速频率响应测控系统具备躲过单一短路故障或直流闭锁引起的瞬时频率突变的能力。

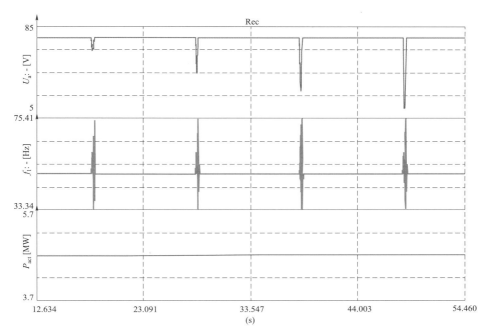

图 6－12　防电网暂态扰动电压跌落响应曲线（100%、80%、60%、40%、20%U_n）

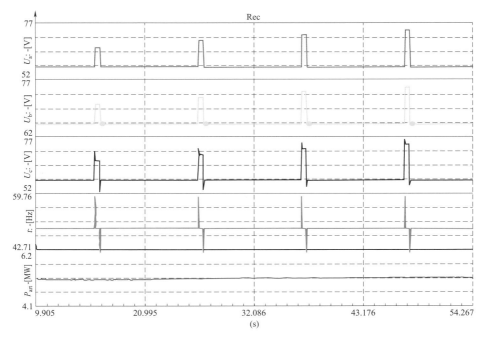

图 6－13　防电网暂态扰动电压阶跃响应曲线（100%、115%、120%、125%、130%U_n）

147

（五）AGC 协调试验

本项试验的目的为验证风电场快速频率响应功能能否与调度侧二次调频指令良好配合，AGC 采用本地闭环模式运行，高精度信号发生装置作为信号发生源输出频率阶跃上扰或下扰信号，根据 AGC 指令和快速频率响应指令的先后次序和类型，在（50±0.20）Hz扰动幅值情况下开展指令叠加测试。

此处只展示几种样例，如图 6-14 所示，表 6-4 为 AGC 协调试验结果。

表 6-4　　　　　　　　　　　　　AGC 协调试验测试结果

指令类型	测试结果
50.0→50.20Hz＋二次调频增 10%P_n	合格

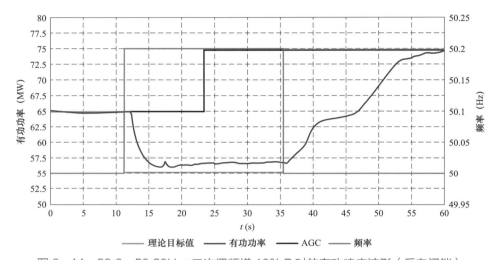

图 6-14　50.0→50.20Hz+二次调频增 10%P_n 时的有功响应波形（反向闭锁）

第四节　快速频率响应系统日常运维

风电场快速频率响应系统已经在并网风电场广泛应用，本节主要对系统日常运维和故障解决等几个方面介绍。

一、参数配置核验

1. 一次调频定值核对

风电场快速频率响应系统是根据定值参数进行自动化控制的，其参数的设置影响系统功能执行的精准性，所以日常巡检需对快速频率响应系统相关参数进行核验，确保相关参数和投运时保持一致。通过人机交互界面可设频率响应控制周期、响应时间、响应滞后时间、额定频率、频率响应正向死区、频率响应负向死区、频率响应最大限幅、频率调差率、反向闭锁频率阈值、功率控制偏差值等定值，如图 6-15 所示。

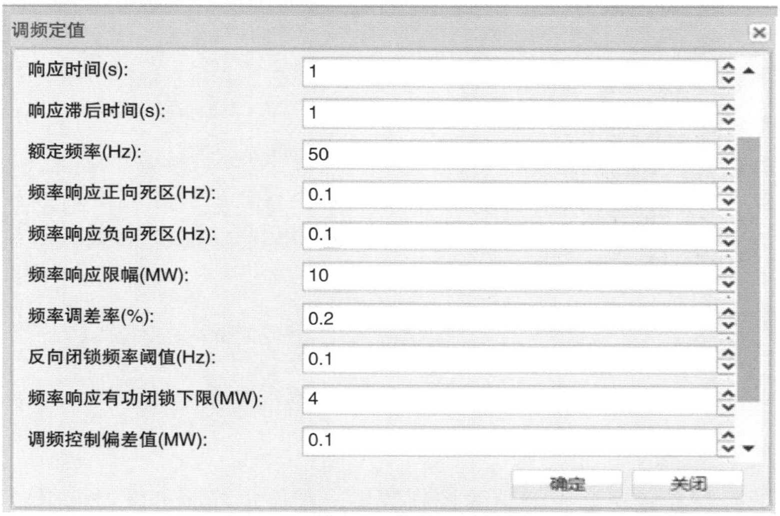

图 6-15 一次调频定值设定界面

2. 有功调控定值核对

场站有功调控需要满足一定的参数要求，以保障电网平稳，此类参数包括可设置控制策略、控制周期、可控容量上限、可控容量下限、正向控制死区、负向控制死区、分钟变化量限制、单次可调节变化量等定值，如图 6-16 所示。

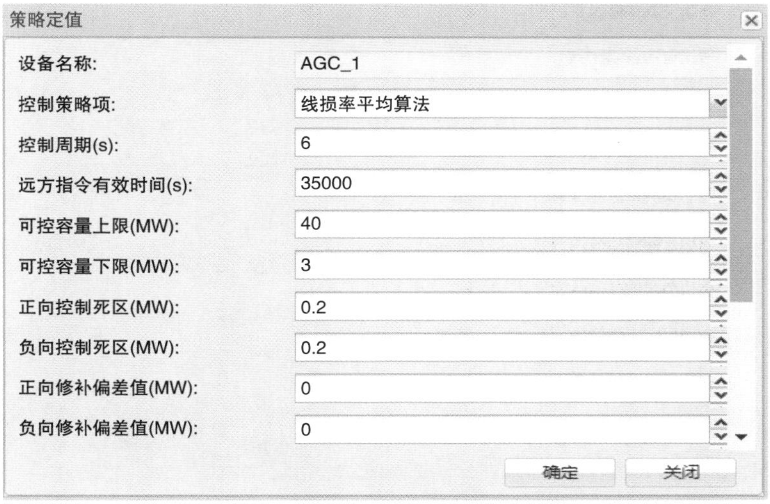

图 6-16 有功调节定值设定界面

3. 系统安全定值核对

系统控制需要满足一定的安全逻辑，以保障系统安全，此类参数包括双量测异常偏差限值、异常波动偏差限制、有功未更新有效时间、远方通信中断保持时间等定值，如图 6-17 所示。

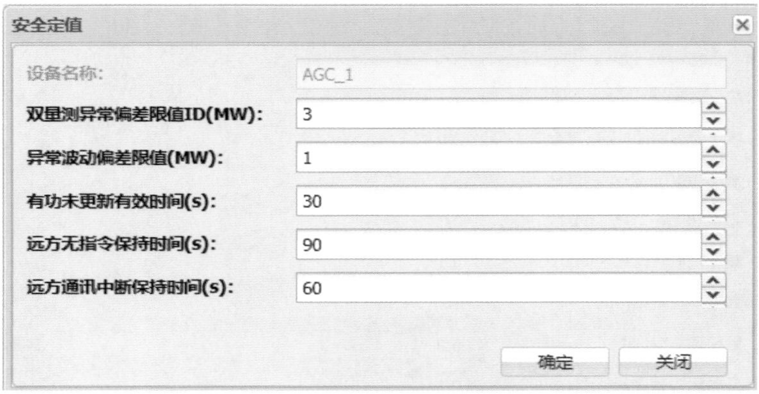

图 6-17　系统安全定值设定界面

4. 机组定值参数核对

发电机组的控制参数也会影响整体控制效果，在设定界面可以对机组参数进行查看和设定。包括样板机设定、有功容量、有功控制周期、有功单次控制值、有功正向死区、有功负向死区、有功正向偏差值、有功负向偏差值、有功控制上限、有功控制下限等定值信息。日常巡检需对快速频率响应系统相关参数进行核验，确保相关参数正确性，如图 6-18 所示。

图 6-18　机组调控定值设定界面

二、运维注意事项

风电场快速频率响应系统运行日常巡检需要运维人员注意以下几点。

1. 系统设备核对

快速频率响应系统的高精度测频终端、综合控制终端、显示器、工作站等设备供电正常，系统启动正常，无硬件和系统告警类信息。

2. 设备状态核对

计算机在长时间运行中，不可避免因环境、软件、硬件等原因出现卡顿现象，从而造成快速频率响应系统运行异常。所以可以对硬件进行周期巡检，对设备面板上能够看见的运行灯的显示进行记录，熟悉设备各指示灯含义，发现异常后能够通过指示灯快速进行故障判断。

3. 实时监控核对

风电场快速频率响应系统正常运行，在快速频率响应的主界面主要含曲线监测、关键综合信息展示及操控、机组状态监测等展示，如图 6-19 所示。

图 6-19　一次调频主监控界面

通过人机交互界面，核对快速频率响应系统是否保持在投运状态，实时数据展示是否正常，数据是否变化，以及一次调频是否有动作。

通过曲线监测展示，可以核查一次调频和场站 AGC 是否协调控制，如图 6-20 所示。

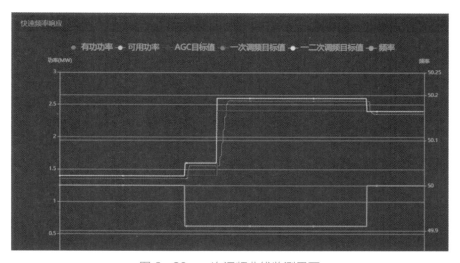

图 6-20　一次调频曲线监测界面

通过操控投运/退出功能压板，可以改变系统功能的运行模式，通过操作开环/闭环功能压板，可以进行系统调试。

4. 历史数据检验

定时查看历史运行信息，有助于查看系统状态，核验一次调频的合格率等，通过核对历史事件的相关数据，可以溯源系统运行时的状态。通过时间选择可以查看每次调频的一次调频积分电量合格率、一次调频合格率等数据，如图 6-21 所示；每次调频事件都联动显示当次调频详细数据，如有功功率、一次调频调节量、AGC 目标值、控制总目标值、可用有功、频率的曲线走势，如图 6-22 所示。

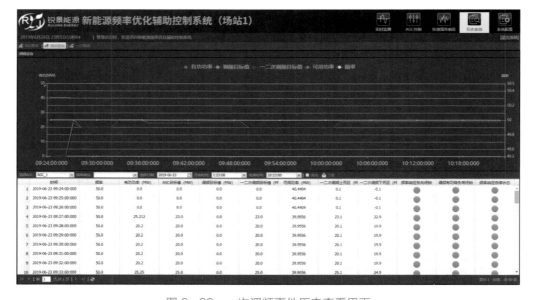

图 6-21　一次调频合格率历史查看界面

图 6-22　一次调频事件历史查看界面

三、典型异常处理

1. 采集数据异常

（1）核验高精度测频终端通信指示灯是否正常，查看快速频率响应系统的通道监测界面，判断是否是通信问题，查看报文，排查是否是其他系统数据源通信问题。

（2）核验外部回路是否正常，可用万用表直接测量。

（3）核验内部回路是否正常，查看端子是否有松动，是否有解除不良情况。

（4）如有高精度测频终端插件问题，切断高精度测频终端电源后，按照正常操作流程更换插件，如交流插件、电源插件等。

（5）电流电压变比设置核对，保证变比正确；通信参数设置核对，保证正确。

2. 工作站数据异常

（1）检查软件前置程序是否全部正常启动。

（2）检查网络连接是否正常。

（3）检查综合控制终端应用是否正常启动。

（4）检查网线是否松动，接触不良。

（5）后台通信程序出现异常情况，重启通信服务或节点服务器。

（6）检查系统是否保持正常投运状态。

3. 调控效果不佳

（1）控制目标值不正确或配置参数异常。

（2）机组通信存在异常，机组无法执行调控指令。

（3）机组调控能力有限，无法执行调控指令。

（4）机组有功功率差异比较大，需要优化控制策略，或者通信不稳定，造成机组调控差异大，导致有功功率差异较大。

第七章 电力市场交易系统

第一节 电力市场概述

一、电力市场的定义

电力市场是由电力和市场两个词组合而成的复合型概念,它属于商品市场的范畴。通俗地说,电力市场就是以电力这种特殊的商品作为交换内容的市场,它是区别于以其他商品为内容的专门市场。

电力市场的概念体系是在 20 世纪 80 年代被提出的。20 世纪的大部分时间里,用户的购电选择是唯一的,电力工业被认为是具有自然垄断性质的产业。面对电力垄断经营效率低下以及政府管制失灵等现实,政府、相关经济组织以及理论界开始关注电力工业的垄断和竞争问题,探讨电力产业是否可以引入竞争性的市场机制。

正因为电力工业自然垄断性质的特性,经济学家们建议在电力行业引入市场竞争,从而降低电能价格,提高经济效率。各国通过重组电力企业组织、再构电力市场结构以及完善电力管理体制,在电力产业引入市场竞争机制来解决电力垄断所造成的弊病,对稀缺性的能源资源重新进行优化配置和高效利用,以提高电力工业的生产与运营效率,从而带动国民经济的持续健康发展。

二、电力市场的基本特征

电力市场的基本特征是开放性、竞争性、网络性和协调性。与传统的垄断电力系统相比,电力市场具有开放性和竞争性;与普通的商品市场相比,电力市场具有网络性和协调性。电力行业自身的技术经济特点就决定了电力市场有许多不同于一般市场的特点。电力市场包括市场主体、市场客体(市场买卖交易的对象,包括电能商品、辅助服务、输电权等)、市场载体(市场交易活动得以顺利进行的物质基础,包括输变电设备、通信设施、计量设施、电力市场交易系统等)、市场价格、市场运行规则和市场监管等要素,这些要素相辅相成,缺一不可。

电力市场具有以下特点：

（1）电力市场是市场经济一般规律与电力特殊规律相结合的市场，不同于一般的竞争性市场。

（2）电力市场是国民经济中的基础性市场和先导型市场。电力能源的消费方式以及电力在国民经济中的地位和作用，决定了电力市场是国民经济中的基础性市场和先导型市场，对国民经济其他的商品市场起基础性的作用。

（3）电力市场是以电网为载体的网络型的市场，是一个规模垄断市场。由于其商品的无形性和生产工艺的特殊性，决定了电力市场是以电网为载体的网络型的市场，电网的规模、电网的技术以及发展水平，甚至电网的区域层次划分，就决定了电力市场的规模、水平和层次。

（4）电力市场是一个高度协调的市场。发、输、供、配同时完成、实时平衡，需求波动大、电网的复杂性决定了电力市场是一个高度协调的市场。

三、电力市场的目标

电力市场的目标是，通过引入竞争机制，打破垄断，提高效率，降低成本，健全电价机制，优化资源配置，促进电力发展，构建政府监管下的政企分开、公平竞争、开放有序、健康发展的电力市场体系。

四、电力市场基本模式

1. 垂直统一垄断模式

在这种模式下，发电、输电、配电和售电四个环节是捆绑在一起的，由一个公司来统一管理和垄断经营，各个环节都不存在竞争。该模式是在电力市场出现前电力企业普遍采用的模式。

2. 发电侧竞争的电力市场

发电侧竞争的电力市场是将竞争引入电力工业的最初级模式。这种模式下，输电和供电仍由一个电力公司统一管理和垄断经营，竞争在发电环节展开。电力系统各发电厂与电网分开，成为独立的法人，各个发电公司相互竞争，但不允许通过输电网将电直接卖给最终用户。这是打破电力工业体制垂直垄断模式最初级的形式。

3. 批发竞争模式

批发竞争模式允许配电公司或电力用户直接从发电公司买电，并通过输电网输送。在这种模式下，发电环节与电网输配电环节分离，输电与配电环节逐步实现分开经营。此时的电力市场中，发电竞争、输电网放开，并提供有偿服务，配电公司仍然对用户垄断经营，具有自己的供电专营区，获得了购电的选择权；同时，大的电力用户也获得了购电选择权。

在该模式下，市场更多地允许发电商与售电公司通过合同方式实现交易。

4. 零售竞争模式

用户获得了用电选择权，发电环节和零售环节都展开较完全的竞争。

在零售竞争模式下，独立发电公司直接接受用户选择，但同时也获得了选择用户的权力。所有用户都可直接向独立发电公司购电，称为直购（对于发电商而言称为直销），或通过选择的零售公司购电，称为转购（对于发电商而言就是转销）。所有用户都获得了选择权。这是该模式的最大特点。

此外，发电领域和零售领域与输配电领域完全独立，配电网络和输电网络一样，都要向用户开放，提供输变电服务，但同时收取服务费。在这种模式下，出现了供电零售公司。这类公司不一定必须拥有配电网，而是可以通过向用户提供供电服务获得利润。

5. 四种基本模式的比较

从经济学的角度来看，竞争是提高电力企业效益最好的形式。这是由于市场价格无论对于消费者购买电能，还是生产者提供电能，都是最合适的信号；如果整个社会各个行业都引入竞争机制，则市场价格又成为对电力生产所涉及资源进行最优配置的合适信号。

四种电力市场模式对比如表 7-1 所示。

表 7-1　　　　　　　　　　电 力 市 场 模 式 对 比

市场模式	优点	缺点
垂直统一垄断模式	具有规模经济效益；系统安全性高；政策适应性强；便于提高发电效率	电价受控，资源配置效率低；市场无竞争，经济效率低下
发电侧竞争的电力市场	便于提高发电效率；便于政府监督和降低发电侧垄断	市场竞争程度低
批发竞争模式	竞争程度提高，资源配置更合理，有助于加快技术进步，提高企业竞争力	电网协调难度增大，易发生安全事故；承担社会义务能力下降
零售竞争模式	市场竞争激烈，提高了经营效率和资源配置效率；最大限度减少了垄断，公平程度进一步提高	供电可靠性下降，行业承担社会义务的能力大幅下降

第二节　电力市场交易系统介绍

电力市场交易系统是支持电力用户、发电企业、电网企业、售电公司等市场主体共同参与的全业务在线电力交易平台系统。系统支持市场成员管理、交易管理、合同管理、计划管理、电力电量平衡、结算管理等交易中心核心业务。

为保证数据的安全性和交互性，电力市场交易系统应用架构分为内网平台和外网平台两部分，内网平台主要支撑交易中心内部业务开展，外网平台主要支撑各类市场主体直接交易业务开展。按照平台业务应用逻辑，主要包括"基础支撑""市场服务""市场运营""市场监控分析"四个层级。内外网平台通过安全强隔离装置实现数据交互共享，支撑交易业务整体应用。平台应用架构如图 7-1 所示。下文以青海省的电力市场交易情况为例进行介绍。

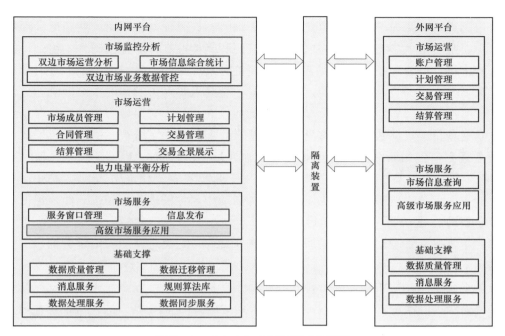

图7-1 电力市场交易系统应用架构

一、系统特点

青海省新能源发展迅猛，清洁能源占比高，项目并网集中、建设期数多；高载能行业用电量大，市场化交易需求强；电力电量平衡的季节性、时段性余缺特性突出，省内和省间交易频繁，这些市场特点对电力市场交易系统提出了更高的要求，也是在系统建设中着重关注的方面。青海电力市场交易系统建设中，不仅加强"建设"，而且关注"管理和应用"，就是"建、管"结合、"建、用"结合，以"建"保"用"，以"用"促"建"。

（1）实现清洁能源省内和省间交易的统筹衔接。青海电力交易技术支持系统通过纵向数据传输通道（批量数据总线）实现纵向数据集成，实现了与北京电力市场交易系统的数据互通共享，保障两级交易中心协同运作。青海清洁电力资源要实现优化配置，必须关注省内、省外两个市场，即：在青海电力市场交易系统开展省内交易，在北京电力市场交易系统开展省间交易，实现省内和省间"统筹"交易的关键技术支撑就是两级电力市场交易系统的纵向数据贯通。北京交易中心可以利用此技术，及时获得青海的省间交易需求、电力电量平衡情况，参与交易的市场成员基本注册新信息等数据，实现了"一地注册、数据共享"，保证了交易组织的高效、及时、可靠。

（2）加强市场注册管理功能建设，保证市场管理的便捷高效。市场注册是市场主体在电力市场交易系统参与市场活动的前提和基础，市场注册管理就是电力交易技术支持系统对企业基本信息、商务信息、机组参数、用电容量、联系方式等市场注册信息的电子化管理。这看似简单，但实际上这个模块的信息是否全面、正确、可靠，是否变更及时、留有痕迹，对后续的交易管理、合同管理、结算管理、信息统计、市场服务等均有直接的影响。因此，系统建设与应用过程中，重点对注册信息进行了不断的功能提升和细化，完善了系统注册信息数据，比如增加了发电业务许可证编号、许可证是否豁免、购售电管理层级、调度简称、是否准入参与直接交易以及有关证照和支持性文件的扫描附件。另外，建设规范完备的市场注册管理模块，实现了快速便捷的分发电集团、分发电类型、分调度关系、分地理区域等情况的查询统计功能，大大减轻了交易人员对市场情况多维度统计分析的工作强度，解决了青海省新能源项目跟踪管理的问题。此外，青海电力交易中心还结合新能源发电企业项目建设期数多、名称易混淆的特点，创新建立了统一、规范的市场成员系统注册命名规则，例如新能源发电企业命名规则为："公司简称＋电站所在地＋项目期数序号＋装机容量＋电源类型"，譬如"大唐格尔木三期 20 兆瓦光伏电站"，在名称中涵盖了发电企业的主要信息，既确保了市场主体在交易活动中名称的规范性和唯一性，也便于系统的检索、查询，更方便了交易的全过程管理。

（3）丰富交易管理功能，促进新能源市场化交易。为促进新能源电量消纳，主要从市场机制和交易技术支持系统建设两方面下功夫、做工作：① 根据青海电力市场实际，优化电力电量平衡编制模块中功能设计，开发了基于新能源第一优先级优先安排发电计划、水电第二优先级"以水定电"、火电兜底保平衡的电力电量平衡编制方式，从技术上落实可再生能源优先发电政策；② 完善交易组织管理功能，丰富新能源交易品种，增加了交易频度，活跃了市场交易。青海电力交易技术支持系统支持目前国内基本的交易类型，囊括了全部的算法规则库，支持组织双边协商、集中竞价、挂牌交易，支持合约交易、电力直接交易、发电权交易、合同转让交易等多个交易品种。目前已开展了年度、季度、月度和周交易，交易频度不断增加，有效解决了新能源在中长期交易中发电预测难度大的问题。新能源发电企业参与的直接交易、发电权交易等全部实现了从市场成员筛选、交易公告发布、交易申报、交易限额（电量、电价）、无约束出清、安全校核、有约束出清、交易结果发布，到交易结果写合同等功能全过程交易组织管理的流程化、程序化设计。同时，进一步优化软硬件部署，提升各应用界面系统响应时间不超过 3s。几百家市场主体的一次集中竞价形成的成交结果虽然达几千笔，但系统可以在几秒内轻松准确地完成计算出清，形成交易成交结果并写入电子合同，有力支持了市场化交易频度不断增加、交易规模不断扩大、交易时效性不断提高的市场交易需求。

（4）以合同电子化管理，适应新能源交易需求。随着市场化交易特别是新能源直接交易规模的不断扩大，购售双方达成的交易成交笔数往往有几千笔甚至上万笔，这要求交易合同的签订和管理必须具有更高的效率，提供更好的便捷性。为提高交易合同管理效率，自 2016 年开始青海新能源市场化交易合同签订采用了"电子合同＋入市承诺书"的模式，依法依规明确了购售电双方的有关权利和义务。系统无约束成交结果，可自动生成系统电子合同，电子合同包含纸质合同的关键信息和文本内容，电子合同及模板可以通过平台向市场主体流转。电子合同管理的实现，极大地方便了合同的签订、查询、变更、跟踪等管理工作，提高了管理效率。

（5）强化交易结算管理，保证市场交易结算的公平公正。青海电力市场交易系统建设特别重视交易结算模块的功能，通过不断的升级完善，目前已具备上网电量生成、合同成分抽取、结算结果生成、结算单据生成、结算审批、单据发布等结算业务功能，做到了对中长期交易和现货交易、省内交易和省间交易的分类、分成分结算，实现了交易系统与财务管控系统的横向数据集成，交易技术支持系统已成为青海电力市场的"清算中心"。

二、系统主要功能

（一）市场成员注册管理

参与电力市场化交易应当符合准入条件，在电力交易机构办理市场注册，按照有关规定履行承诺、公示、注册、备案等相关手续。市场成员注册管理包括市场注册、信息变更、市场注销等业务。市场成员在完成市场注册后方可参与电力市场交易系统组织的电力交易，市场成员信息发生变化或者退出市场时，应办理注册信息变更和市场注销手续。

市场成员可在线自主办理市场注册，登录电力市场交易系统，填写企业基本信息和机组基本信息，上传必需的文档附件，提交交易中心进行规范性审查，交易中心在 5 个工作日内完成市场注册资料规范性审查，审查通过的，完成市场注册。

（二）交易管理

交易管理业务包括双边发电权交易、集中发电权交易、电厂外送电集中交易、跨区跨省电量集中交易、跨区跨省电量双边交易、抽水电能招标交易、电力用户与发电企业直接交易、跨省调峰辅助服务市场交易等内容。

交易周期包括中长期交易、年度交易及月度交易。

交易形式包括双边交易和集中交易两类，双边交易指以交易双方协商为主形成交易结果的交易形式；集中交易可分为集中竞价交易、撮合交易及挂牌交易等多种形式，集中竞价交易指按单方报价出清交易结果的交易形式，撮合交易指按双方报价进行高低匹配成交的交易形式，挂牌交易指在既定电价基础上竞量的交易形式。

直接交易形成的结果可通过电力市场交易系统查看，如图 7-2 所示。

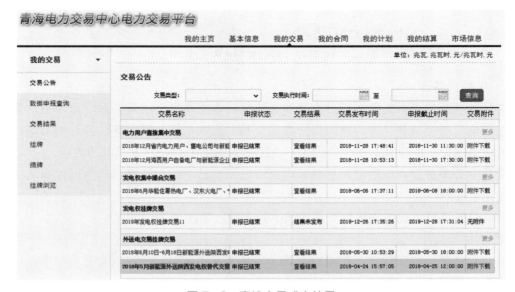

图 7-2　直接交易成交结果

（三）合同管理

合同管理支持跨区跨省合同、年度购售电合同、发电权合同、外送电合同、调试合同、大用户直接交易合同等。

合同全过程管理包括具备合同签订流转管理；具备合同拟写、签订、备案、执行等全过程的监视管理，具备跨区、跨省、电厂上下游合同关系管理，具备合同签订、计划、执行、结算全过程动态跟踪管理。

直接交易合同由电力市场交易系统统一管理，直接交易合同列表如图7-3所示。

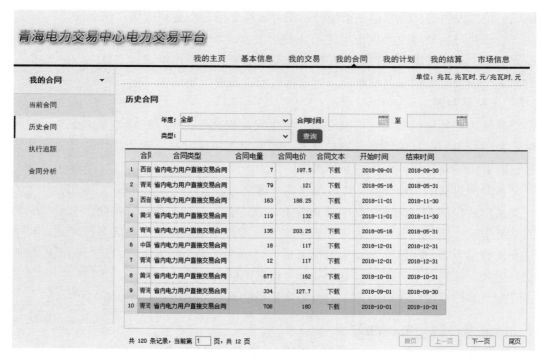

图7-3　直接交易合同列表

（四）结算管理

结算管理业务包括直购电厂月度结算、跨区跨省交易月度结算、参与电力用户直接交易的直购电厂年度决算、参与电力用户直接交易的直购电厂月度结算、参与电力用户直接交易的电力用户年度决算、参与电力用户直接交易的电力用户月度结算等内容。

交易中心每月发布电费结算单，发电企业登录交易系统对结算单信息进行确认，确认后加盖电子印章。

交易结算单可通过电力市场交易系统下载查看，如图7-4所示。

（五）信息发布

信息发布是指按照规定，在电力市场交易系统发布电网运行和电力交易信息。市场信息发布内容如图7-5所示。

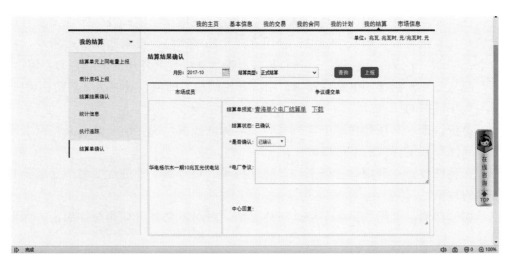

图 7-4　交易结算查看页面

青海电力交易中心电力交易平台

| 我的主页 | 基本信息 | 我的交易 | 我的合同 | 我的计划 | 我的结算 | 市场信息 |

单位：兆瓦，兆瓦时，元/兆瓦时，元

市场信息

- 最新动态
- 信息发布
- 政策法规
- 市场服务
- 常见问题
- 行业资讯
- 市场资讯
- 公示公告

最新动态

● （青海）关于开展北京电力交易平台应用培训的通知-甘肃青海	2018-09-10
● （青海）关于开展西北地区省间交易实务和电力市场建设培训的预通知	2018-06-22
● （青海）青海电力市场管理委员会第二次全体会议在西宁召开	2018-06-04
● （青海）27家交易中心联合发布《售电公司市场注册规范指引（试行）》	2016-12-14
● （青海）体现市场主体意愿 推动交易机构规范运营	2016-11-17
● （青海）京津唐地区电力直接交易首单成交	2016-11-04
● （青海）共同推动新能源电力创新和产业可持续发展	2016-09-20
● （青海）加强世界能源电力发展合作 共同推动东北亚电网互联	2016-09-12
● （青海）习近平总书记夸奖状元技工许启金	2016-09-06
● （青海）青海电力调度交易与市场秩序专项监管工作启动	2016-08-31

共 33 条记录，当前第 1 页，共 4 页　　首页　上一页　下一页　尾页

图 7-5　市场信息发布内容

（六）数字认证

网上交易模式有效地解决了交易的公平性、便捷性等问题，和传统的现场交易方式比较，极大地降低了交易的成本。但是这种交易方式也面临着交易参与者身份确认、交易信息安全传输和交易信息不可抵赖等问题。

为解决交易参与者身份确认、交易信息安全传输等问题，登录交易系统的用户统一采用用户密码及数字证书双重认证机制。

数字证书是市场主体在电力市场交易系统的唯一电子身份证书，是确保市场主体的信息安全的技术保障，登录电力市场交易系统必须统一采用用户密码及数字证书双重认证。电力市场交易系统普遍采用数字证书，使用非对称加密算法，要求密钥成对出现，每个用户有两个密钥，一个为公开密钥，一个为私有密钥。算法要求公开密钥对中的公钥给他人，而且不可能从公开密钥推导出私有秘钥，用公开密钥加密的信息只能用私有密钥解密。

使用数字证书的优点：

（1）身份认证：利用数字证书序列号和签名验证技术，确定证书持有人在网上活动的身份的唯一性和网上行为的不可抵赖性。

（2）完整性校验：利用数字证书签名验证技术，对对象文件进行签名，通过验签确定文件传输的完整性。

（3）加密传输：利用数字证书中非对称算法，对对象文件进行非对称加密，保证文件加密传输。

（4）电子签章：可视化的数字签名。

（七）常见问题

1. 浏览器选择问题

电力市场交易系统在登录过程中，经常会出现显示异常或无法找到 CFCA 数字证书的现象，这种情况主要原因为浏览器适配问题，建议选择适配较为稳定的浏览器。

2. 企业重大信息变更

发电企业重大信息变更，如企业法人名称、法人代表人名称、开户银行、银行账号等信息有重大变更时，应及时向交易中心提交发电企业基础信息变更申请，并提供相关佐证材料，银行账号变更需提供原银行无借贷证明或资信证明，企业法人、法人代表人信息变更需提供三证合一的营业执照。重大信息变更需要在电力市场交易系统进行公示。

3. 电力业务许可证

按照《电力业务许可证管理规定》有关要求，豁免范围以外的发电企业应当在项目并网后 3 个月内取得电力业务许可证（发电类），取得电力业务许可证后及时到交易中心备案，同时将电力业务许可证电子版上传电力市场交易系统。取得电力业务许可证后，方可参与交易中心组织的各类市场交易。

第三节　青海电力直接交易实践

一、市场主体注册情况

截至 2020 年 6 月，在青海电力市场交易系统注册的发电企业共计 678 家，其中，水力发电企业 241 家、火力发电企业 12 家（包括 7 家自备电厂）、风力发电企业 68 家、光伏发电企业 353 家、其他发电企业 4 家。市场主体注册情况如图 7-6 所示。

二、交易组织情况

2016 年 1 月 28 日，青海省委省政府根据中央 9 号文件精神，下发青政办函〔2016〕22 号《青海省电力用户与发电企业直接交易试点方案》，交易中心依照直接交易试点方案，组织省内发电企业与电力用户达成直接交易成交电量 117 亿 kWh，成交 2883 笔，共有 202 家发电企业与 44 家电力用户参与交易。2016 年电力直接交易主要采取年度交易、季度交易方式。

2017 年，交易中心全年组织省内发电企业与电力用户达成直接交易电量 224 亿 kWh，成交 9230 笔，共 265 家发电企业与 56 家电力用户达成交易。

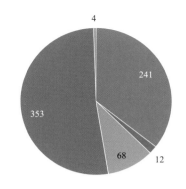

■水电 ■火电 ■风电 ■光伏 ■其他

图 7-6　市场主体注册情况

2018 年，交易中心全年组织省内发电企业与电力用户达成直接交易电量 215 亿 kWh，成交 34560 笔，共 329 家发电企业与 38 家电力用户达成交易。

2019 年，交易中心全年组织省内发电企业与电力用户达成直接交易电量 341 亿 kWh，成交 41733 笔，共 343 家发电企业与 36 家电力用户达成交易。

青海省 2016～2019 年直接交易情况如图 7-7 所示。

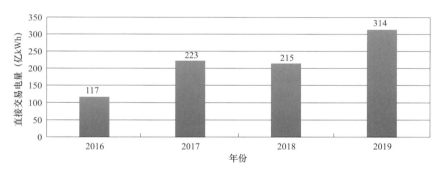

图 7-7　青海省 2016～2019 年直接交易情况

第八章 数据通信及规约

第一节 数据通信

　　风电场配置了大量的测控、保护及其他自动化设备，用于采集风力发电机组、升压设备等的运行及状态信息，并将采集的信息传送至后台监控计算机和调控机构。调控主站通过数据传输通道并借助远动通信工作站等自动化设备将控制命令发送至测控设备，实现对风电场的控制。

一、通信系统

　　通信，从广义上讲就是利用任何方法，通过任何媒介将信息从一个地方传送到另一个地方。随着科学技术的不断进步，利用"电"来传递信息得到快速发展，应用也越来越广泛，许多远地信息都是利用电信号的形式在信道中进行传递。用于信息传递的系统就是通信系统，一般包括信源、信道、信宿几个部分，如图8-1所示。

图 8-1 通信系统模型

　　信源的作用是把传递的各种信息转换为原始信号，为了使原始信号能够适应信道的传输特性，需要通过信号变换器转换为能够在信道传输的信号。信道就是信号的传输媒介以及附属的相关设备。信号通过信道传送至远方，需要接收端的信号反变换器转换为原始信号，再送给信宿，由信宿转换为各种信息。信号在传输时，一般会受到噪声的干扰，图8-1中的噪声源即为对信号干扰以及分散在通信系统其他各处噪声的集中表示。通信系统按信息传输方向，可以分为单工通信和双工通信，图8-1为一个单工通信系统。双工通信还可以分为全双工和半双工，全双工是指在任何时刻两个方向上可以同时进行信息传递，半双工是指在任何给定时刻只能在一个方向进行信息传递。

此外，通信系统还可按所用的传输媒介、信源的种类、所传信号的属性、结构和复用方式等特征进行分类。

按传输媒介分有线通信系统（包括铜双绞线和电缆、光纤和光缆等）和无线通信系统（包括微波和卫星通信链路、无线本地环路 WLL 等）。

按信源的种类分电话通信系统、计算机（数据）通信系统和图像或多媒体通信系统等。

按传输信号属性分电气通信系统、光通信系统等。

按信号的结构分模拟通信系统、数字通信系统和分组数据通信系统等。

按复用方式分频分复用（FDM）系统、时分复用（TDM）系统和码分复用（CDM）系统等。

按数字系列和技术体制分异步数字系列（PDH）、同步数字系列（SDH）和异步转移模式（ATM）、互连网（Internet 或 IP）等通信系统。

当前，风电场中绝大多数采用有线通信系统，其中光纤通信的应用最为普遍。

二、数据通信概述

数据通信（data communication）是随着计算机技术发展而新兴的一种通信系统，它是通信技术和计算机技术结合产生的一种通信方式，是按照一定的通信协议，利用数据传输技术在两个终端之间传递数据信息的通信方式。数据通信中传递的信息均表现为二进制数据形式。异地之间的信息传输必须有远程通信通道。

1. 信息

信息指人们对现实世界事物存在方式或运动状态的某种认识。信息的表示形式可以是数值、文字、图形、声音、图像、动画等，是数据的内容或解释，是数据的内在含义或解释。例如，风电场中风电机组的电压、电流信息，开关的状态信息等。

2. 数据

数据指传递信息的实体，可以分为模拟数据和数字数据。模拟数据在时间上和幅度取值上都是连续的，其量值随时间连续变化。数字数据在时间上是离散的，在幅值上经过量化，它一般是由 0、1 的二进制代码组成的数字序列。风电场中电压、电流、功率等数据为模拟数据，断路器、隔离开关的状态为数字数据。

3. 信号

信号指数据的电磁形式。在通信系统中，分为模拟信号和数字信号。

（1）模拟信号是指信息参数在给定范围内表现为连续的信号，或在一段连续的时间间隔内，其代表信息的特征量可以在任意瞬间呈现为任意数值的信号。模拟信号在传输过程中，先把信息信号转换成几乎一模一样的波动电信号，再通过信道传输出去，电信号被接收后，通过接收设备还原成信息信号。当模拟信号采用连续变化的信号电压来表示时，它一般通过传统的模拟信号传输线路来传输。

（2）数字信号是指自变量是离散的、因变量也是离散的信号，这种信号的自变量用整数表示，因变量用有限数字中的一个数字来表示。数字信号在传输过程中不仅具有较高的抗干扰性，还可以通过压缩，占用较少的宽带，实现在相同的带宽内传输更多信号的效果。当数字信号采用断续变化的电压或光脉冲来表示时，一般则需要双绞线、电缆或管线介质将通信双方连接起来，才能将信号从一个节点传送到另一个节点。

三、数据通信系统构成

数据通信系统主要由数字计算机或其他数字终端进行通信，一般包括信源、信宿、信道几部分。信息和数据不能直接在信道上传输，需将携带信息的数据以物理信号（模拟信号、数字信号）形式通过信道传送到目的地。

数据通信既可以通过数字信道来实现，也可以通过模拟信道来实现。数据通信利用模拟信道进行信息传递时，一般需要两种变换：① 发送端的连续消息需要变换成原始电信号，接收端收到的信号需要反变换成原连续消息；② 将原始电信号变换成适合信道传输的信号，接收端需进行反变换。这种变换和反变换通常被称为调制和解调，相应的装置也成为调制器和解调器。模拟通信系统如图 8−2 所示。调制后的信号称为已调信号或频带信号，将发送端调制前和接收端解调后的信号（即原始电信号）称为基带信号。

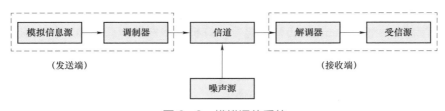

图 8−2　模拟通信系统

当前，风电场中的调度电话和用于向调度主站传送自动化信息的专线通道均为模拟通信。

数字通信中强调已调参量与基带信号之间的一一对应，而在发送端配置一个编码器，接收端配置一个相应的解码器，可以实现数字信号传输差错的控制；当需要保密时，需要在发送端加密，在接收端解密。当前，风电场中远动通信系统、相量测量装置（PMU）、风功率预测等通过数字通信方式实现与调控端的数据交互。数字通信系统如图 8−3 所示。

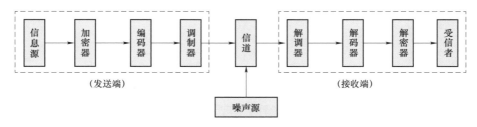

图 8−3　数字通信系统

与模拟通信相比，数字通信更加适应对通信技术越来越高的要求。数字通信具有抗干扰能力强、传输差错可以控制、便于使用现代数字信号处理技术对数字信号进行处理、易于做高保密性的加密处理、可以综合传递各种消息的特点。

第二节　风电场数据通信

在风电场计算机监控系统中，数据通信主要分站内通信和外部通信。站内通信主要实现风电场计算机监控系统内部各子系统或各功能模块间的信息交换和信息共享；外部通信完成风电场与调控主站的通信。通过信息交互，实现信息共享，减少设备的重复配置，简化设备间的互联。

一、风电场数据通信结构

随着计算机网络技术、信息通信技术以及工业自动化技术的快速发展，风电场形成了站内通信以 RS-485 和以太网通信为主，外部通信以光纤通信为主的通信方式。风电场数据通信结构图如图 8-4 所示。

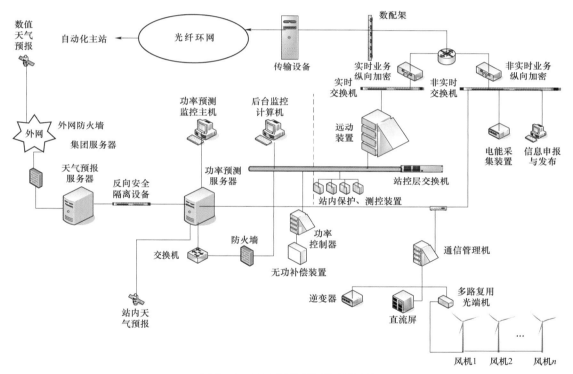

图 8-4　风电场数据通信结构图

二、风电场站内通信

风电场站内相关设备为采集和监视站内设备运行工况的保护和自动化设备，以及包含在安全 II 区内的功率预测系统的相关设备，主要有站内测控装置、保护测控装置、自动发电控制（AGC）装置、自动电压控制（AVC）装置、风力发电机组子阵、功率预测服务器等。

风电场站内通信通用的组网方式是站控层与间隔层通过以太网结构采用 TCP/IP 协议通信，间隔层与过程层通过 RS-485 总线结构采用各厂家的内部规约进行数据交互。

随着通信技术和网络技术的不断发展，部分风电场风力发电机组信息采集采用了无线局域网通信，但大部分风电场仍采用技术更为成熟、更加稳定可靠的光纤环网方式，即风电场风力发电机组监控系统通过 RS-485 将信息接入通信管理机进行汇集，通信管理机通过以太网光纤环网的方式将采集的阵列信息传送至计算机监控系统，采用光纤环网形式的风力发电机组群的通信结构如图 8-5 所示。

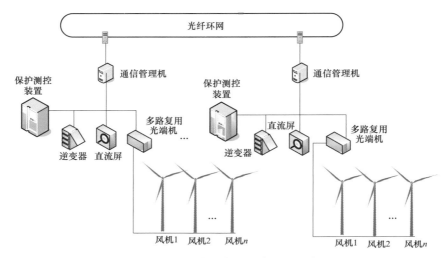

图 8-5　风力发电机组信息接入示意图

风电场本地监控单元分布分散，其监控系统的网络结构宜采用经济可靠的以太网光纤环网通信方式。

1. 以太网通信

随着计算机和通信技术的进步，系统网络化和体系开放性成为发展趋势，以太网技术越来越多地被引入到风电场数据采集和传输中，而数据传输的实时性和可靠性要求是以太网通信方式得以广泛应用的关键。

在风电场中，测控装置和具备以太网接口的保护测控装置均通过以太网与计算机监控系统通信，而无以太网通信接口的保护测控装置通过嵌入式以太网与计算机监控系统通信。

以太网常见的接线方式有直连线和双绞线。在风电场以太网通信中，普遍采用直连线。

以太网通信常见的故障有网口松动、地址配置错误、交换机故障等。在风电场建设期，应制定带有设备通信状态的站内网络结构拓扑图，发生故障时自动专业运维人员可通过网络结构拓扑图快速地定位故障设备。

处理以太网通信故障常用的步骤为：收集信息、分析故障、定位故障、确定故障类型、故障修复、验证故障排除。

2. RS-485 串行通信

RS-485 串行通信是一种半双工结构总线，通常应用于一对多的主从应答式通信系统中。RS-485 作为智能设备的标准接口，可以方便地将多个设备组成一个控制网络，每个 RS-485 接口支持多种规约。

RS-485 通信具有结构简单、价格低廉、通信距离远（最大 1219m）和数据传输速率适当（最高 10bit/s）等特点，但存在自适应、自保护功能脆弱的缺点。

RS-485 通信可采用二线制和四线制，二线制可实现真正的多点双向通信，最多可接 32 个设备，目前风电场中二线制应用较广泛。

在风电场中，直流柜、变压器保护测控装置以及部分不具备网络接口的线路保护测控装置均通过 RS-485 接口，经通信管理机规约转换后与计算机监控系统通信。

风电场 RS-485 通信方式常见的故障有接线错误、线路中断、通信短路、通信不稳定、电平异常、硬件损坏等。若在风电场建设期间，通信线选择合理、电阻匹配适当、通信接线正确、通信共地，能有效降低通信故障频率。

三、风电场外部通信

在风电场中，计算机监控系统通过远动装置和调度数据网系统，借助通信系统与调控主站进行信息交互属于风电场外部通信部分，如图 8-6 所示。

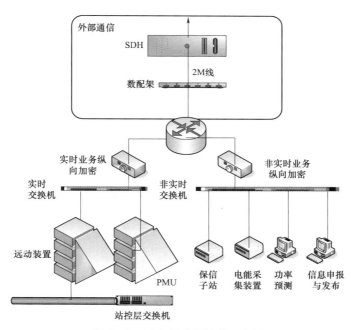

图 8-6　风电场外部通信示意图

在风电场外部通信中，调度数据网路由器通过 2M 接口与通信系统通信，由通信系统负责将 2M 信号转换成光信号，并将站内信号上传至调控主站，如图 8-7 所示。

各主要设备的功能为：

（1）数字配线架用于 2M 信号的连接，提供 2M 接口。

（2）光端机用于 2M 信号、以太网信号汇接成光信号或将光信号解复用 2M 信号、以太

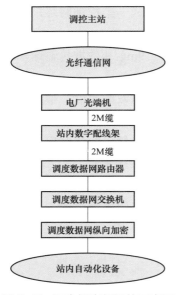

图 8-7 风电场光纤通信示意图

网信号，提供光、以太网接口。

在电力系统中，要求传输的数据稳定、可靠、及时、连续，光纤由于通信容量大、中继距离长、保密性好、适应能力强、易于维护等特点，能够极大地提升数据通信的速率和信号的完整度。随着计算机信息技术和通信技术的快速发展，风电场数据通信中，光纤数字通信方式成为电力系统主流的通信方式。

1. 光纤的结构及类型

光纤是可以用来传导光线的透明介质纤维。一根可实用化的光纤是由多层透明介质组成的，自内向外一般分为折射率较高的纤芯、折射率较低的包层以及涂覆层三个部分，光纤结构如图 8-8 所示。光纤的核心部分是纤芯和包层，其中纤芯是由高度透明的材料制成，可以是石英、玻璃或其他氧化物，目前通信上使用的大多是石英光纤。包层的折射率略小于纤芯的折射率，从而造成一种光波导效应，使得大部分光线被束缚在纤芯中传输。外面的涂覆层不传光，它的作用主要是保护光纤不受水汽的侵蚀和机械摩擦，同时增加光纤的柔韧性，为了区分纤芯，可以将涂覆层染成各种颜色。

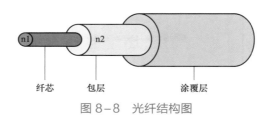

图 8-8 光纤结构图

光纤的分类方法有很多，根据不同的分类方法，光纤也会有不同的名称，下面介绍几种主要的分类方法。

（1）按传输模式数量分类。按光纤传输的模式数量分类，可以分为单模光纤（single mode fiber）和多模光纤（multi-mode fiber）。在一定的工作波长上，只能传输一个模式的光纤称为单模光纤，同时传输多个模式的光纤称为多模光纤。

多模光纤的纤芯直径较大，一般为 $50\mu m$，包层的外径一般为 $125\mu m$，它能够传输多个模式，但这种光纤传输特性比较差，传输带宽较窄，传输容量较小。单模光纤的纤芯直径较多模光纤要小得多，一般为 $8\sim10\mu m$，由于只能传输基模（即最低阶模），不存在模间时延差，具有很大的传输带宽，这对于高码速传输非常重要。

目前光纤通信中主要使用单模光纤。

（2）按光纤的工作波长分类。按光纤的工作波长分类，可以分为短波长光纤、长波长光纤和超长波长光纤。

短波长光纤的工作波长为 $0.7\sim0.9\mu m$，主要用于短距离传输，传输容量也比较小；长波长光纤的工作波长为 $1.1\sim1.6\mu m$，主要用于中长距离传输，是当前光纤通信系统中最常用的光纤。

超长波长光纤的工作波长大于 2μm，这类光纤的传输损耗特别低，这是光传输介质的主要研究方向。

（3）按光纤截面上折射率分布分类。按光纤截面上折射率分布的不同，可以分为阶跃型光纤（step–index fiber）和渐变型光纤（graded–index fiber）。

阶跃型光纤中的纤芯折射率为常数 n_1，在纤芯与包层分界处折射率突然变小，包层的折射率为 n_2，光纤的折射率变化可以用折射率沿半径 r 的分布函数 $n(r)$ 来表示。

$$n(r)=\begin{cases} n_1, & r<a \\ n_2, & r\geqslant a \end{cases} \qquad (8-1)$$

式中：a 为光纤纤芯半径。

渐变型光纤纤芯的折射率连续变化，在轴心处折射率最大，随着 r 的增大逐渐变小，直到等于包层的折射率，折射率变化也可以用分布函数 $n(r)$ 来表示。

$$n(r)=\begin{cases} n_m\left[1-2\Delta\left(\dfrac{r}{a}\right)^{\alpha}\right]^{\frac{1}{2}}, & r<a \\ n_c, & r>a \end{cases} \qquad (8-2)$$

式中：α 为光纤折射率分布指数；a 为光纤纤芯半径；Δ 为光纤的相对折射率差；n_m 为纤芯中的最大折射率；n_c 为包层的折射率。

此外，光纤还可以按照 ITU–T 的建议分类，分为 G.651 光纤（渐变型多模光纤）、G.652 光纤（常规单模光纤）、G.653 光纤（色散位移光纤）、G.654 光纤（截止波长光纤）、G.655 光纤（非零色散位移光纤）。

2. 光纤通信的基本结构

光纤通信是以光波作为信息载体、以光导纤维作为传输介质的一种通信手段。光纤通信方式结构示意图如图 8–9 所示。

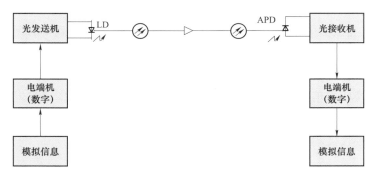

图 8–9　光纤通信方式结构示意图

光纤通信系统中电端机的作用是对来自信息源的信号进行处理，例如模拟/数字转换、多路复用等；光发送机的作用是将光源（如激光器或发光二极管）通过电信号调制成光信号，输入光纤传输至远方；光接收机内有光检测器（如光电二极管），将来自光纤的光信号还原成电信号，经放大、整形、再生恢复原形后，输送至电端机的接收端。

3. 光端机

（1）数字光发送机。数字光发送机是对来自电端机的信号和光源发出的光进行调制，再将已调的光信号耦合到光纤中去传输。数字光发送机由均衡放大、码型变换、复用、扰码、时钟提取、光源、光源的调制电路、光源的自动温度控制电路、光源的自动功率控制电路及光源的监测和保护电路等组成。数字光发送机示意图如图 8-10 所示。

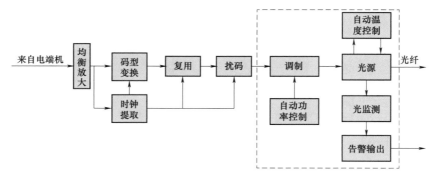

图 8-10　数字光发送机示意图

数字光发送机各部分的主要功能如下：

1）均衡放大：补偿由电缆传输所产生的衰减和畸变。

2）码型变换：将 HDB3 码或 CMI 码变化为 NRZ 码。

3）复用：用一个传输信道同时传送多个低速信号。

4）扰码：将信号中的长连"0"或"1"有规律地进行消除，使信号达到"0""1"等概率出现，有利于时钟提取。

5）时钟提取：提取时钟信号，供给扰码等电路使用。

6）调制电路：用经过编码的数字信号对光源进行调制，完成电/光转换任务。

7）光源：产生作为光载波的光信号。

8）自动温度控制和功率控制：稳定工作温度和输出的平均光功率。

9）其他监测及保护电路：如光源过流保护电路、无光告警电路、LD 偏流（寿命）告警等。

（2）数字光接收机。数字光接收机的作用是将经光纤传输后幅度被衰弱、波形畸变的、微弱的光信号转换成电信号，并对电信号放大、整形、再生后，生成与发送端相同的电信号，输入到电接收机，并且用自动增益控制（automatic gain control，AGC）电路保证稳定的输出。数字光接收机示意图如图 8-11 所示。

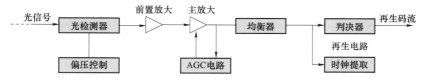

图 8-11　数字光接收机示意图

数字光接收机各部分主要功能如下：

172

1）光检测器。光检测器的作用是将光信号变换为电信号，它是光接收机中的关键器件。

2）光放大器。接收机的放大器包括前置放大器和主放大器两部分。前置放大器的主要作用是保证电信号不失真地放大。对前置放大器的性能要求是较低的噪声、较宽的带宽和较高的增益。主放大器主要是提供足够高的增益，将来自前置放大器的输出信号放大到判决电路所需的信号电平；并通过它实现自动增益控制（AGC），使得输入的光信号在一定范围内变化时，输出电信号保持恒定输出。主放大器和 AGC 决定着光接收机的动态范围。

3）自动增益控制（AGC）。自动增益控制就是用反馈环路来控制主放大器的增益。作用是增加光接收机的动态范围，使光接收机的输出保持恒定。用以扩大接收机的动态范围。

4）均衡器。均衡器的作用是对已经发生畸变（失真）的、存在码间干扰的电信号进行整形和补偿，使之成为有利于判决的码间干扰最小的升余弦波形，减小误码率。

5）再生电路。再生电路的任务是把放大器输出的升余弦波形恢复成数字信号，由判决器和时钟恢复电路组成。

（3）光端机故障处理及维护方法。

1）光端机故障处理原则。光端机出现故障时，运维人员要对光端机进行故障定位。故障定位关键是将故障点准确地定位到单板，故障定位的一般原则可总结为："先外部，后内部；先高级，后低级"。

先外部，后内部：在系统的故障定位时，应该首先排除外部设备的问题。这些外部设备问题包括光纤线路故障、接入 SDH 设备信号故障和掉电等问题。

先高级，后低级：在分析告警时，应首先分析高级别的告警，如紧急告警、主要告警，然后再分析低级别的告警，如次要告警和一般告警。

2）故障判断与定位的常用方法。当故障发生时，首先通过对告警事件、性能数据和信号流向进行分析，初步判断故障点范围；接着逐段测量光功率和分析光谱，排除尾纤、连接器或光缆故障，并最终将故障定位到单板；最后通过换板或换纤等，排除故障问题。

常见的故障排除和定位方法有告警性能分析法、仪表测试法、替换法和环回法等。

a. 告警性能数据分析法。判断故障信息有两个渠道，应综合应用：

（a）观察设备机柜、单板的运行灯和告警灯的闪烁情况；

（b）通过网管查询系统当前或历史的告警事件和性能数据。

b. 仪表测试法。仪表测试法一般用于排除传输设备外部问题以及与其他设备的对接问题。系统常用测试仪表包括光功率计、SDH 测试仪、光谱分析仪、通信信号分析仪、光谱分析仪等，用得最多的是光功率计和光谱分析仪。

（a）光功率测试。虽然从网管上的性能数据中可以得出各点的光功率，但网管上报值存在 1dB 内的误差，为了得到精确的值和多处无法上报光功率的点的光功率值，用光功率计测量对故障定位是非常必要的。

（b）光谱分析测试。用光谱分析仪测试信号的光谱是最直接的方法，可以直接从仪表上读出单通道的光功率、信噪比和波长等数据，分析光放大板的增益平坦度。将得到的数据和开局时的原始数据比较，判断是否出现比较大的性能劣化。

c. 替换法。替换法就是使用一个工作正常的物件去替换一个怀疑工作不正常的物件，从而达到定位故障、排除故障的目的。这里的物件，可以是一段尾纤、一块单板、一个法兰盘或一个衰耗器。

替换法适用于排除传输外部设备的问题，如光纤、法兰盘、接入 SDH 设备、供电设备等；或故障定位到单站后，用于排除单站内单板或模块的问题。

d. 环回法。环回法是故障定位中最常用、最直接的方法，可以不依赖于对大量告警和性能数据的深入分析。作为波分设备的维护人员，应该熟练掌握。

环回法适合于已知故障的范围，将故障范围分成两段，分别进行排除，可以排除的故障为板件故障、线路故障

3）光端机一般维护方法。

a. 光端机的使用中要保证连续、正常供电。光端机的激光器组件和光电转换模块最忌瞬时脉冲电流的冲击，因此不宜频繁开关机。在光端机集中的中心前端机房与 1550nm 光发射机光放大器设置点应配置 UPS 电源，以保护激光组件，使光电转换模块免受脉冲大电流的损害。

b. 光端机的使用中要保持有一个通风、散热、防潮、整洁的工作环境。光发射机的激光器组件是设备的心脏，对工作条件要求较高，为了保证设备正常工作，生产厂家在设备内设置了制冷、排热系统，但当周围环境温度超过允许范围时，设备就不能正常工作，因此在炎热的季节，当中心机房发热设备多，通风散热条件又差时，最好安装空调系统以保证光端机正常工作。光纤纤芯工作直径为微米级，细小的尘埃进入尾纤活动接口内就会阻挡光信号的传播，引起光功率大幅度下降，系统信噪比降低，这类故障率约为 50%，因此机房的清洁卫生也很重要。

c. 光端机的使用中要运行监测与记录。光端机设备内设置有微处理器，监测系统内部工作状态采集模块的各种工作参数，并通过 LED 和 VFD（真空荧光显示器，英文全称为 vacuum fluorescent display）显示系统直观显示，而且设置了声光报警系统，维护人员只要根据运行参数确定故障原因，并及时进行处理，就能保障系统正常运行。

四、风电场数据通信基本故障及处理方法

1. 站内保护装置或测控装置通信中断

出现该类故障有可能是因为保护装置通信接口模块故障、通信接线松动。针对该类情况可以先查找保护装置至保护管理机之间的接线是否牢固、完好，保护管理机通信指示灯是否正常，保护装置面板显示是否正常，是否出现通信模块故障或是装置故障的告警，而后相应地进行紧固接线、重启装置、更换相关装置模块等处理。

2. 站内所有保护装置（非自动化系统厂家的保护装置）通信中断

自动化系统与其他厂家的保护装置因为使用的通信规约不同，所以自动化系统采集保护信号需要经过保护管理机进行规约转换，一台保护管理机可以容纳多台保护装置的信号传输，一旦小室内的保护管理机出现死机或是故障，往往导致所接的所有保护装置信号无法正常传输，遥信信号无法更新，可能会错失重要信号报文。出现该类问题，可以通过观

察保护管理机的通信指示灯是否正常来判断，并且检查其与交换机之间的接线是否松脱，而后相应地进行重启装置、紧固接线、更换装置等处理。

3. 站内双网络结构通信其中一个网络或是两个网络都中断

全站内的自动化系统网络出现单网络或是双网络的整体通信中断，可以先对站控层所属的交换机等网络设备及其接线进行检查。因为现场的所有通信信号，不论是测控采集的信号，还是保护管理机转换传输的遥信信号，最终都需经过站控层的交换机、光电转换装置等网络传输装置进行传输，所以出现该类问题，应该首先从站控层自上而下查起。

4. 开关整流电源故障

开关电源模块发生故障时，应首先关闭开关电源，检查交流输入电压，如果输入有问题，应对交流配电屏作相应的检测，在确保交流输入正常后，再对开关电源模块进行检修，对开关电源模块检修之前，应将该开关电源模块与直流供电系统分离，待开关电源模块修复后，再投入直流供电系统中；当监控模块出现通信故障，应首先检查通信线是否接触良好，通信线检查正常后，再检查监控单元和传输线路情况。

5. 光端机设备故障

光端机设备故障主要包括公共板件故障、业务板件故障及子框故障。公共板件故障主要表现为主控板、交叉板、时钟板、电源板等，因此为提升公共板件运行安全，可以在进行设备配置时将重要公共板件进行冗余配置。业务板件故障主要表现为光接口板及光模块、电接口板等，因此要准备适当的备件进行应急处置，同时持续加强通信网结构优化，使得光端机设备尽可能有 2 个以上光方向，设备承载业务具有迂回路由。子框故障时需要对子框更换，光端机设备需停电停机，对设备承载业务影响最大。

6. 光缆中断

光缆中断导致站内业务中断（如与调度信息互联通道中断、程控电话无法使用等），利用光时域反射仪（optical time-domain reflectometer，OTDR）测试出故障点到测试端的距离，与原始资料进行核对，精确定位故障点，并安排通信专业人员进行抢修。

第三节　规　　约

为保证数据通信系统中通信双方有效和可靠地通信，事先需制定启动和维持通信所必需的数据传送格式的约定和规则（称为规约）。风电场计算机监控系统中，数据通信分为站内通信和风电场与外部间通信。站内通信主要有保护、测控等智能设备与计算机监控系统、远动系统、保护子站的通信，这类通信主要采用装置类规约，其典型规约有 IEC 60870-5-103。风电场与外部间通信包括远动系统与调控系统的通信、保护子站与保护主站间的通信、电能采集系统与电能采集主站系统间的通信、功率预测系统与上级功率预测控制系统间的通信，这类通信主要采用调度类规约（部分规约也称远动规约），如 IEC 60870-5-101、IEC 60870-5-102、IEC 60870-5-103、IEC 60870-5-104；对于调度类规约，有些既可作为与调度机构主站自动化系统通信使用，又可以作为装置类规约使用，如 CDT、Modbus 等，此类规约简单、通用性较好，多用于一些小型智能装置，如直流屏、消弧装置、接地选线装置等。

开放式系统互联通信（open system interconnection，OSI）模型是所有互联的计算机都遵守的标准化信息交换协议，电力通信规约参考模型都源于此模型。关于 OSI 模型的具体内容在第九章会有详细介绍。

一、IEC 60870-5-101 规约

由于远动系统在有限带宽下要求特别短的反应时间，故改进采用增强性能结构（EPA），即 OSI 模型只有物理层、链路层和应用层三层。

（一）帧格式

IEC 60870-5-101 规约通常有固定帧长（用于初始化）和可变帧长（用于召唤子站数据）帧格式。

1. 固定帧长帧格式

IEC 60870-5-101 规约固定帧格式如表 8-1 所示。

表 8-1　　　　　　　　IEC 60870-5-101 规约固定帧格式

序号	格式名称
1	启动字符（10H）
2	控制域（C）
3	链路地址域（字符 A 表示，指子站站号，通常由调度与子站协商确定）
4	帧校验和（CS）
5	结束字符（16H）

控制域 C（长度为 16 进制的两个字符）的定义如表 8-2 所示。

表 8-2　　　　　　　　IEC 60870-5-101 规约控制域

0（主站向子站传输） DIR 传输方向位 1（子站向主站传输）	1（主站向子站传输） PRM 启动报文位 0（子站向主站传输）	帧计数位 FCB	帧计数有效位 FCV	2^3	2^2	2^1	2^0
		要求访问位 ACD	数据流控制位 DFC	功能码			

其中，主站向同一个子站传输新一轮的发送/确认和请求/响应传输服务时，将 FCB 位取反；主站为每一个子站保留一个帧计数位的拷贝，若超时没有从子站收到所期望的报文，或接收出现差错，则主站不改变帧计数位的状态，重复传送原报文，重复次数为 3 次。FCV 若等于 0，FCB 的变化无效。

功能码的定义如下：功能码分为主站向子站传输（主站为启动站、子站为从动站，控制方向）的功能码和子站向主站传输（主站为从动站、子站为启动站，监视方向）的功能

码两种类型。IEC 60870-5-101 规约控制方向功能码和监视方向功能码分别如表 8-3 和表 8-4 所示。

表 8-3　　　　　　　　　　IEC 60870-5-101 规约控制方向功能码

功能码序号	帧类型	业务功能	FCV 位状态
0	发送/确认帧	复位远方链路	0
1	发送/确认帧	复位远动终端的用户进程（撤销命令）	0
2	发送/确认帧	用于平衡式传输过程 测试链路功能	—
3	发送/确认帧	传送数据	1
4	发送/无回答帧	传送数据	0
5		备用	—
6，7		制造厂和用户协商后定义	—
8	请求/响应帧	响应帧应说明访问要求	0
9	请求/响应帧	召唤链路状态	0
10	请求/响应帧	召唤用户一级数据	1
11	请求/响应帧	召唤用户二级数据	1
12，13		备用	—
14，15		制造厂和用户协商后定义	—

表 8-4　　　　　　　　　　IEC 60870-5-101 规约监视方向功能码

功能码序号	帧类型	业务功能
0	确认帧	确认
1	确认帧	链路忙，未接受报文
2～5		备用
6，7		制造厂和用户协商后定义
8	响应帧	以数据响应请求帧
9	响应帧	无所召唤的数据
10		备用
11	响应帧	以链路状态或访问请求回答请求帧
12		备用
13		制造厂和用户协商后定义
14		链路服务未工作
15		链路服务未完成

2. 可变帧长帧格式

IEC 60870-5-101 规约可变帧长格式如表 8-5 所示。

表 8-5 IEC 60870-5-101 规约可变帧长格式

序号	格式名称
1	启动字符（68H）
2	L（L=C+A+链路用户数据的长度）
3	L 重复
4	启动字符（68H）
5	控制域（C）
6	链路地址域（字符 A 表示，指子站站号，通常由调度与子站协商确定）
7	链路用户数据 ASDU（可变长度）
8	帧校验和（CS）
9	结束字符（16H）

链路用户数据结构如表 8-6 所示。

表 8-6 IEC 60870-101 规约链路用户数据格式

ASDU	ASDU 的域	
数据单元标识	数据单元类型	类型标识
		可变结构限定词
	传送原因（1 个字节）	
	公共地址（2 个字节）	
信息体	信息体地址（一般为 2 个字节）	
	信息体元素	
	信息体时标（如有必要）	

类型标识、可变结构限定词、传送原因定义如表 8-7～表 8-9 所示。

表 8-7 IEC 60870-5-101 规约类型标识

传输方向	类型标识	定义	传输方向	类型标识	定义
子站 ↓ 主站	1	不带时标的单点信息	子站 ↓ 主站	15	电能脉冲计数量
	2	带时标的单点信息		16	带时标的电能脉冲计数量（未用）
	3	不带时标的双点信息		17	带时标的继电保护或重合闸设备单个事件
	4	带时标的双点信息		18	带时标的继电保护装置成组启动事件（未用）
	5	步位置信息（变压器分接头信息）		19	带时标的继电保护装置成组输出电路信息事件（未用）
	6	带时标的步位置信息（变压器分接头信息）（未用）		20	具有状态变位检出的成组单点信息
	7	子站远动终端状态（未用）		21	不带品质描述的测量值
	9	测量值		22～24	为配套标准保留
	10	带时标的测量值（未用）		70	初始化结束

传输方向	类型标识	定义	传输方向	类型标识	定义
子站 ↓ 主站	71~79	为配套标准保留	主站 ↓ 子站	45	单点遥控
				46	双点遥控命令（控单点也可）
				47	升降命令（未用）
				48	设定命令（未用）
				100	召唤命令
				101	电能脉冲召唤命令
				103	时钟同步命令
				105	复位进程命令

表 8-8　　　　　　　　　IEC 60870-5-101 规约可变结构限定词

SQ	信息体的个数
=1：表明此帧中的信息体是按信息体地址顺序排列的	信息体的个数小于 128
=0：表明此帧中的信息体不是按信息体地址顺序排列的	

表 8-9　　　　　　　　　IEC 60870-5-101 规约传送原因

T	P/N	传送原因	
=0：未试验	=0：肯定认可	=1：周期、循环	=6：激活
=1：试验	=1：否定认可	=2：背景扫描	=7：激活确认
		=3：突发	=8：停止激活
		=4：初始化	=9：停止激活确认
		=5：请求或被请求	=10：激活结束

（二）典型结构规范

1. 初始化过程

当风电场与调度主站建立稳定的链路状态后，调度主站和风电场发起请求链路状态、回答链路状态、复位远方链路状态、确认复位信息的初始化报文（见表 8-10～表 8-13）。

表 8-10　　　　　　　　　IEC 60870-5-101 规约请求链路状态

序号	格式名称
1	10H
2	01FCB01001
3	链路地址域
4	帧校验和
5	16H

表 8-11   IEC 60870-5-101 规约回答链路状态

序号	格式名称	
1	10H	
2	10 ACD DFC ×××× （××××定义如右）	=0001：链路忙
3		=1110：链路服务未工作
4		=1011：链路完好
5		=1111：链路服务未完成
6	链路地址域	
7	帧校验和	
8	16H	

表 8-12   IEC 60870-5-101 规约复位远方链路请求

序号	格式名称
1	10H
2	01FCB00000
3	链路地址域
4	帧校验和
5	16H

表 8-13   IEC 60870-5-101 规约复位远方链路确认

序号	格式名称
1	10H
2	10ACD DFC 0000
3	链路地址域
4	帧校验和
5	16H

2. 总召唤过程

IEC 60870-5-101 规约总召唤命令帧和确认帧分别如表 8-14 和表 8-15 所示。

表 8-14   IEC 60870-5-101 规约总召唤命令帧

序号	格式名称
1	68H
2	L=9
3	L=9
4	68H
5	01FCB 10011
6	链路地址域
7	类型标识 100

序号	格式名称
8	可变结构限定词＝01
9	传送原因＝6（激活）
10	应用服务数据单元公共地址
11	信息体地址低字节 00H
12	信息体地址高字节 00H
13	QOI＝20（总召唤）
14	帧校验和 CS
15	16H

表 8-15　　　　　　　　　　IEC 60870-5-101 规约总召唤确认帧

序号	格式名称
1	68H
2	L＝9
3	L＝9
4	68H
5	10ACDDFC 0000
6	链路地址域
7	类型标识 100
8	可变结构限定词＝01
9	传送原因＝7（激活确认）
10	应用服务数据单元公共地址
11	信息体地址低字节 00H
12	信息体地址高字节 00H
13	QOI＝20（总召唤）
14	帧校验和 CS
15	16H

当主站向子站发出总召唤命令后，子站即可向主站回复收到总召唤命令的确认报文，然后主动向主站传送站内数据。

当风电场通过 IEC 60870-5-101 规约与调度交换信息时，主站与子站规约设置必须一致，典型的设置为遥信起始地址 1、遥测起始地址 4001、遥控起始地址 6001、源地址字节数 1、公共地址字节数 2、信息体地址字节数 2。

（三）典型流程及报文示例

以某厂家的远动装置为例介绍 IEC 60870-5-101 规约正常通信流程。

第一步：握手请求链路状态。

发送请求链路状态：1049014a16

控制域 49（01001001）：0100 表示 DIR＝0，PRM＝1，FCB＝0，FCV＝0；功能码 9 表示召唤链路状态；01 为主站和子站协商的厂站地址，下同。

接收到链路完好：108b018c16

控制域 8b（10001011）：1000 表示 DIR＝1，PRM＝0，ACD＝0，DFC＝0；功能码 b 表示子站以链路状态或访问请求回答请求帧。

注：如果控制域上送的为 ab，流程不影响。

第二步：复位链路。

发送复位链路状态：1040014116

控制域 10（01000000）：0100 表示 DIR＝0，PRM＝1，FCB＝0，FCV＝0；功能码 0 表示复位远方链路。

接收收到确认：1080018116

控制域 80（10000000）：1000 表示 DIR＝1，PRM＝0，ACD＝0，DFC＝0；功能码 0 表示子站对主站下发的报文予以确认。

第三步：召唤全数据。

发送总召唤：68090968530164010601000014 XX 16

控制域 53（01010011）：0100 表示 DIR＝0，PRM＝1，FCB＝0，FCV＝1；功能码 03 表示传送数据；类型标识 64（十进制 100）表示召唤全数据；可变结构限定词 01 中 0 表示此帧中的信息体是按信息体地址顺序排列的，1 为信息体个数；传送原因 06 表示激活；0000 为信息体地址。

接收总召唤确认帧：68090968800164010701000014 XX 16

控制域 80（10000000）：1000 表示 DIR＝1，PRM＝0，ACD＝0，DFC＝0；功能码 0 表示子站对主站下发的报文予以确认；类型标识 64（十进制 100）表示召唤全数据；可变结构限定词 01 中 0 表示此帧中的信息体是按信息体地址顺序排列的，1 为信息体个数；传送原因 07 表示激活确认；0000 为信息体地址。

当子站确认主站下发的召唤全数据（平常所说的总召）报文后，应主动上传站内的数据。

分别以类型标识为 20（十进制的 14，具有状态变位检出的成组单点遥信）的遥信帧和类型标识为 21（十进制的 15，不带品质描述的测量值）的遥测帧举例说明。

接收遥信：

683E3E6888011408140101008004000001100000000000210000000000003100000000000041000000000000510000000000006100000000000071000000000002616

此例中，控制域 88（10001000）：1000 表示 DIR＝1，PRM＝0，ACD＝0，DFC＝0；功能码 8 表示子站以数据响应主站的请求帧；可变结构限定词 08 中 0 表示此帧中的信息体不是按信息体地址顺序排列，8 表示信息体个数；传送原因 14 表示响应总召唤；0100 为信息体地址，2 个字节，从 1 号遥信开始；8004 表示有 16 个遥信值；0000 表示状态变化检出，与每个遥信值按位对应；00 为品质描述；1100 为信息体地址，2 个字节，从 17 号遥信开始；0000 表示 16 个遥信值，后续类似。

接收遥测帧：

68C8C868880115E014010107000000000000000000080000000000000000000000000000000000
0000000000000000000000000000000000000000000000000000000000000000000000000000
0000000000000000000000000000000000000000000000000000000000000000000000000000
0000000000000000000000000000000000000000000000000000000000000000000000000000
0000000000000000000000000000000000000000000000000000000000000000000000000000
00000000000000000000000000   C316

与遥信帧不同，在遥测帧中可变结构限定词 E0 表示有 96 个遥测值；0107 表示信息体地址，2 字节，遥测号＝0X701－0X701＝0 号开始；0000 以 2 个字节表示遥测值。

接收总召唤结束帧：68090968800164010100001416

此例中，传送原因 0a 表示激活结束。

第四步：对时。

发送对时命令：680F0F68730167010601000002258140F 620905 XX 16

此例中，控制域 73（01111000）：0111 表示 DIR＝0，PRM＝1，FCB＝1，FCV＝1；功能码 03 表示传送数据；类型标识 67（十进制为 103）表示时钟同步；2258 表示毫秒；14 表示分；62 表示日；09 表示月；05 表示年。

接收对时确认：680F0F68800167010701000002258140F 62090516

第五步：遥控。

发送遥控预置：6809096853012E　010601030B 82　XX　16

接收遥控返校：6809096880012E　0107010306824A　16

发送遥控执行：6809096873012E　010601030602　XX　16

接收执行确认：6809096880012E　010701030602　XX　16

发送遥控撤销：6809096853012E　010801030602　XX　16

接收撤销确认：6809096880012E　010901030602　XX　16

此例中，类型标识 2E（十进制 46）表示双点遥控命令，也可用作单点遥控；030B 为信息体地址，2 字节，遥控 2 号点。

第六步：如果 ACD＝1，有一级数据，召唤一级数据（变位遥信及 SOE）。

发送召唤二级数据：107B017C16

接收有变位发生：10A901AA16

发送召唤一级数据：105A015B16

接收变位遥信：6809096888010101050103001　XX　16

第八步：平时轮循召唤二级数据（主要召唤变化遥测）。

发送召唤二级数据：107B017C16

接收无变化数据：1089018A16

发送召唤二级数据：105B016C16

接收变化遥测：680A0A6888011501050105070700　XX　16

二、IEC 60870-5-102 规约

帧格式上，IEC 60870-5-102 规约与 IEC 60870-5-101 规约一致，主要用于风电场电能表采集装置与数据终端设备进行数据通信。

（一）控制域

在 IEC 60870-5-101 规约中，子站向主站传输数据时，Bit7 和 Bit6 分别为 1 和 0，在 IEC 60870-5-102 规约中，Bit7 为备用，Bit6 为要求访问位。IEC 60870-5-102 规约控制域如表 8-16 所示。

表 8-16 IEC 60870-5-102 规约控制域

传输方向	Bit7	Bit6	Bit5	Bit4	Bit3-Bit0
主站→子站	传输方向位（DIR = 0）	启动报文位（PRM = 1）	帧计数位（FCB）	帧计数有效位（FCV）	功能码（FC）
子站→主站	备用	0 要求访问	要求访问位（ACD）	数据流控制位（DFC）	

（二）功能码

当主站为启动站时，功能码的业务功能如表 8-17 所示。

表 8-17 IEC 60870-5-102 规约控制方向功能码

功能码序号	帧类型	业务功能	FCV 位状态
0	发送/确认帧	复位远方链路	0
3	发送/确认帧	传送数据	1
9	请求/响应帧	召唤链路状态	0
10	请求/响应帧	召唤用户一级数据	1
11	请求/响应帧	召唤用户二级数据	1
12	请求/响应帧	下发数据通知	0

当子站为启动站时，功能码的业务功能如表 8-18 所示。

表 8-18 IEC 60870-5-102 规约监视方向功能码

功能码序号	帧类型	业务功能
0	确认帧	确认
1	确认帧	链路忙，未接受报文
8	响应帧	以数据响应请求帧
9	响应帧	无所召唤的数据
11	响应帧	以链路状态或访问请求回答请求帧

（三）数据单元标识

在数据单元标识中，传送原因和类型标识均为 8 位位组，其中传送原因在实际应用中默认为 1，类型标识扩展了子站向主站传送的 144（短期预测文件）、145（超短期预测文件）、146（测风数据文件）、147（机组状态数据）、148（未来 72 小时数值天气预报数据）、149（日检修数据）以及主站向子站下达的 160（日前发电计划）、161（指标评价）、162（日内发电计划）等类型。

（四）传送原因

报文及传送原因如表 8-19 所示。

表 8-19　　　　　　　　　　　　　报 文 及 传 送 原 因

报文	传送原因
0X07	文件的最后一帧，文件传输结束
0X08	不是文件的最后一帧，文件还未传输结束
0X0a	主站认为文件接收结束
0X0b	子站确认主站接收的文件长度和子站发送的文件长度相同，表示确认文件传送成功，并处理此文件
0X0c	子站认为主站接收的文件长度和子站发送的文件长度不相同，传送失败，并准备重新传输该文件
0X0d	主站认为子站重复传送文件
0X0e	子站确认文件重复，并作其他处理
0X0f	主站认为子站传送文件过长（大于 512×512 字节）
0X10	子站确认认为子站传送文件过长，并作其他处理
0X11	主站认为子站传输文件格式不正确（后缀名或风场标示）
0X12	主站确认认为子站传输文件格式不正确，并作其他处理
0X13	主站认为子站传输单帧报文长度过长
0X14	主站确认认为子站传输单帧报文长度过长，并作其他处理
0X20	子站确认，对主站下发数据帧接收的确认
0X21	主站确认，下发结束帧
0X22	子站确认，对主站下发数据结束帧确认肯定
0X23	子站确认，对主站下发数据结束帧确认否定（接收不成功）

三、IEC 60870-5-103 规约

IEC 60870-5-103 规约同 IEC 60870-5-101 规约一样，采用基于 ISO-OSI 模型的增强性能结构（EPA），是风电场内通用的协议，适用于具有编码的位串行数据传输的继电保护设备（或间隔单元）和控制系统交换信息，使得站内一个控制系统的不同继电保护设备和各种装置（或间隔单元）达到互换。

本书中，只简单介绍 IEC 60870-5-103 规约的基本定义。

（一）EPA 数据单元及其关系

EPA 数据单元及其关系如图 8-12 所示。

应用服务数据单元，即报文的数据区，由一个数据单元标识符和唯一的一个信息体组成，如图 8-13 所示。

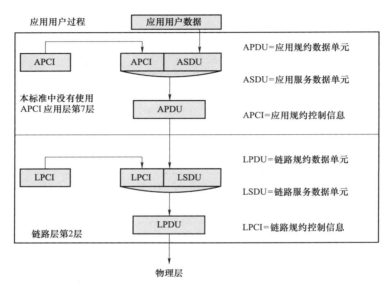

图 8-12 EPA 数据单元及其关系

数据单元标识符	类型标识	数据单元类型
	可变结构限定词	
	传送原因	
	应用服务数据单元公共地址	
信息体	功能类型	信息体标识符
	信息序号	
	时标 ms	
	IV / Res. / 时标 min	（任选）
	SU / 时标 h	

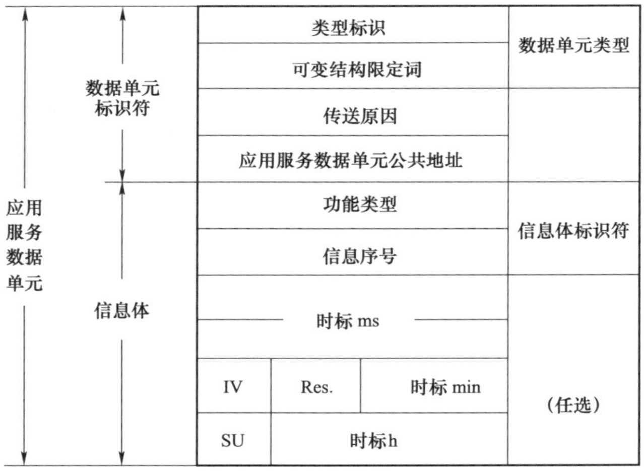

图 8-13 应用数据服务单元

类型标识代表应用数据服务单元的类型，在 IEC 60870-5-103 规约中对其有严格的定义，如表 8-20 所示。

表 8-20　　　　　　　　　　　　IEC 60870-5-103 规约类型标识

传输方向	类型标识	定义	传输方向	类型标识	定义
监视	1	带时标的报文	控制	6	时间同步
	2	具有相对时间的带时标报文		7	总查询（总召唤）
	3	被测值 I		10	通用分类数据
	4	具有相对时间的带时标的被测值		20	一般命令
	5	标识		21	通用分类命令
	6	时间同步		24	扰动数据传输的命令
	8	总查询（总召唤）终止		25	扰动数据传输的认可
	9	被测值 II			
	10	通用分类数据			
	11	通用分类标识			
	23	被记录的扰动表			
	26	扰动数据传输准备就绪			
	27	被记录的通道传输准备就绪			
	28	带标志的状态变位传输准备就绪			
	29	传送带标志的状态变位			
	30	传送扰动值			
	31	传送结束			

　　传送原因表示周期传送、突发传送、总召唤，还是分组召唤、请求数据、重新启动、站启动、测试、确认、否定确认。在 IEC 60870-5-103 规约中对其有严格的定义，如表 8-21 所示。

表 8-21　　　　　　　　　　　　IEC 60870-5-103 规约传送原因

传输方向	序号	描述	传输方向	序号	描述
控制	8	时间同步	监视	1	自发（突发）
	9	总查询（总召唤）的启动		2	循环
	20	一般命令		3	复位帧计数位（FCB）
	31	扰动数据的传输		4	复位通信单元（CU）
	40	通用分类写命令		5	启动/重新启动
	42	通用分类读命令		6	电源合上
				7	测试模式
				8	时间同步
				9	总查询（总召唤）
				10	总查询（总召唤）终止
				11	当地操作
				12	远方操作
				20	命令的肯定认可
				21	命令的否定认可
				31	扰动数据的传输

（二）规约结构

IEC 60870-5-103 规约的固定帧和可变帧基本格式与 IEC 60870-5-101 一致，本书中仅补充功能码部分，如表 8-22 所示。

表 8-22　　　　　　　　　　　　　IEC 60870-5-103 规约功能码

启动方向的功能码和服务		从动方向所允许的功能码和服务	
0	复位远方链路	0	认可
		1	否定认可
3	发送/确认用户数据	0	认可
		1	否定认可
4	发送/无回答用户数据	无回答	
7	复位帧计数位（FCB）	0	认可
		1	否定认可
8	访问请求	11	响应：链路状态
9	请求/响应召唤链路状态	11	响应：链路状态
10	请求/响应召唤 1 级数据	8	用户数据
		9	无所请求的用户数据
11	请求/响应召唤 2 级数据	8	用户数据
		9	无所请求的用户数据

（三）继电保护设备（或间隔单元）与控制系统的数据通信

继电保护设备（或间隔单元）与控制系统的接口和连接如图 8-14 所示。

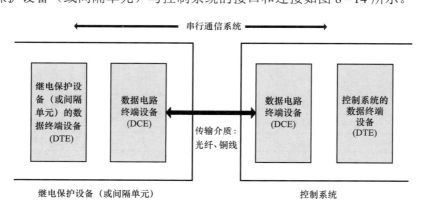

图 8-14　继电保护设备（或间隔单元）和控制系统的接口和连接

IEC 60870-5-103 规约提供了风电场继电保护设备（或间隔单元）的信息接口规范，未必一定适用于将继电保护和测量控制功能组合在一个装置内并共用一个通信口的设备的信息接口。根据传输介质的不同，可以简单划分为串口通信（符合 EIA RS-485 标准）和以太网通信。串口通信在实际应用中差异小，相对统一。以太网通信种类繁多，在站控层层面各厂家均有自己的版本。

在 IEC 60870-5-103 规约中，物理层采用光纤系统或基于铜线的系统。它提供一个二进制对称和无记忆传输。继电保护设备（或间隔单元）的数据电路终端设备既可按光纤传输系统实现，也可按基于铜线的传输系统实现。此种方式可以采用"一主多从"的通信方式，一条物理线路最多连接 32 个单元。

链路层由一系列采用明确的链路规约控制信息的传输过程所组成。此链路规约控制信息可将一些应用服务数据单元（application service data unit，ASDU）当作链路用户数据，链路层采用能保证所需的数据完整性效率以及方便传输的帧格式的选集。各站之间的链路可以按非平衡或者平衡式传输模式工作。对于这两种工作模式，在控制域有相应的功能码，无论采用哪种工作模式都必须指明一个毫不含糊的地址序号，在一个特定系统中，每个地址是唯一的；或者在共用一条通道的链路组中，其地址是唯一的，后者需要一个较小的地址域，但需要控制系统按通道序号来安排地址。若是从一个控制系统到几个继电保护设备（或间隔单元）之间链路共用一条公共的物理通道，那么这些链路必须工作在非平衡式，以避免多个继电保护设备（或间隔单元）试图同一时刻在通道上传输的可能性。不同的继电保护设备（或间隔单元）在通道上容许传输的顺序取决于控制系统的应用层的规则。

链路层的帧格式允许采用固定帧长和可变帧长。链路层传输顺序为低位在前，高位在后；低字节在前，高字节在后，如图 8-15 和图 8-16 所示。

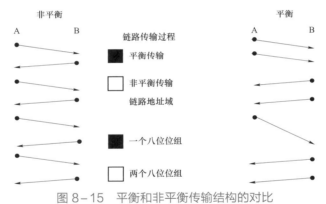

图 8-15　平衡和非平衡传输结构的对比

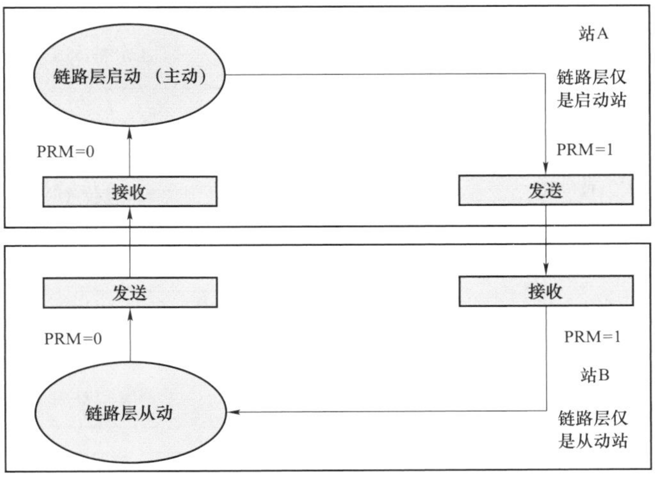

图 8-16　启动站和从动站的非平衡式传输过程

四、IEC 60870-5-104 规约

IEC 60870-5-104 规约是采用标准传输文件集的 IEC 60870-5-101 的网络访问,主要用于站内远动通信工作站与上级调度机构通信。

(一)基本结构

1. 规约结构

定义的远动配套标准选择的标准版本如表 8-23 所示。

表 8-23 定义的远动配套标准选择的标准版本

根据 IEC 60870-5-101 从 IEC 60870-5-5 中选取的应用功能	初始化	用户进程
从 IEC 60870-5-101 和 IEC 60870-5-104 中选取的 ASDU		应用层 (第 7 层)
APCI(应用规约控制信息) 传输接口(用户到 TCP 的接口)		
TCP/IP 协议子集(RFC2200)		传输层(第 4 层)
		网络层(第 3 层)
		链路层(第 2 层)
		物理层(第 1 层)

注 第 5 层和第 6 层未用。

2. 应用规约控制信息(APCI)的定义

传输接口(TCP 到用户)是一个定向流接口,它没有为 IEC 60870-5-101 中的 ASDU 定义任何启动或者停止机制。为了检出 ASDU 的启动和结束,每个 APCI 包括下列的定界元素:一个启动字符、ASDU 的规定长度以及控制域,可以传送一个完整的 APDU(或者出于控制目的,仅仅是 APCI 域也是可以被传送的)。远动配套标准的 APDU 定义和 APCI 定义分别如图 8-17 和图 8-18 所示。

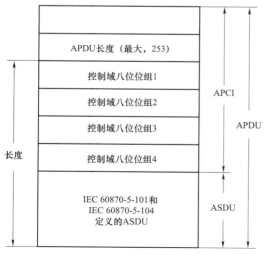

图 8-17 远动配套标准的 APDU 定义

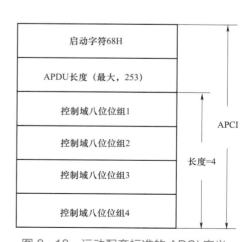

图 8-18 远动配套标准的 APCI 定义

启动字符 68H 定义了数据流中的起点。

APDU 的长度域定义了 APDU 体的长度，它包括 APCI 的四个控制域八位位组和 ASDU。第一个被计数的八位位组是控制域的第一个八位位组，最后一个被计数的八位位组是 ASDU 的最后一个八位位组。ASDU 的最大长度限制在 249 以内，因为 APDU 域的最大长度是 253（APDU 最大值=255 减去启动和长度八位位组），控制域的长度是 4 个八位位组。

控制域定义了保护报文不至丢失和重复传送的控制信息，报文传输启动/停止，以及传输连接的监视等。

3. 控制域的定义

三种类型的控制域格式用于编号的信息传输（I 格式），编号的监视功能（S 格式）和未编号的控制功能（U 格式）。

控制域第一个八位位组的第一位比特=0 定义了 I 格式，I 格式的 APDU 常常包含一个 ASDU。I 格式的控制信息如表 8−24 所示。

表 8−24　　　　　　　　　　　IEC 60870−5−104 规约信息传输
格式类型（I 格式）的控制域

比特 8765432		1	八位位组
发送序列号 N（S）　　　　　LSB		0	八位位组 1
MSB　　　　　发送序列号 N（S）			八位位组 2
接收序列号 N（R）　　　　　LSB		0	八位位组 3
MSB　　　　　接收序列号 N（R）			八位位组 4

控制域第一个八位位组的第一位比特=1，并且第二位比特=0 定义了 S 格式。S 格式的 APDU 只包括 APCI。S 格式的控制信息如表 8−25 所示。

表 8−25　　　　　　　　　　　IEC 60870−5−104 规约编号的
监视功能类型（S 格式）的控制域

比特 876543		2	1	八位位组
0		0	1	八位位组 1
0				八位位组 2
接收序列号 N（R）　　　　　LSB			0	八位位组 3
MSB　　　　　接收序列号 N（R）				八位位组 4

控制域第一个八位位组的第一位比特=1，并且第二位比特=1 定义了 U 格式，U 格式的 APDU 只包括 APCI、U 格式的控制信息。在同一时刻，TESTFR、STOPDT 或 STARTDT 中只有一个功能可以被激活。U 格式的控制信息如表 8−26 所示。

表 8–26　　　　　　　　　　IEC 60870–5–104 规约未编号的
控制功能类型（U 格式）的控制域

比特 87		65		43		2	1	八位位组
TESTFR		STOPDT		STARTDT		1	1	八位位组 1
确认	生效	确认	生效	确认	生效			
0								八位位组 2
0						0		八位位组 3
0								八位位组 4

IEC 60870–5–104 规约中常用的类型标识定义如表 8–27 所示。

表 8–27　　　　　　　　　IEC 60870–5–104 规约常用类型标识

传输方向	类型标识	定义	传输方向	类型标识	定义
监视	0	未定义	控制	45	单点遥控
	1	单点信息		46	双点遥控命令
	3	双点信息		47	升降命令
	5	步位置信息		48	设点命令，归一化值
	7	32 位串		49	设点命令，标度化值
	9	被测值，归一化值		50	设点命令，短浮点数
	11	被测值，标度化值		51	32 位串
	13	被测值，短浮点数		52～57	保留
	15	累计值		58	带时标 CP56Time2a 的单命令
	20	带状态检出的单点信息		59	带时标 CP56Time2a 的双命令
	21	不带品质描述的归一化被测值		60	带时标 CP56Time2a 的升降命令
	22～29	保留		61	带时标 CP56Time2a 的设点命令，归一化值
	30	带时标 CP56Time2a 的单点信息		62	带时标 CP56Time2a 的设点命令，标度化值
	31	带时标 CP56Time2a 的双点信息		63	带时标 CP56Time2a 的设点命令，短浮点数
	32	带时标 CP56Time2a 的步位置信息		64	带时标 CP56Time2a 的 32 位串
	33	带时标 CP56Time2a 的 32 位串		65～69	保留
	34	带时标 CP56Time2a 的被测值，归一化值			
	35	带时标 CP56Time2a 的被测值，标度化值		100	召唤命令
	36	带时标 CP56Time2a 的被测值，短浮点数		101	电能脉冲召唤命令
	37	带时标 CP56Time2a 的累计值		103	时钟同步命令
	38	带时标 CP56Time2a 的保护装置事件		105	复位进程命令
	39	带时标 CP56Time2a 的保护装置启动事件			
	40	带时标 CP56Time2a 的保护装置出口信息			
	41～44	保留			
	70	初始化结束			

在控制方向传送过程信息给指定站时，可以带或者不带时标，但二者不能混合发送。

（二）基本结构规范

基本结构规范如表 8-28 和表 8-29 所示。

表 8-28 　　　　　　　　　ASDU_100 总召唤启动命令应用服务数据格式

100	类别标识	ASDU 标识 1byte
1	可变结构限定词	1byte
6	传输原因	2byte
COMADDR	单元公共地址	2byte
0	信息地址	3byte
20	响应帧	1byte

表 8-29 　　　　　　　　　ASDU_100 总召唤启动确认命令应用服务数据格式

100（64H）	类别标识	ASDU 标识 1byte
1	可变结构限定词	1byte
10	传输原因	2byte
COMADDR	单元公共地址	2byte
0	信息地址	3byte
20	响应帧	1byte

当厂站通过 IEC 60870-5-104 规约与调度交换信息时，主站与子站规约设置应一致，典型的设置为遥信起始地址 1、遥测起始地址 4001、遥控起始地址 6001、源地址字节数 1、公共地址字节数 2、信息体地址字节数 3。IEC 60870-5-104 规约常用传送原因如表 8-30 所示。

表 8-30 　　　　　　　　　IEC 60870-5-104 规约常用传送原因

传输方向	序号	描述	传输方向	序号	描述
控制	01	周期、循环	监视	07	激活确认
	02	背景扫描		08	停止激活
	03	突发		09	停止激活确认
	04	初始化		0A	激活结束
	05	请求或被请求		14	响应总召唤
	06	激活			

（三）典型流程报文示例

报文中长度指除启动符与长度字节外的所有字节。

第一步：首次握手（U 帧）。

U 格式的 STARTDT 生效报文：680407000000

U 格式的 STARTDT 确认报文：68040B000000

只有当主站与子站的网络通信正常时，主站才会主动发起握手报文。

第二步：总召唤。召唤 YC、YX（可变长 I 帧）初始化后定时发送总召唤。

发送总召唤：680E 0000（发送序号）0000（接收序号）64010600010000000014

总召唤确认：680E 0000（发送序号）0000（接收序号）64010700010000000014

接收遥信帧（以类型标识 1 为例）：681A020002000104140001000300000005000000 0800000109000000

此报文中，从左至右，第一个 0200 为发送序号，第二个 0200 为接收序号；01 为类型标识，表示传送的数据是单点遥信；04 是可变结构限定词，表示有 4 个遥信；1400 是传送原因，表示响应总召唤；0100 为公共地址，即主站与子站商定的子站地址；030000 为信息体地址，表示传送第三个遥信；00 表示遥信位置为分，后续类同。

接收遥测帧（以类型标识 9 为例）：6813060002000982140001000104 00 A11000891500

此报文中，可变结构限定词 82 表示有 2 个连续的遥测值，010400 为信息体地址，表示从 0401 号，即 0 号点开始传送；A110 为遥测值，00 为品质描述，后续类同。

接收结束总召唤帧：680E0800020064010A　00010000000014

第三步：发送对时报文。

发送对时命令：681402000A0067010600010000000001020304810905

接收对时确认：681402000A0067010700010000000001020304810905

第四步：电度总召唤。

发送召唤电度：680E04000E 006501060001 0000000045

接收召唤确认：680E100006006501070001 0000000045

接收电度数据：681A120006000F0105000100010C 000000000000

接收结束总召唤帧：680E1400060065010A00010000000045

第五步：如果主站超过一定时间没有下发报文或子站也没有上送任何报文则双方都可以按频率发送 U 帧，测试帧。

发送 U 帧：680443000000

接收应答：680483000000

第六步：遥控（控合为例）。

发送遥控预置：680E 000000002E 010600010005060082

接收遥控返校：680E 000000002E 010700010005060082

发送遥控执行：680E 000000002E 010600010005060002

接收执行确认：680E 000000002E 010700010005060002

发送遥控撤销：680E 000000002E 010800010005060002

接收撤销确认：680E 000000002E 010900010005060002

五、数据通信规约常见故障及处理方法

（1）风电场通过 IEC 60870－5－104 规约需将数据上传至多个调控机构，实际调试过程

中发现风电场只能与其中某一调控机构建立联系。

出现此类问题的原因主要有：① 主站端和厂站端数据配置不一致；② 厂站端端口未开放；调度数据网设备配置异常。其中对于端口有无开放的问题，可通过厂站端更换不同调控的地址来测试，若更换通信正常，则可证明厂站端远动端口均已开放。此种问题很大程度上是因为调度数据网设备配置错误或者配置不全引起。

（2）风电场与调度主站通过 IEC 60870-5-104 规约通信，网络状态显示正常，无信息交互。

此种故障一般是因为厂站端端口未开放引起，可利用"TELNET+IP 地址+端口号"的方式从主站端测试端口是否开放。

（3）风电场与调度主站通过 IEC 60870-5-104 规约通信，规约配置一致，无数据交互。此类问题可从以下几个方面查找原因：① 厂站端和主站端利用 ping 命令分段测试网络，一般情况下厂站端和主站端都能互 ping 到调度数据网路由器，但厂站端和主站端无法相互 ping 通；② 从调度数据网实时交换机 ping 厂站端远动主机和主站端前置机；③ 申请调控机构退出纵向加密认证装置；④ 查看调度数据网设备配置。

（4）风电场与调度主站通过 IEC 60870-5-104 规约通信，单个数据或部分数据无法上传至调控。发现此类故障，风电场运维人员应当立即和调控确认故障数据范围，并从以下几个方面开展故障处理：① 查看后台监控主机对应数据是否刷新；② 登录远动装置查看数据是否刷新；③ 查看站控层交换机对应网口运行状态，因是单个数据或者部分数据故障，在此种情况下站控层交换机一般不会出现故障；④ 查看对应间隔层交换机运行状况；⑤ 查看相应的测控装置或者保护测控装置及规约转换装置运行状态及网络通信线。单个数据或者部分数据无法上传调度，一般情况下规约转换装置和对应测控及保护测控装置故障的可能性较大。此外，对于双套配置的厂站，应及时查看信息转发表是否一致，偶尔会存在信息转发表不一致导致数据上传异常的故障。

（5）风电场与调控通过 IEC 60870-5-104 规约通信，遥测数据错位。查看报文，核对规约配置。一般此种情况是因为遥测起始地址或远动序号错位引起，在配置遥测起始地址时必须确认为十六进制的 4001，即十进制的 16385，部分厂家在设置时容易将十进制设置错误，导致数据错位。

六、数据通信故障处理常用办法

（1）先己后他法。电力调度数据通信发生故障时，运维人员应先查看己方设备运行状态，利用 ping 命令、网络测试仪等方法确认己方设备状态正常，将相关检查情况通报调度自动化运维部门。专线通道发现故障时，应立即请求通信部门通过网管系统排查通信链路，然后分段从主站音频配线架、厂站音频配线架、双机双通道切换装置分段环回，逐步排查故障。

（2）上下协调法。电力调度自动化系统由调度自动化厂站、通信通道、调度自动化主站组成。发生数据通信故障后应迅速判断故障范围，并协调主站运维部门配合检查，切忌采取盲目插拔数据线或者重启设备等可能进一步扩大故障范围的举措。

（3）远动监测法。目前，国内大多数综合自动化系统厂家均提供了友好的人机界面用于远动系统运维、报文监测、数据浏览等。出现数据故障时，运维人员应迅速登录远动装置查看间隔设备与远动装置通信状态，并浏览实时转发表查看，判断是站内通信故障还是外部传输故障。

（4）全局观测法。厂站运维人员应要求厂家在设备调试或者后期服务阶段完善站内通信网络结构图，在后台监控主机上通过颜色变化标明设备通信运行工况。发生站内监控数据异常时可以通过通信结构图一览表判断故障是否由通信异常引起。

（5）状态对比法。当厂站调试完毕，各项功能运行正常时，厂站运维人员应建立各设备标准化运行状态表，即标注各设备各端口或者运行指示灯正常情况下的运行状态，发生异常时通过与标准化运行状态表对比，在最短的时间内锁定故障设备，并采取相应的处理措施。

第九章　调度数据网

随着计算机技术的不断发展，计算机网络在电力系统中得到广泛的应用，由其构建的调度自动化系统、变电站和发电厂自动化系统等电力生产业务系统，以及办公 OA 系统等各类管理系统，极大地提高了电力企业生产和运营管理效率。在广域网络层面，电力企业现有计算机网络可分为电力调度数据网和企业综合数据网，其中用于实现各级调度中心之间，以及调度中心与变电站、发电厂之间的互联，传输电网实时和非实时调度监控信息的调度数据网已成为保证电网安全、经济、稳定、可靠运行不可或缺的重要组成部分。

随着智能电网、特高压、新能源等技术的快速发展，以及电力体制改革的不断推进，电网运营管理者希望能够更加及时、准确、全面地了解电力生产、传输和供应的实时运行情况，调度中心与变电站、发电厂之间的数据交换也越来越多，因而，调度数据网的作用也越来越关键。

本章从计算机网络基础知识、调度数据网的组成及技术要求，构建调度数据网的路由器和交换机原理，以及调度数据网日常运维要点等方面进行阐述。

计算机网络可以实现资源共享、综合信息服务、负载均衡与分布式处理等基本功能，按覆盖范围的大小，可以分为局域网（LAN）、城域网（MAN）、广域网（WAN）。

调度数据网以电力通信传输网络为基础，采用 IP over SDH 的技术体制，实现调度数据网络的互联互通。调度数据网由骨干网双平面和各级接入网组成，调度数据网部署 MPLS/VPN，划分为实时 VPN 和非实时 VPN，分别承载实时业务和非实时业务。

第一节　计算机网络概述

计算机网络已经广泛应用于人们的工作和生活中，深入到经济社会的方方面面，计算机网络给社会带来的变化是前所未有的。传统的行业之间信息的分隔局面正在被信息化所革新，使得行业之间信息共享、业务平台互通成为可能。另外，计算机软件已不再局限于过去的单机运行，五花八门的网络应用，如办公自动化系统、远程教学、应用于各行各业的管理软件等，无不与计算机网络有着紧密的联系。

全球范围内，影响最大的计算机网络是互联网（Internet）。在过去的几十年当中，互联网不断地改变着我们的生活，远远超过电话、汽车和电视对人类生活的影响。计算机网络如图 9−1 所示。

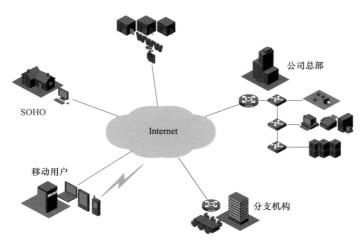

图 9−1　计算机网络

一、计算机网络的定义

计算机网络，顾名思义是由计算机组成的网络系统，是把分布在不同地理区域的独立计算机以及专门的外部设备利用通信传输介质连成一个规模大、功能强的网络系统，从而使众多的计算机可以方便地互相传递信息和共享信息资源。通信传输介质可分为双绞线、同轴电缆（粗、细）、光纤、微波、通信卫星、红外线和激光等。"不同地理区域"给出了各计算机所在地理位置的差异，将它们连接起来就形成了"网"，并且由于所覆盖的范围不同，出现了局域性（如一楼内、校园内等）的、广域性（如国家性、国际性）的计算机网络。"独立"是说网络上的计算机之间无明显的主从关系，即网上任何一台计算机不能强制性启动、停止和控制网上另一台计算机，因此，面向终端的网络不是一个计算机网络。"资源"指的是在有限时间内为用户提供服务的设备，包括软设备（如各种语言处理程序、服务程序和应用程序等）和硬设备（如大型计算机 CPU 的处理能力、超大容量存储器、高速打印机等）以及数据（数据文件、公共数据库等）。

由于 IT 业迅速发展，各种网络互联终端设备层出不穷，如计算机、打印机、手机、智能手表、网络电视，以及近几年发展起来的智能家居、工业互联网等，未来，也许一切设备都会连接到因特网。

二、计算机网络的基本功能

归纳来说，计算机网络能为人们带来以下显而易见的益处。

1. 资源共享

资源分为软件资源和硬件资源，软件资源包括形式多种多样的数据，如数字信息、消息、声音、图像等；硬件资源包括各种设备，如打印机、传真机、调制解调器等。网络的出现使资源共享变得简单，交流的双方可以跨越时空的障碍，随时随地传递信息、共享资源。

2. 分布式处理与负载均衡

通过计算机网络，海量的处理任务可以分配到分散在全球各地的计算机上。例如，一个大型互联网内容提供商（internet content provider，ICP）的网络访问量是相当大的，为了支持更多的用户访问其网站，在全世界多个地方部署了相同内容的万维网（world wide web，WWW）服务器；通过一定技术使不同地域的用户看到放置在离他最近的服务器上的相同页面，这样可以实现各服务器的负荷均衡，并使得通信距离缩短。

3. 综合信息服务

网络发展的趋势是应用日益多元化，即在一套系统上提供集成的信息服务，如图像、语音、数据等。在多元化发展的趋势下，新形式的网络应用不断涌现，如电子邮件（E-mail）、IP电话、视频点播（video on demand，VOD）、网上交易（E-marketing），视频会议（video conferencing）等。

三、计算机网络中的基本概念

按计算机网络覆盖范围的大小，可以将计算机网络分为局域网（LAN）、城域网（MAN）和广域网（WAN）。

（一）局域网

局域网就是局部地区形成的一个区域网络，其特点是分布地区范围有限，可大可小，大到一栋建筑楼与相邻建筑之间的连接，小到可以是办公室之间的联系。局域网自身相对其他网络传输速度更快，性能更稳定，框架简易，并且是封闭性的，这也是很多机构选择的原因所在。局域网自身的组成大体由计算机设备、网络连接设备、网络传输介质三大部分构成，其中，计算机设备又包括服务器与工作站，网络连接设备则包含了网卡、集线器、交换机，网络传输介质简单来说就是网线，由同轴电缆、双绞线及光缆三大元件构成。

传统局域网的传输速率为10M～100Mbit/s，传输延迟小（几十微秒），出错率低。局域网与其他网络的区别主要体现在覆盖范围、拓扑结构、传输技术等几个方面。

由于局域网分布范围小，容易配置和管理，容易构成简洁规整的拓扑结构，加上网络延迟小、数据传输速率高、传输可靠、拓扑结构灵活的优点，使得局域网在各行业中得到广泛的应用，成为了实现有限区域内信息交换与共享的典型有效的途径。

风电场内部署的计算机监控系统、风功率预测系统等均由局域网构成。

（二）城域网

城域网是在一个城市范围内所建立的计算机通信网，宽带局域网。由于采用具有有源交换元件的局域网技术，网中传输延迟较小，它的传输媒介主要采用光缆，传输速率在100Mbit/s以上。城域网的一个重要用途是用作骨干网，通过它将位于同一城市内不同地点的主机、数据库，以及 LAN 等互相连接起来，这与广域网的作用有相似之处，但两者在实现方法与性能上有很大差别。

城域网的典型应用即为宽带城域网，就是在城市范围内，以 IP 和 ATM 电信技术为基础，以光纤作为传输媒介，集数据、语音、视频服务于一体的高带宽、多功能、多业务接入的多媒体通信网络。

（三）广域网

广域网又称外网、公网，是连接不同地区局域网或城域网计算机通信的远程网。通常跨接很大的物理范围，所覆盖的范围从几十千米到几千千米，它能连接多个地区、城市和国家，或横跨几个洲并能提供远距离通信，形成国际性的远程网络。广域网并不等同于互联网。

广域网的发送介质主要是利用电话线或光纤，由互联网服务提供商将企业间做连线，这些线是互联网服务提供商预先埋在马路下的线路，因为工程浩大、维修不易，而且带宽是可以被保证的，所以在成本上就会比较为昂贵。

广域网在超过局域网和城域网的地理范围内运行，分布距离远。它通过各种类型的串行连接以便在更大的地理区域内实现接入。广域网可以提供全部时间或部分时间的连接，允许通过串行接口在不同的速率工作，广域网本身往往不具备规则的拓扑结构。由于速度慢，延迟大，入网站点无法参与网络管理，所以，它要包含复杂的互联设备（如交换机、路由器）处理其中的管理工作，互联设备通过通信线路连接，构成网状结构。广域网的特点是数据传输慢、延迟大、拓扑结构不灵活，一般采用网状结构。广域网结构如图 9-2 所示。

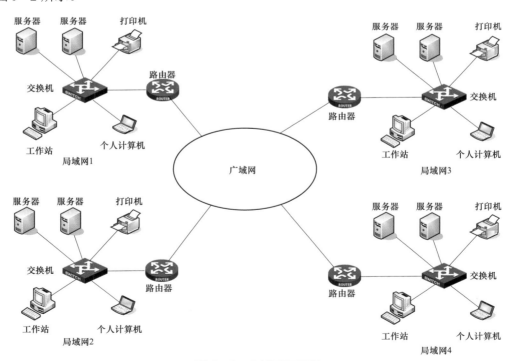

图 9-2 广域网示意图

在电力系统中，用于传输电力生产实时和非实时调度监控业务的调度数据网就是典型的广域网。

第二节 网 络 设 备

路由器和交换机是构建计算机网络的主要设备。其中，路由器是利用 IP 地址信息进行报文转发的互联设备，而交换机是利用 MAC 地址信息进行数据帧交换的互联设备。

一、路由器

（一）路由器的作用

作为网络互联的一种关键设备，路由器是伴随着互联网和网络行业的发展而发展起来的。正如其名字的寓意一样，这种设备最重要的功能是在网络中对 IP 报文寻找一条合适的路径进行"路由"，也就是向合适的方向转发。它的实质是完成了 TCP/IP 协议簇中 IP 层提供的无连接、尽力而为的数据包传送服务。

如图 9-3 所示，PCA 和 PCB 分别处于两个网段当中，因此，PCA 和 PCB 的通信必须依靠路由器这类网络中转设备来进行。下文简述 PCA 向 PCB 发送报文时，沿途经过的路由器的作用。

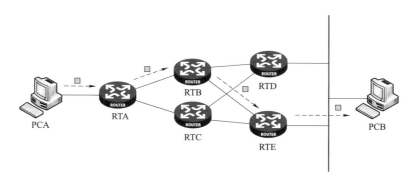

图 9-3 路由器的作用示意图

首先，PCA 会对 IP 报文的目的地址进行判断，对需要到达其他网段的报文，一律交给其默认网关进行转发，在本例中，PCA 的默认网关设置为 RTA。其次，RTA 为了完成转发任务，会检查 IP 报文的目的地址，找到与自身维护的路由转发信息相匹配的项目，从而知道应该将报文从哪个接口转发给哪个下一跳路由器。假设 RTA 通过路由转发将报文发送给了 RTB。类似地，RTB 经过路由查找将报文发送给 RTE。最后，RTE 通过 IP 报文的目的地址判断 PCB 处于其直连网络上，所以将报文直接发送给 PCB。

在图 9-3 中，路由器之间的连接可以是同样的链路类型，也可以是完全不同的链路类型。比如，对于 RTD 来讲，它的一侧使用时分复用的串行链路，而另外一侧使用共享介质同时与 RTE 和 PCB 连接。因此，路由器的第二个重要作用是用来连接"异质"的网络。

路由器进行报文转发依赖自身所拥有的路由转发信息，这些信息可以手工配置，但更常见的情况是路由器之间通过 RIP、OSPF 等协议自动地进行路由信息的交换，以适应网络动态变化和扩展的要求。因此，路由器的另一个重要作用是交互路由等控制信息并进行最优路径的计算。

（二）路由原理

　　路由器是能够将数据报文在不同逻辑网段间转发的网络设备。路由是指导路由器如何进行数据报文发送的路径信息。每条路由都包含有目的地址、下一跳、出接口、到目的地的代价等要素，路由器根据自己的路由表对 IP 报文进行转发操作。

　　每一台路由器都有路由表，路由便存储在路由表中。

1. 路由概述

　　路由器提供了将异构网络互连起来的机制，实现将一个数据包从一个网络发送到另一个网络。路由就是指导 IP 数据包发送的路径信息。

　　在计算机网络中进行路由选择要使用路由器，路由器只是根据所收到的数据报头的目的地址选择一个合适的路径（通过某一个网络），将数据包传送到下一个路由器，路径上最后的路由器负责将数据包送交至目的主机。数据包在网络上的传输就好像是体育运动中的接力赛一样，每一个路由器只负责将数据包在本站通过最优的路径转发，通过多个路由器一站一站的接力将数据包通过最优路径转发到目的地。当然也有一些例外的情况，由于一些路由策略的实施，数据包通过的路径并不一定是最优的。

　　路由器的特点是逐跳转发。在图 9-4 所示的网络中，RTA 收到 PC 发往 Server 的数据包后，将数据包转发给 RTB，RTA 并不负责指导 RTB 如何转发数据包。所以，RTB 必须自己将数据包转发给 RTC，RTC 再转发给 RTD，以此类推。这就是路由的逐跳性，即路由只指导本地转发行为，不会影响其他设备转发行为，设备之间的转发是相互独立的。

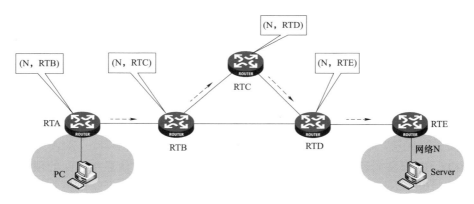

图 9-4　路由报文示意图

2. 路由表

　　路由器转发数据包的依据是路由表，如表 9-1 所示。每个路由器中都保存着一张路由表，表中每条路由项都指明数据包到某子网或某主机应通过路由器的哪个物理端口发送，然后就可到达该路径的下一个路由器，或者不再经过别的路由器而传送到直接相连的网络中的目的主机。

表9-1   路 由 表

目的地址/网络掩码	下一跳地址	出接口	度量值
0.0.0.0/0	20.0.0.2	E0/2	10
10.0.0.0/24	10.0.0.1	E0/1	0
20.0.0.1/24	20.0.0.1	E0/2	0
20.0.0.1/32	127.0.0.1	InLoop0	0
40.0.0.0/24	20.0.0.2	E0/2	1
40.0.0.0/8	30.0.0.2	E0/3	3
50.0.0.0/24	40.0.0.2	E0/2	0

路由表中包含了下列要素：

（1）目的地址/网络掩码：用来标识 IP 数据报文的目的地址或目的网络。将目的地址和网络掩码"逻辑与"后，可得到目的主机或路由器所在网段的地址。例如，目的地址为 8.0.0.0，掩码为 255.0.0.0 的主机或路由器所在网段的地址为 8.0.0.0。掩码由若干个连续"1"构成，既可以用点分十进制表示，也可以用掩码中连续"1"的个数来表示。

（2）下一跳地址：更接近目的网络的下一个路由器地址。如果只配置了出接口，下一跳 IP 地址是出接口的地址。

（3）出接口：指明 IP 包将从该路由器哪个接口转发。

（4）度量值：说明 IP 包需要花费多大的代价才能到达目标。主要作用是当网络存在到达目的网络的多个路径时，路由器可依据度量值选择一条较优的路径发送 IP 报文从而保证 IP 报文能更快更好地到达目的。

根据掩码长度的不同，可以把路由表中路由项分为以下三个类型。

（1）主机路由：掩码长度是 32 位的路由，表明此路由匹配单一 IP 地址。

（2）子网路由：掩码长度小于 32 但大于 0，表明此路由匹配一个子网。

（3）默认路由：掩码长度为 0，表明此路由匹配全部 IP 地址。

3. 路由器单跳操作

路由器是通过匹配路由表里的路由项来实现数据包的转发。如图 9-5 所示，当路由器收到一个数据包时，将数据包的目的 IP 地址提取出来，然后与路由表中路由项包含的目的地址进行比较。如果与某路由项中的目的地址相同，则认为与此路由项匹配；如果没有路由项能够匹配，则丢弃该数据包。

路由器查看所匹配的路由项的下一跳地址是否在直连链路上，如果在直连链路上，则路由器根据此下一跳转发；如果不在直连链路上，则路由器还需要在路由表中再查找此下一跳地址所匹配的路由项。

确定了最终的下一跳地址后，路由器将此报文送往对应的接口，接口进行相应的地址解析，解析出此地址所对应的链路层地址，然后对 IP 数据包进行数据封装并转发。

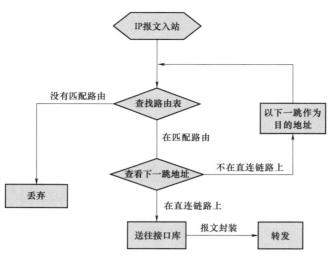

图 9-5 路由器单跳操作流程图

当路由表中存在多个路由项可以同时匹配目的 IP 地址时，路由查找进程会选择其中掩码最长的路由项用于转发，此为最长匹配原则。

在图 9-6 中，路由器接收到目的地址为 40.0.0.2 的数据包，经查找整个路由表，发现与路由 40.0.0.0/24 和 40.0.0.0/8 都能匹配。但根据最长匹配的原则，路由器会选择路由项 40.0.0.0/24，根据该路由项转发数据包。

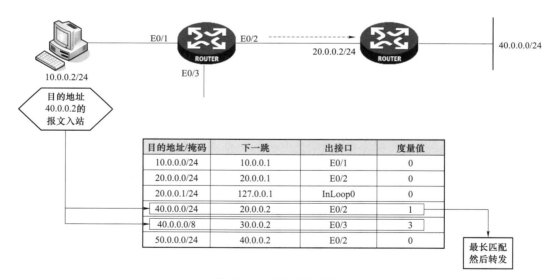

图 9-6 最长匹配转发

由以上过程可知，路由表中路由项数量越多，所需查找及匹配的次数则越多。所以一般路由器都有相应的算法来优化查找速度，加快转发。

如果所匹配的路由项的下一跳地址不在直连链路上，路由器还需要对路由表进行迭代查找，找出最终的下一跳来。

在图 9-7 中，路由器接收到目的地址为 50.0.0.2 的数据包后，经查找路由表，发现与路由表中的路由项 50.0.0.0/24 能匹配。但此路由项的下一跳 40.0.0.2 不在直连链路上，所以路由器还需要在路由表中查找到达 40.0.0.2 的下一跳。经过查找，到达 40.0.0.2 的下一跳是20.0.0.2，此地址在直连链路上，则路由器按照该路由项转发数据包。

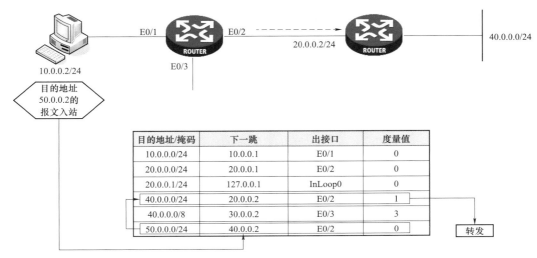

目的地址/掩码	下一跳	出接口	度量值
10.0.0.0/24	10.0.0.1	E0/1	0
20.0.0.0/24	20.0.0.1	E0/2	0
20.0.0.1/24	127.0.0.1	InLoop0	0
40.0.0.0/24	20.0.0.2	E0/2	1
40.0.0.0/8	30.0.0.2	E0/3	3
50.0.0.0/24	40.0.0.2	E0/2	0

图 9-7　路由表迭代查找

如果路由表中没有路由项能够匹配数据包，则丢弃该数据包。但是，如果在路由表中有默认路由存在，则路由器按照默认路由来转发数据包。默认路由又称为缺省路由，其目的地址/掩码为 0.0.0.0/0。

在图 9-8 中，路由器收到目的地址为 30.0.0.2 的数据包后，查找路由表，发现没有子网或主机路由匹配此地址，所以按照默认路由转发。

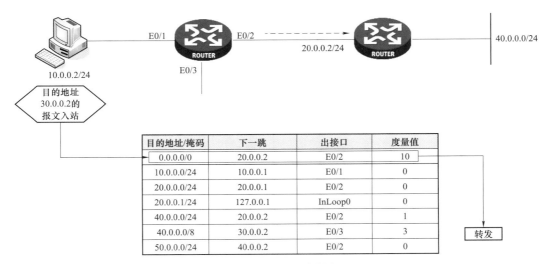

目的地址/掩码	下一跳	出接口	度量值
0.0.0.0/0	20.0.0.2	E0/2	10
10.0.0.0/24	10.0.0.1	E0/1	0
20.0.0.0/24	20.0.0.1	E0/2	0
20.0.0.1/24	127.0.0.1	InLoop0	0
40.0.0.0/24	20.0.0.2	E0/2	1
40.0.0.0/8	30.0.0.2	E0/3	3
50.0.0.0/24	40.0.0.2	E0/2	0

图 9-8　默认路由转发

默认路由能够匹配所有 IP 地址，但因为它的掩码最短，所以只有在没有其他路由匹配数据包的情况下，系统才会按照默认路由转发。

4. 路由的来源

路由的来源主要有如下三种。

（1）直连路由。直连路由不需要配置，当接口存在 IP 地址并且状态正常时，由路由进程自动生成。它的特点是开销小，配置简单，无需人工维护，但只能发现本接口所属网段的路由。

（2）手动配置的静态路由。由管理员手动配置而成的路由称为静态路由。通过静态路由的配置可建立一个互通的网络，但这种配置问题在于，当一个网络故障发生后，静态路由不会自动修正，必须有管理员介入。静态路由无开销，配置简单，适合简单拓扑结构的网络。

（3）动态路由协议发现的路由。当网络拓扑结构十分复杂时，手动配置静态路由工作量大而且容易出现错误，这时就可用动态路由协议（如 RIP、OSPF 等），让其自动发现和修改路由，避免人工维护。但动态路由协议开销大，配置复杂。

5. 路由的度量

路由度量值表示到达这条路由所指目的地址的代价，也称为路由权值，各路由协议定义度量值的方法不同，通常要考虑的因素有：跳数、链路带宽、链路延迟、链路使用率、链路可信度、链路 MTU。

不同的动态路由协议会选择其中的一种或几种因素来计算度量值。在常用的路由协议里，RIP 使用"跳数"来计算度量值，跳数越小，其路由度量值也就越小；而 OSPF 使用"链路带宽"来计算度量值，链路带宽越大，路由度量值也就越小。度量值通常只对动态的路由协议有意义，静态路由协议的度量值统一规定为 0。

路由度量值只在同一种路由协议内有比较意义，不同的路由协议之间的路由度量值没有可比性，也不存在换算关系。

6. 路由优先级

路由优先级代表了路由协议的可信度。

在计算路由信息的时候，因为不同路由协议所考虑的因素不同，所以计算出的路径也可能会不同，具体表现就是到相同的目的地址，不同的路由协议（包括静态路由）所生成路由的下一跳可能会不同。在这种情况下，具有较高优先级（数值越小表明优先级越高）的路由协议发现的路由将成为最优路由，并被加入路由表中。

不同厂家的路由器对于各种路由协议优先级的规定各不相同。以 H3C 路由器为例，其默认优先级如表 9-2 所示。

表 9-2 路由协议及默认时的路由优先级

路由协议或路由种类	相应路由的优先级	路由协议或路由种类	相应路由的优先级
直连路由	0	OSPF ASE	150
OSPF	10	OSPF NSSA	150

路由协议或路由种类	相应路由的优先级	路由协议或路由种类	相应路由的优先级
IS－IS	15	IBGP	255
静态路由	60	EBGP	255
RIP	100	UNKNOWN	255

除了直连路由外，各动态路由协议的优先级都可根据用户需求手工进行配置。另外，每条静态路由的优先级都可以不相同。

二、交换机

（一）交换机的作用

从功能上看，交换机的主要作用是连接多个以太网物理段，隔离冲突域，利用桥接和交换提高局域网性能，扩展局域网范围。

如图9–9所示，PCA、PCB、PCC、PCD 和交换机 SWA、SWB 处于同一个局域网中，因此，SWA 和 SWB 的核心作用是利用桥接和交换将局域网进行扩展。

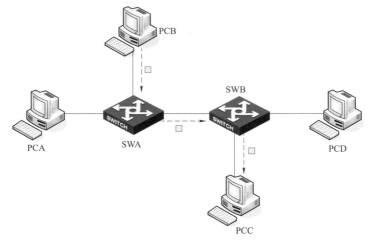

图9–9　交换机的作用示意图

从数据转发机制上看，交换机是利用 MAC 地址信息进行转发的。

假设 PCB 要和 PCC 进行通信，由于两者处于同一个网络，PCB 首先要根据 PCC 的物理地址（即 MAC 地址）信息，将信息封装成以太网帧，并通过自身的网络接口发出，于是 SWA 将收到此帧。与路由器不同，SWA 不是依靠 IP 目的地址，而是 MAC 地址来决定如何转发报文。SWA 在 MAC 地址表中查找与报文目的 MAC 地址匹配的表项，从而知道应该将报文从与 SWB 相连的端口转发出去；如果没有匹配的项目，报文将广播到除收到报文的入端口外的所有其他端口。SWB 也会执行同样的操作，直到把报文交给 PCC。

不难发现，在整个发送过程中，PCB 并不需要了解 SWA 的存在，而 SWA 同样不需要了解 SWB 的存在，因此这种交换过程是透明的。

(二)交换原理

1. MAC 地址学习

为了转发报文,以太网交换机需要维护 MAC 地址表。MAC 地址表的表项中包含了与本交换机相连的终端主机的 MAC 地址、本交换机连接主机的端口等信息。

在交换机刚启动时,它的 MAC 地址表中没有表项,如图 9-10 所示。此时如果交换机的某个端口收到数据帧,它会把数据帧从所有其他端口转发出去。这样,交换机就能确保网络中其他所有的终端主机都能收到此数据帧。但是,这种广播式转发的效率低下,占用了太多的网络带宽,并不是理想的转发模式。

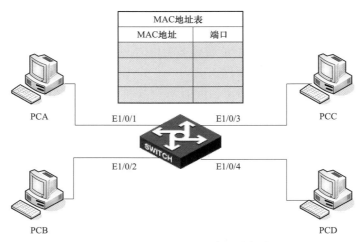

图 9-10 MAC 地址表初始状态

为了能够仅转发目标主机所需要的数据,交换机就需要知道终端主机的位置,也就是主机连接在交换机的哪个端口上。这就需要交换机进行 MAC 地址表的正确学习。

交换机通过记录端口接收数据帧中的源 MAC 地址和端口的对应关系来进行 MAC 地址表学习。

如图 9-11 所示,PCA 发出数据帧,其源地址是自己的地址 MAC_A,目的地址是 PCD 的地址 MAC_D。交换机在端口 E1/0/1 收到数据帧后,查看其中的源 MAC 地址,并添加到 MAC 地址表中,形成一条 MAC 地址表项。因为 MAC 地址表中没有 MAC_D 的相关记录,所以交换机把此数据帧从所有其他端口都发送出去。

交换机在学习 MAC 地址时,同时给每条表项设定一个老化时间,如果在老化时间到期之前一直没有刷新,则表项会清空。交换机的 MAC 地址表空间是有限的,设定表项老化时间有助于回收长久不用的 MAC 表项空间。

同样的,当网络中其他 PC 发出数据帧时,交换机记录其中的源 MAC 地址,与接收到数据帧端口相关联起来,形成 MAC 地址表项,如图 9-12 所示。

当网络中所有的主机的 MAC 地址在交换机中都有记录后,意味着 MAC 地址学习完成,也可以说交换机知道了所有主机的位置。

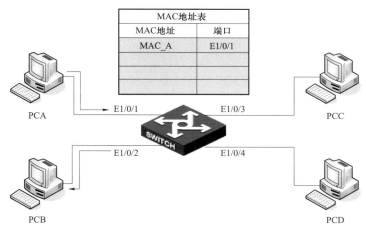

图 9-11 PCA 的 MAC 地址学习

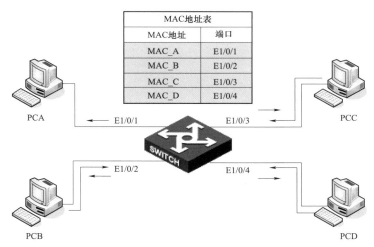

图 9-12 其他 PC 的 MAC 地址学习

交换机在 MAC 地址学习时，需要遵循以下原则：① 一个 MAC 地址只能被一个端口学习；② 一个端口可学习多个 MAC 地址。

交换机进行 MAC 地址学习的目的是知道主机所处的位置，所以只要有一个端口能到达主机就可以，多个端口到达主机反而造成带宽浪费，因此系统设定 MAC 地址只与一个端口关联。如果一个主机从一个端口转移到另一个端口，交换机在新的端口学习到了此主机 MAC 地址，则会删除原有表项。

一个端口上可关联多个 MAC 地址。比如端口连接到一个 Hub，Hub 连接多个主机，则此端口会关联多个 MAC 地址。

2. 数据帧的转发

MAC 地址表学习完成后，交换机根据 MAC 地址表项进行数据帧转发。在进行转发时，遵循以下规则：① 对于已知单播帧（即帧目的 MAC 地址在交换机 MAC 地址表中有相应表项），则从帧目的 MAC 地址相对应的端口转发出去；② 对于未知单播帧（即帧目的 MAC 地址在交换机 MAC 地址表中无相应表项）、组播帧、广播帧，则从除源端口外的其他端口转发出去。

在图 9-13 中，PCA 发出数据帧，其目的地址是 PCD 的地址 MAC_D。交换机在端口 E1/0/1 收到数据帧后，检索 MAC 地址表项，发现目的 MAC 地址 MAC_D 所对应的端口是 E1/0/4，就把此数据帧从 E1/0/4 转发，不在端口 E1/0/2 和 E1/0/3 转发，PCB 和 PCC 也不会收到目的地址到 PCD 的数据帧。

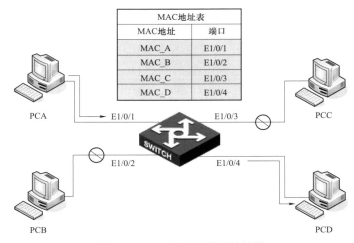

图 9-13 已知单播数据帧转发

与已知单播帧转发不同，交换机会从除源端口外的其他端口转发广播和组播帧，因为广播和组播的目的就是要让网络中其他的成员收到这些数据帧。

而由于 MAC 地址表中无相关表项，所以交换机也要把未知单播帧从其他端口转发出去，以使网络中其他主机能收到。

在图 9-14 中，PCA 发出数据帧，其目的地址为 MAC_E。交换机在端口 E1/0/1 收到数据帧后，检索 MAC 地址表项，发现没有 MAC_E 的表项，所以就把此帧从除端口 E1/0/1 外的其他端口转发出去。

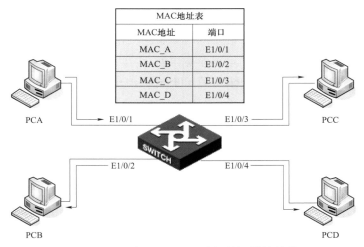

图 9-14 广播、组播和未知单播帧的转发

同理，如果 PCA 发出的是广播帧（目的 MAC 地址为 FF–FF–FF–FF–FF–FF）或组播帧，则交换机把此帧从除端 E1/0/1 外的其他端口转发出去。

3. 数据帧的过滤

为了杜绝不必要的帧转发，交换机对符合特定条件的帧进行过滤。无论是单播、组播、广播帧，如果帧目的 MAC 地址在 MAC 地址表中有表项存在，且表项所关联的端口与接收到帧的端口相同时，则交换机对此帧进行过滤，即不转发此帧。

如图 9–15 所示，PCA 发出数据帧，其目的地址为 MAC_B。交换机在端口 E1/0/1 收到数据帧后，检索 MAC 地址表项，发现 MAC_B 所关联的端口也是 E1/0/1，则交换机将此帧过滤。

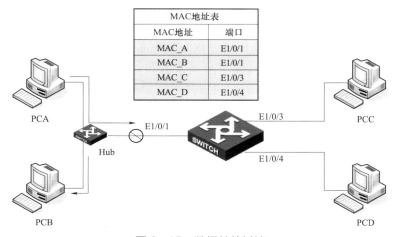

图 9–15 数据帧的过滤

通常，帧过滤发生在一个端口学习到多个 MAC 地址的情况下。如图 9–15 所示，交换机端口 E1/0/1 连接有一个 Hub，所以端口 E1/0/1 上会同时学习到 PCA 和 PCB 的 MAC 地址。此时，PCA 和 PCB 之间进行数据通信时，尽管这些帧能够到达交换机的 E1/0/1 端口，交换机也不会转发这些帧到其他端口，而是将其丢弃了。

4. 广播域

广播帧是指目的 MAC 地址是 FF–FF–FF–FF–FF–FF 的数据帧，它的目的是要让本地网络中的所有设备都能收到。二层交换机需要把广播帧从除源端口之外的端口转发出去，所以二层交换机不能够隔离广播。

广播域是指广播帧能够到达的范围。如图 9–16 所示，PCA 发出的广播帧，所有的设备与终端主机都能够收到，则所有的终端主机处于同一个广播域中。

路由器或三层交换机是工作在网络层的设备，对网络层信息进行操作。路由器或三层交换机收到广播帧后，对帧进行解封装，取出其中的 IP 数据包，然后根据 IP 数据包中的 IP 地址进行路由。所以，路由器或三层交换机不会转发广播帧，广播在三层端口上被隔离了。

如图 9–17 所示，PCA 发出的广播帧，PCB 能够收到，但 PCC 和 PCD 收不到，PCA 和 PCB 就属于同一个广播域。

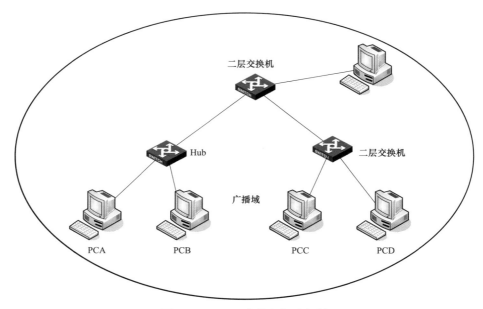

图 9-16　二层交换机与广播域

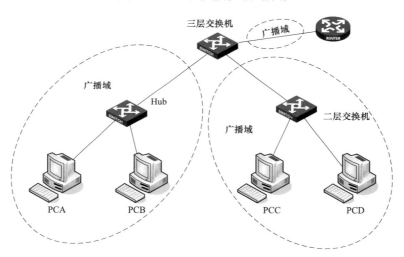

图 9-17　三层设备与广播域

广播域中的设备与终端主机数量越少，广播帧流量就越少，网络带宽的无谓消耗也越少，所以如果在一个网络中，因广播域太大，广播流量太多，而导致网络性能下降，则可以考虑在网络中使用三层交换机或路由器，可以减小广播域，减少网络带宽浪费，提高网络性能。

第三节　调度数据网简介

调度数据网是为电力调度生产服务的专用计算机网络，是实现各级调控中心之间及主站与厂站之间实时生产数据传输和交换的基础设施。调度数据网具有实时性强、可靠性高的特点，其安全性直接关系到电力系统安全稳定运行。

当前，风电场与主站通信主要采用调度数据网方式。鉴于调度数据网的特殊性，风电场调度数据网的设计、建设、运行和管理须遵守"统一调度、分级管理"的原则，执行"统一规划设计、统一技术体制、统一路由策略、统一组织实施"的方针。

一、网络技术体制

调度数据网是以电力通信传输网络为基础，采用 IP over SDH 的技术体制，实现调度数据网络的互联互通。调度数据网与管理信息网络实现物理隔离，全网部署 MPLS/VPN，各相关业务按"安全分区"原则接入相应 VPN。

二、调度数据网络组成

调度数据网由两级网络组成，即由国调、网调、省调、地调节点组成骨干网，由各级调度直调厂站组成相应接入网，各接入网应通过两点分别接入骨干网双平面，调度数据网总体结构示意图如图 9–18 所示。

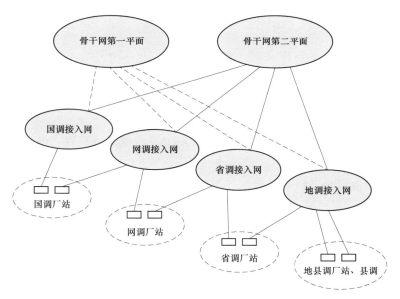

图 9–18　调度数据网总体结构示意图

在骨干网和接入网内部，网络根据网络规模一般分为核心层、汇聚层和接入层。核心层为网络业务的交汇中心，通常情况下核心层只完成数据交换功能；汇聚层位于核心层和接入层之间，主要完成业务的汇聚和分发；接入层主要将用户业务接入网络，实现质量保证和访问控制。

三、接入网技术体制和要求

当前，风电场侧仅部署调度数据网接入网设备，下面主要对接入网技术体制和要求进行简单介绍。

（一）接入网技术体制

接入网原则上基于 IP over SDH 的技术体制，以保证调度数据网技术体制的一致性、可控性和可管理性。

网络路由协议的选择、地址编码、网络拓扑、电路配置、网络安全、网络管理等均应满足调度机构在调度数据网总体规划中制定的原则。

（二）接入网基本要求

接入网按调控机构划分为国调接入网、网调接入网、省调接入网和地调接入网。调度数据网接入网组成如下。

（1）国调接入网：由国调直调厂站节点组成。

（2）网调接入网：由网调区域内的国调直调厂站和网调直调厂站组成。

（3）省调接入网：由省调区域内的网调直调厂站和省调直调厂站组成。

（4）地调接入网：由地调区域内的省调直调厂站和地县调直调厂站组成。

原则上，每个厂站按双套设备配置，分别接入不同的接入网中，通过对调度厂站双覆盖，实现网络互备，达到高可靠性要求。

四、虚拟子网（VPN）划分

按照电力监控系统安全防护要求，调度数据网作为专用网络，与管理信息网络实现物理隔离。调度数据网部署 MPLS/VPN，划分为实时 VPN 和非实时 VPN，分别承载安全 I 区和安全 II 区业务。目前，风电场主要有以下各类业务。

1. 安全 I 区业务

包括厂站计算机监控系统实时数据、AGC/AVC、相量测量装置（PMU）等业务。

2. 安全 II 区业务

包括电能量计费系统、风功率预测、保护信息系统、数据申报与发布系统等业务。

五、网络性能指标

（一）网络延迟

网络延迟主要包括分组报文串行化延迟、线路传输延迟、节点处理延迟。因此，影响网络延迟的主要因素有链路带宽及其利用率、节点处理能力及网络路由跳数。

在以下条件下，网络延迟应控制在 100ms 以内。

（1）风电场广域链路的带宽以 2Mbit/s 为基础，链路利用率一般不超过 30%，当达 60% 时应作链路扩容。

（2）按现业务流量统计，风电场调度数据网路由器包转发的处理能力不应低于 200kbit/s，节点负载不应超过 30%。

（3）从业务流向分析，风电场业务主路由（在不发生路由迂回时）传输距离小于 6 跳。

（二）网络收敛时间

网络收敛时间是衡量网络稳定性的一个主要指标，主要受网络规模，链路数量、质量、带宽、节点数量、处理能力以及网络直径等因素的影响，该项指标较难计算，但可通过控制网络规模、网络直径、提高链路带宽及节点处理能力等来缩短网络收敛时间。

（三）包丢失率

包丢失率主要受传输链路的质量、节点路由设备的误转发率以及网络的拥塞等因素的影响。目前的传输链路基本上是以光纤为主，传输链路的质量较高。在网络节点性能较高、负载较轻时，网络的包丢失率较低。

包长也是影响该指标的重要因素，若包长较短，则丢包率较低。

网络丢包率应控制在 10^{-5} 以下。

（四）网络可用率

网络可用率一般从节点、链路以及路由的可靠性三方面综合考虑。

网络节点采用冗余配置，配置多处理器、冗余电源，以保证节点的可靠性。WAN、LAN链路也应尽可能分布在不同的接口模块上以保证链路的可靠性。重要节点应采用双机配置方案。

鉴于网络 $N-1$ 可靠性要求，节点故障将影响业务接入，重要业务应采用两点接入方式。

网络链路是影响网络可靠性的关键因素之一。按业务需求，主用链路将保证业务的基本需求，备用链路提供传输链路可靠性，迂回链路提供网络路由可靠性，三种作用不同的链路应满足介质、路由等无关性要求，且应具备相同的传输质量，备用链路带宽应与主用链路一致，迂回链路带宽根据迂回业务流量而定。

根据网络承载的调度数据业务要求，网络可用率应大于 **99.99%**。

六、风电场调度数据网的配置原则

按照调管范围划分，国调调管的风电场配置双套调度数据网设备，其中一套接入国调接入网，另一套接入风电场所在区域网调接入网。网调调管的风电场配置双套调度数据网设备，其中一套接入网调接入网，另一套接入风电场所在区域省调接入网。省调调管的风电场配置双套调度数据网设备，其中一套接入省调接入网，另一套接入风电场所在区域地调接入网。地调调管的风电场配置两套调度数据网设备，都接入地调接入网。

每套调度数据网设备包含路由器 1 台，交换机 2 台。

风电场侧调度数据网设备技术参数可参考表 9-3。

表 9-3　　　　　　　　　　　　风电场侧调度数据网设备技术参数表

设备名称	参数要求
路由器	冗余电源，E1 口不小于 4 个，百兆电口不小于 4 个，整机包转发率不小于 1Mbit/s，需支持 MPLS-VPN，BGP，OSPF 协议
交换机	冗余电源，三层交换机，千兆电口不小于 24 个，整机包转发率不小于 96Mbit/s

为保证调度数据网设备运行可靠性，安装于风电场的调度数据网设备的运行环境应满足 GB/T 2887《电子计算机场地通用规范》要求。

七、设备配置及业务接入方式

按照调管范围划分，网、省、地调直调风电场接入相应的接入网，下面以省调直调风电场为例，介绍调度数据网设备配置及业务接入。

为提升业务通道可靠性，风电场远动、PMU 等实时业务，采用双机双卡分别接入省、地调接入网实时交换机（即Ⅰ区交换机）。正常情况下，同时通过省、地调接入网实时 VPN 通道与调度机构进行数据交互，如其中一套网络发生故障，不会导致传输业务中断。同样，电能量、保护信息等非实时业务，采用双机双卡分别接入省、地调接入网非实时交换机（即Ⅱ区交换机）。正常情况下，同时通过省、地调接入网非实时 VPN 通道与调度机构进行数据交互，如其中一套网络发生故障，不会导致传输业务中断。

省调直调风电场业务接入如图9-19所示。

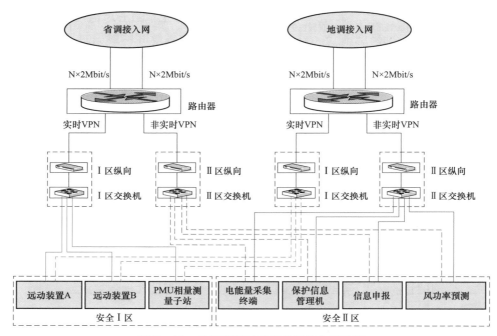

图9-19 省调直调风电场业务接入示意图

网调直调风电场调度数据网配置和业务接入方式与省调直调风电场相似；地调直调风电场配置2套调度数据网设备，均接入地调接入网，业务接入方式与省调直调风电场相似。

八、网络管理

调度数据网按照"统一调度、分级管理"原则进行运行和管理。风电场部署的调度数据网设备，须接入相应的调度数据网接入网网络管理系统，由相应的调度机构对其进行管理。

第四节　调度数据网日常运维

一、调度数据网接入

风电场调度数据网接入分为申请、审批、实施、测试等环节，由风电场、调控中心、通道管理部门共同参与完成，风电场调度数据网设备接入步骤如下。

首先，调度数据网接入前，向调度机构提出网络接入申请。接入申请可参考表 9-4。

表 9-4　　　　　　　　　　　　调度数据网接入申请表

调度数据网接入申请表
（××××接入网）

一、厂站基本情况					
1. 厂站名称		2. 电压等级		3. 装机容量	
4. 厂站地址				5. 计划投运时间	
6. 所属单位					
7. 负责人		8. 联系方式			
9. 网络调试联系人		10. 联系方式		11. 计划调试时间	
12. 厂站二次系统情况	列出需接入调度数据网的实时业务和非实时业务名称				

二、调度数据网设备资料

序号	设备	安装位置	生产厂家	型号	软件版本	电源情况	接口情况	其他
1	路由器					配置几块电源模块	配置几个 E1 接口，几个百兆电口	是否支持 MPLS-VPN，BGP，OSPF 协议等
2	交换机（实时）							二层？三层？等
3	交换机（非实时）							

其次，调度机构在收到调度数据网接入申请后进行审批，并编制调度数据网接入方式单，方式单内容包括设备地址、设备名称、PE 互联地址、CE 互联地址、OSPF/BGP 参数、业务网段、注意事项等。调度机构将调度数据网接入方式单下达给风电场。风电场在收到接入方式单后，向通道运维部门提出调度数据网通道申请，通道运维部门再根据调度数据网接入方式单，编制通道组织方式单。

第三，通道运维部门在制定通道组织方式单后，安排通道运维人员调试调度数据网通信通道，通道调试完成后，风电场组织完成调度数据网设备的接入调试，调试过程中，需要调度机构和通道运维部门专业人员配合调试。

风电场调度数据网设备接入流程如图 9-20 所示。

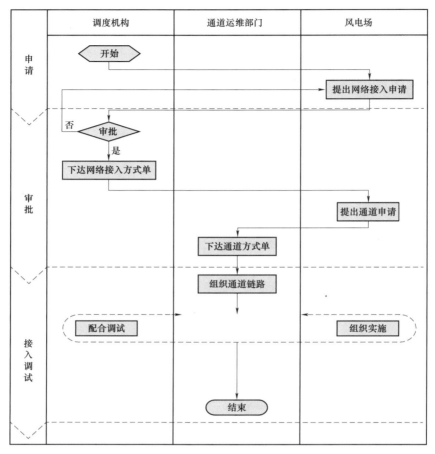

图 9–20 风电场调度数据网设备接入流程

二、调度数据网验收

在调度数据网接入调试完成后，调度机构组织风电场和通道运维部门对风电场调度数据网进行验收测试，核查调度数据网接入是否正常，是否满足正常运行要求。

（一）检查设备

1. 查看设备数量

方法：现场核对设备数量。

标准：厂站应配置 2 套调度数据网设备，分别接入不同接入网，具体可参考表 9–5。

表 9–5　　　　　　　　　　风电场调度数据网分类表

风电场	网调接入网	省调接入网	地调接入网 1	地调接入网 2
网调调管风电场	√	√	无	无
省调调管风电场	无	√	√	无
地调调管风电场	无	无	√	√

每套调度数据网设备包含路由器 1 台，交换机 2 台。

2. 查看设备参数

方法：查看设备参数说明。

标准：对照表 9-3。

3. 查看设备安装

方法：现场查看安装屏柜。

标准：每套调度数据网的路由器、交换机应安装在同一机柜，两台设备之间应留有不小于 1U 空隙，设备安装整齐、牢固。两套调度数据网设备应分别独立组屏。

4. 查看设备外观

方法：现场查看。

标准：装置电源灯、运行灯、告警灯等状态指示灯无异常，设备电源模块、风扇模块等无异常。

5. 查看空闲端口

方法：现场查看。

标准：空闲端口粘贴 "禁止使用" 标签或用其他物理方式封闭。

（二）检查接线

1. 检查电源线

方法：梳理路由器、交换机、纵向加密装置电源接线。

标准：

（1）路由器、交换机、纵向加密装置应由独立的两路不间断电源（UPS 或可靠的直流电源）供电。

（2）导线截面不小于 2.5mm^2。

（3）供电电压为 220V±10%（-48V±10%），（50±0.5）Hz。

（4）调度数据网设备电源线应直接接入端子排或 PDU 电源插排，不得采用家用电源插板。

（5）走线整齐、美观，绑扎牢固。

2. 检查 2M 线

方法：梳理路由器至通信传输之间敷设的 2M 线。

标准：

（1）路由器至接入网双核心的两路 2M 线缆完全独立，不得采用同股多芯线缆。

（2）2M 接头制作标准规范，焊接牢固。

（3）走线整齐、美观，绑扎牢固。

3. 检查网线

方法：梳理接至路由器、交换机、纵向加密认证装置网线。

标准：

（1）水晶头压接牢靠。

（2）走线整齐、美观，绑扎牢固。

4. 检查接地线是否满足要求

方法：梳理路由器、交换机、纵向加密认证装置接地线。

标准：屏柜、设备可靠接地。

（三）检查标识标签

线缆、装置标签清晰正确，符合电力二次系统线缆标识标签规范。

（四）检查路由器、交换机参数配置

1. 检查设备命名

方法：登录现场路由器、交换机，检查参数配置。

标准：相应调度机构调度数据网接入规范。

2. 检查接口命名

方法：登录现场路由器、交换机，检查参数配置。

标准：相应调度机构调度数据网接入规范。

3. 检查 VPN 导入、导出配置是否规范

方法：登录现场路由器、交换机检查参数配置。

标准：本接入网网络规划。

4. 检查三 A 认证和账户密码配置

方法：登录现场路由器、交换机，检查参数配置。

标准：相应调度机构调度数据网接入规范，一般情况下须配置三 A 认证，不同用途的账户须设置相应权限级别，密码须由不少于 8 位的数字、字母、字符组成。

5. 检查 console 接口登录

方法：登录现场路由器、交换机，检查参数配置。

标准：相应调度机构调度数据网接入规范，一般情况下 console 接口登录、远程登录须引用三 A 认证，账户登录后闲置超时 5min 自动退出。

6. 检查远程登录范围

方法：登录现场路由器、交换机，检查参数配置。

标准：相应调度机构调度数据网接入规范，一般情况下对能够远程登录本站路由器、交换机的 IP 地址进行设限，仅允许特定的几个地址能够登录，确保网络安全。

7. 检查通用服务关闭情况

方法：登录现场路由器、交换机，检查参数配置。

标准：相应调度机构调度数据网接入规范，一般情况下，须关闭 telnet、ftp、http、DHCP 等通用服务。

8. 检查时钟同步配置情况

方法：登录现场路由器、交换机，检查参数配置及设备当前时间。

标准：与当前时间完全一致。

9. 检查空闲接口状态

方法：登录现场路由器、交换机，检查接口状态。

标准：相应调度机构调度数据网接入规范，一般情况下，调度数据网设备空闲端口须在参数配置中使用 shutdown 命令进行关闭，空闲端口状态应为*down。

10. 检查接口 IP 地址及接口状态

方法：登录现场路由器、交换机，检查接口状态。

标准：相应调度机构调度数据网接入规范，一般情况下，已配置 IP 地址接口物理和协议状态应为 UP。

11. 检查 ospf、bgp、LDP 邻居

方法：登录现场路由器、交换机，检查参数配置。

标准：相应调度机构调度数据网接入规范，一般情况下，ospf 正常状态应为 Full，BGP 正常状态应为 Established，mpls ldp 正常状态应为 Operationa。

（五）检查通信通道

方法：与相应调度机构通信专业人员核实，并对上联通信通道进行切换测试，即分别断开其中一路通道，查看网络是否正常。

标准：站端路由器至接入网核心/汇聚的双上联通道不得同设备、同路由，切换测试时，断开其中一路通道，网络不应中断。

（六）检查路由器、交换机接入网管系统状况

方法：与相应接入网网管系统管理员核实。

标准：站端路由器、交换机应接入至网管系统，能够从网管系统正常管控。

在上述验收测试通过后，风电场调度数据网就可投入运行，进入正常运行状态。

三、调度数据网故障排除

（一）调度数据网故障分类

调度数据网承载着电网调度、监控等电力生产重要业务，一旦出现故障，造成影响是非常严重的。能够正确地维护网络，预防出现网络故障，并确保出现故障之后能够迅速、准确地定位问题并排除故障，对负责风电场调度数据网运维的自动化人员来说是个挑战；须对计算机网络和调度数据网有较为深入的理解，更重要的是要建立一个系统化的故障排除思想并合理应用于实践中，将一个复杂的问题隔离、分解或缩减排查范围，从而及时修复网络故障。

风电场调度数据网中出现的网络故障问题一般可以分为以下三类：

（1）通信通道故障：通信光缆、传输设备故障，以及传输设备与调度数据网设备之间的连接线缆损坏或松动，而引起调度数据网中断。

（2）网络设备硬件故障：网络设备是由主机设备、板卡、电源灯硬件组成，如果设备遭到撞击，安装板卡时有静电，电缆使用错误，电源不稳定等均有可能造成设备硬件损坏，从而引起调度数据网中断。

（3）配置错误：设备的正常运行离不开软件的正确配置。如果软件配置错误，则很可能导致网络连通性故障。

（二）调度数据网故障处理步骤

故障排除时，有序的思路有助于解决所遇到的任何网络故障。

（1）故障现场观察。要想对网络故障做出准确的分析，首先应该能够完整清晰地描述网络故障现象，标示故障发生时间、地点，故障所导致的后果，然后才能确定可能产生这些现象的故障根源或症结。

（2）故障相关信息收集。检查调度数据网承载业务的通信情况，并使用 ping、display 等命令工具收集网络情况。

（3）经验判断和理论分析。利用前两个步骤收集的数据，并根据以往的故障排除经验和所掌握的网络知识，确定排错范围，通过范围的划定，就只需注意某一故障或与故障情况相关的那一部分设备和线缆。

（4）各种可能原因列表。根据故障可能性高低的顺序，列出任务可能的故障原因。从最有可能的症结入手，每次只做一次改动，然后观察改动效果。

（5）对每一原因实施排错方案。对每一个可能的故障原因，逐步进行排除，在故障排除过程中，如果某一可能原因经验证无效，务必恢复到故障排除前的状态，然后再验证下一个可能原因。

（6）观察故障排除结构。当对某一原因执行了排错方案后，需要对结果进行分析，判断问题是否解决，是否引入了新的问题，如果问题解决，检查业务是否恢复，结束故障处理；如果没有解决问题，那么就需要再次循环进行故障排除过程。

（三）风电场调度数据网故障处理流程

风电场调度数据网故障处理分为故障定位、故障处理、故障恢复三个环节，由调度机构、通道运维部门、风电场参与完成。风电场调度数据网故障处理流程如下：

（1）当调度机构、通道运维部门或风电场等单位发现风电场调度数据网故障时，立即通知相应调度机构相关人员，调度机构相关人员收到风电场调度数据网故障的通知后，组织通道运维部门和风电场进行故障排查和定位，确定故障原因。

（2）在确定故障原因后，调度机构组织通道运维部门和风电场进行故障处理。

（3）确定风电场调度数据网恢复正常，并确定风电场调度数据网承载的业务恢复正常后，故障处理结束。

风电场调度数据网故障处理流程如图 9-21 所示。

按照调度管理的相关要求，调度数据网的故障处理工作须严格按照《电力调度自动化系统运行管理规程》进行，风电场在开展影响调度数据网络正常运行的工作前，须向相关调度机构提出检修申请，经批准后方可进行。

（四）常用诊断工具

1. ping 命令

ping 命令可用于验证两个节点间 IP 层的可达性。例如向主机 192.168.1.1 发出 5000B 的 ping 报文（以 H3C 设备命令为例）。

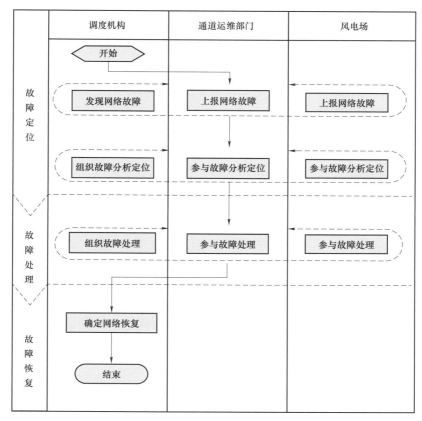

调度机构	通道运维部门	风电场

故障定位
- 发现网络故障 | 上报网络故障 | 上报网络故障
- 组织故障分析定位 | 参与故障分析定位 | 参与故障分析定位

故障处理
- 组织故障处理 | 参与故障处理 | 参与故障处理

故障恢复
- 确定网络恢复
- 结束

图 9-21 风电场调度数据网故障处理流程

`<H3C> ping -c 2 -s 5000 192.168.1.1`

```
PING 192.168.1.1: 5000    data bytes, press CTRL_C to break

    Reply from 192.168.1.1: bytes=5000 Sequence=1 ttl=255 time=95 ms

    Reply from 192.168.1.1: bytes=5000 Sequence=2 ttl=255 time=52 ms

--- 192.168.1.1 ping statistics ---

    2 packet(s) transmitted

    2 packet(s) received

    0.00% packet loss
```

round-trip min/avg/max = 52/73/95 ms

2. tracert 命令

tracert 命令用于测试数据报文从发送主机到目的地所经过的网关，主要用于检查网络连接是否可达，以及分析网络实名地方发生的故障。例如，查看到目的 192.168.1.1 中间所经过的网关。

`<H3C>tracert 192.168.1.1`

```
 traceroute to 192.168.1.1(192.168.1.1) 30 hops max,40 bytes packet, press CTRL_C to break
```

1   192.168.1.1 64 ms 12 ms 12 ms

3. display 命令

display 命令是用于了解路由器的当前状况、检测相邻路由器、从总体上监控网络最重要的工具之一，几乎在任何故障排除和监控场合，display 命令都是必不可少的。

display version 命令用于显示路由器硬件和软件的基本信息。

display current－configuration 命令用于查看当前的配置信息。

display interface 命令可以显示所有接口的当前状态。

4. debugging 命令

debugging 命令可以帮助用户在网络发生故障时获得路由器中交会的报文和数据帧的细节信息，这些信息对网络故障的定位是至关重要的。

四、其他事项

为做好调度数据网的运行维护工作，风电场应做好以下工作：

（1）调度数据网设备应纳入站端设备巡视范围，运行人员应按规定内容进行巡视检查，发现故障应及时汇报相应调度机构，并做好应急处置和记录。

（2）建立设备运行日志和设备缺陷、异常处理记录，定期备份网络设备配置和参数，设备配置变更后应立即进行备份。

（3）应妥善管理调度数据网技术资料，包括实施方案、设备台账、设备说明书、网络拓扑图、竣工图、验收测试报告、设备变更记录、配置文件、运行记录和故障处理记录等。

第十章 风电场电力监控系统安全防护

电力生产直接关系国计民生，其安全一直是国家有关部门关注的重点，电网调度自动化及调度数据网等电力监控系统的安全是电力系统安全的重要组成部分。随着通信技术、计算机网络技术和电力系统的发展，电力监控系统渗透到电力系统的每一个角落，连接着每一台设备，电力监控系统信息安全一旦遭受到破坏，将直接影响一次设备安全稳定运行，甚至整个电力系统的安全可靠运行。

本章论述了电力监控系统的基本概念和风险点，介绍了风电场具体的电力监控系统安全防护实施要点、要求、基本方法及安全防护设备。

第一节 电力监控系统基础

一、电力监控系统概述

电力监控系统用于监视和控制电力生产及供应过程、基于计算机及网络技术的业务系统及智能设备，以及作为基础支撑的通信及数据网络等，其总体安全防护水平取决于系统中最薄弱点的安全水平（木桶理论）。我国的电力监控系统涉及各级调度机构及其所调管的变电站和换流站、配电自动化和负荷管理以及联网的水、火电厂及各类新能源发电厂。图 10-1 是电力监控系统示意图。

目前，风电场中装设的电力监控系统主要有计算机监控系统、功率预测系统、调度数据网络，以及保护装置、稳控装置、故障录波装置、PMU 装置、站用 UPS 系统等，部分风电场还建设有向发电集团传输数据的系统。

二、电力监控系统安全风险

（一）风险来源

随着计算机技术、通信技术和网络技术的发展，计算机网络在电力控制系统中的应用越来越广泛。特别是随着电力体制改革和智能电网建设的推进，需要在调度机构、电厂、用户等之间进行的数据交换也越来越多。电厂、变电站减员增效，大量采用远方监视控制，对电力控制系统和数据网络的安全性、可靠性、实时性要求不断提高。与此同时，伴随着互联网技术广泛应用，病毒和黑客也日益猖獗。

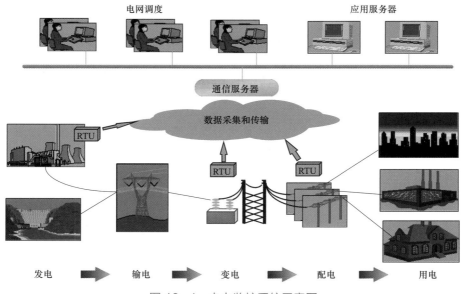

图 10-1　电力监控系统示意图

（二）产生风险的原因

一些调度机构、发电厂、变电站在规划、设计、建设及控制系统和数据网络运维时，对网络安全问题重视不够，过度强调一体化，资源共享过度，使得具有实时控制功能的监控系统，在没有进行有效安全防护的情况下与当地的生产管理系统互联，甚至与 Internet 网直接互联，存在严重的安全隐患。除此之外，还存在采用线路搭接等手段对传输的电力控制信息进行窃听或篡改，进而对电力设备进行非法破坏性操作。

（三）主要安全风险

表 10-1 中列出了风电场面临的电力监控系统安全防护风险。

表 10-1　　　　　　　　风电场面临的电力监控系统安全防护风险

序号	风险	说明
1	旁路控制	入侵者对发电厂、变电站发送非法控制命令，导致电力系统事故，甚至系统瓦解
2	完整性破坏	非授权修改电力控制系统配置、程序、控制命令；非授权修改电力交易中的敏感数据
3	违反授权	电力控制系统工作人员利用授权身份或设备，执行非授权的操作
4	工作人员的随意行为	电力控制系统工作人员无意识地泄露口令等敏感信息，或不谨慎地配置访问控制规则等
5	拦截/篡改	拦截或篡改调度数据广域网传输中的控制命令、参数设置、交易报价等敏感数据
6	非法使用	非授权使用计算机或网络资源

序号	风险	说明
7	信息泄露	口令、证书等敏感信息泄密
8	欺骗	Web 服务欺骗攻击，P 欺骗攻击
9	伪装	入侵者伪装合法身份，进入电力监控系统
10	拒绝服务	向电力调度数据网络或通信网关发送大量雪崩数据，造成网络或监控系统瘫痪
11	窃听	黑客在调度数据网或专线信道上搭线窃听明文传输的敏感信息，为后续攻击做准备

第二节　风电场电力监控系统安全防护总体要求

电力监控系统安全防护具有系统性和动态性的特点。系统性要求在电力监控系统安全防护实施中严格遵循电力监控系统的整体安全防护策略，兼顾各个业务系统的完整性，在采取有效技术措施的同时强化安全管理。动态性是指以安全策略为核心的动态安全防护模型，设计思想是将安全防护看作一个动态的过程，安全策略应适应网络的动态性和对威胁认识的提高。动态过程是由安全分析与配置、实时监测、报警响应、审计评估等步骤组成的循环过程。

一、防护目标及重点

电力监控系统安全防护的目标是防止通过外部边界发起的攻击和侵入，防止未授权用户访问系统或非法获取信息和侵入以及重大的非法操作，保障电力系统的安全稳定运行。

电力监控系统安全防护的重点是抵御病毒、黑客等通过各种形式发起的恶意破坏和攻击，尤其是集团式攻击，重点保护电力实时闭环监控系统及调度数据网的安全，防止由此引起的电力系统事故，从而保障电力系统的安全稳定运行。

电力监控系统安全防护涉及安全策略、安全实施、入侵检测和所有边界安全的要求；保证对敏感电力系统设备的认证访问，对敏感市场数据的授权访问；提供准确的设备运行及故障的信息，具备关键系统的备份和重要事件的检测和审计能力。电力监控系统从安全防护技术、应急备用措施、全面安全管理三个维度构建了立体的安全防护体系，如图 10-2 所示。

二、电力监控系统安全防护实施要求

电力监控系统安全防护主要围绕基础设施安全、体系结构安全、系统本体安全、全方位安全管理、安全应急措施五大方面开展。

（一）基础设施安全

基础设施安全的保证需从设备的安装、防护等方面实现。机房和生产场地应具备防震、防风和防雨等能力的建筑，并采取有效的防水、防潮、防火等措施。此外机房供电线路上需配置稳压器、过电压防护设备，建立备用供电系统，满足紧急情况等的备用电力供应；机房应安排专人值守并设置门禁系统及相关的监控系统加强物理访问控制。总之，设施安全是系统整体安全的基础，一切网络安全的前提是设施的配置务必满足安全要求。

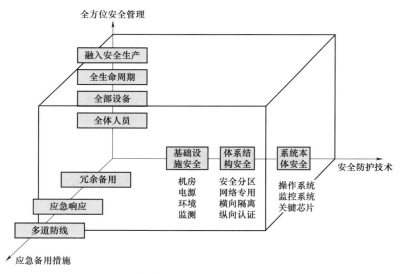

图 10-2 电力监控系统安全防护体系示意图

（二）体系结构安全

体系结构安全主要围绕"安全分区、网络专用、横向隔离、纵向加密"十六字安全方针开展，如图 10-3 所示。

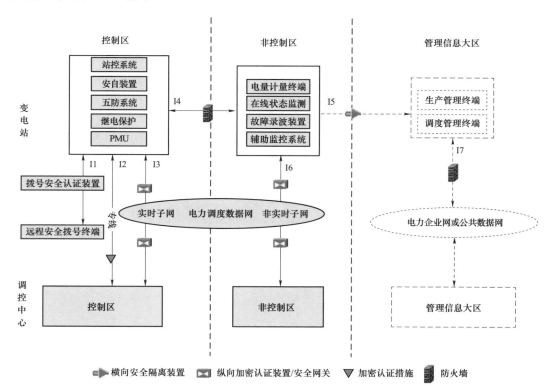

图 10-3 电力监控系统安全防护"安全分区、网络专用、横向隔离、纵向加密"示意图

1. 安全分区

按照安全分区原则，电力监控系统划分为生产控制大区和管理信息大区。生产控制大区可以分为控制区（安全区 I）和非控制区（安全区 II）；管理信息大区内部在不影响生产控制大区安全的前提下，可根据各业务不同安全要求划分安全区；生产控制大区的纵向互联必须是相同安全区互联，避免跨区纵向交叉互联。各区域安全边界应采取必要的安全防护措施，禁止任何穿越生产控制大区和管理信息大区之间边界的通用网络服务（如 FTP、HTTP、Telnet 等）。

2. 网络专用

基于安全分区的原则，生产控制大区与管理信息大区应各自使用独立的网络。生产控制大区使用电力调度数据网，管理信息大区使用企业综合数据网，两大区之间在物理层面上实现安全隔离。此外，生产控制大区通信网络可进一步划分为逻辑隔离的实时子网和非实时子网，在物理层应与其他网络实行物理隔离，在链路层应合理划分 VLAN，在网络层应设立安全路由和虚拟专网，在传输层应设置加密隧道，在会话层应采用安全认证，在应用层采用数字证书和安全标签进行身份认证。

安全区的外部边界网络之间的安全防护隔离强度应该和所连接的安全区之间的安全防护隔离强度相匹配。

3. 横向隔离

横向隔离是电力二次安全防护体系的横向防线。采用不同强度的安全设备隔离各安全区，在生产控制大区与管理信息大区之间必须设置经国家指定部门检测认证的电力专用横向单向安全隔离装置，隔离强度应接近或达到物理隔离。电力专用横向单向安全隔离装置作为生产控制大区与管理信息大区之间的必备边界防护措施，是横向防护的关键设备。生产控制大区内部的安全区之间应当采用具有访问控制功能的网络设备、防火墙或者相当功能的设施，实现逻辑隔离。

控制区与非控制区之间应采用国产硬件防火墙、具有访问控制功能的设备或相当功能的设施进行逻辑隔离。

采用不同强度的安全隔离设备使各安全区中的业务系统得到有效保护，关键是将实时监控系统与办公自动化系统等实行有效安全隔离，隔离强度应接近或达到物理隔离。

4. 纵向认证

纵向认证是采用认证、加密、访问控制等手段实现数据的远方安全传输以及纵向边界的安全防护。

纵向加密认证是电力监控系统安全防护体系的纵向防线，采用认证、加密、访问控制等技术措施实现数据的远方安全传输以及纵向边界的安全防护。对于重点防护的调控中心、发电厂、变电站，在生产控制大区与广域网的纵向连接处应当设置经过国家指定部门检测认证的电力专用纵向加密认证装置或者加密认证网关及相应设施，实现双向身份认证、数据加密和访问控制。

（三）系统本体安全

在电力监控系统网络安全防护体系架构中，构成体系的各个模块应实现自身的安全，包括电力监控系统软件的安全、操作系统的安全和基础软件的安全，计算机和网络设备及电力专用监控设备的安全、核心处理器芯片的安全，包括但不限于：① 生产控制大区网络设备需按照"最小化"原则规范配置安全策略；② 操作系统、数据库及业务账号权限设置合理，不存在测试账号、虚拟账号、缺省账号；③ 生产控制大区网络设备、主机、应用系统不存在弱口令，未开启禁止的服务及高危端口；④ 生产控制大区主机需采用安全操作系统并做好安全加固，操作系统、插件或应用系统无高危漏洞；⑤ 服务器空闲端口需全部关闭，操作系统需采取防止恶意代码的安全措施等问题，对存在问题进行规范并整治。

（四）全方位安全管理

全方位安全管理要求电力监控系统网络安全防护管理需覆盖全部人员、全部设备，贯穿设备的全寿命周期，包括但不限于：① 电力监控系统防护方案未通过审核就上线或防护方案不符合要求，私自上线，存在实际运行防护方案与审核的防护方案不一致并严重违反国家要求；② 纵向加密认证装置维护人员操作卡或 UKEY 未有效保管，直接插在设备上；③ 系统未进行等级保护备案，未按规定开展等级保护测评及安全评估；④ 未制定电力监控系统安全管理规章制度；⑤ 电力监控系统安全防护的人员未配备到位、职责分工不明确；⑥ 现场运维风险管控未落实到位，外来人员、移动介质、外部设备接入、敏感文档等的安全管理未有效落实；⑦ 生产控制大区计算机、存储设备、路由器、交换机、安全设备未获得国家指定机构检测证明，对存在问题未进行整治。

（五）安全应急管理

在安全应急方面，风电场应实现数据备份机关键设备的冗余备用：① 核查是否建立网络安全应急机制，是否制定应急演练相关预案；② 核查生产控制大区网络安全监视是否已纳入本厂 24 小时运行值班；③ 核查电力监控系统安全应急措施是否落实到位；④ 是否建立数据备份制度，是否定期对关键业务数据进行备份；核心交换机、核心服务器等关键设备是否进行冗余配置等问题，对存在问题是否进行整治。

三、电力监控系统安全区域的划分

安全分区是电力监控系统安全防护体系的结构基础。发电企业、电网企业和供电企业内部基于计算机和网络技术的应用系统，原则上划分为生产控制大区和管理信息大区。生产控制大区可以分为控制区（又称安全区Ⅰ）和非控制区（又称安全区Ⅱ）。

（一）生产控制大区的安全区划分

1. 控制区（安全区Ⅰ）

控制区中的业务系统或其功能模块（或子系统）的典型特征为：是电力生产的重要环节，直接实现对电力一次系统的实时监控，纵向使用电力调度数据网络或专用通道，是安全防护的重点与核心。

2. 非控制区（安全区Ⅱ）

非控制区中的业务系统或其功能模块的典型特征为：是电力生产的必要环节，在线运行但不具备控制功能，使用电力调度数据网络，与控制区中的业务系统或其功能模块联系紧密。

生产控制大区的业务系统在与其终端的纵向连接中使用无线通信网、电力企业其他数据网（非电力调度数据网）或者外部公用数据网的虚拟专用网络方式（VPN）等进行通信，应设立安全接入区，如图10-4所示。

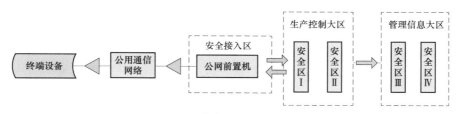

图10-4　安全接入区防护结构图

在满足安全防护总体原则的前提下，可以根据应用系统实际情况，简化安全区的设置，但是应当避免通过广域网形成不同安全区的纵向交叉连接。

（二）管理信息大区的安全区划分

管理信息大区是指生产控制大区以外的电力企业管理或生产业务系统的集合。电力企业可根据具体情况划分安全区，但不应影响生产控制大区的安全。

四、业务系统分置原则

根据业务系统或其功能模块的实时性、使用者、主要功能、设备使用场所、各业务系统间的相互关系、广域网通信方式以及对电力系统的影响程度等，按以下规则将业务系统或其功能模块置于相应的安全区。

（1）实时控制系统，有实时控制功能的业务模块以及未来有实时控制功能的业务系统应置于控制区。

（2）应当尽可能将业务系统完整置于一个安全区内。当业务系统的某些功能模块与此业务系统不属于同一个安全分区内时，可将其功能模块分置于相应的安全区中，通过安全区之间的安全隔离设施进行通信。

（3）不允许把应当属于高安全等级区域的业务系统或其功能模块迁移到低安全等级区域，但允许把属于低安全等级区域的业务系统或其功能模块放置于高安全等级区域。

（4）对不存在外部网络联系的孤立业务系统，其安全分区无特殊要求，但需遵守所在安全区的防护要求。

（5）对小型县调、配调、小型电厂和变电站的电力监控系统，可以根据具体情况不设非控制区，重点防护控制区。

五、风电场电力监控系统安全区的划分

1. 安全区 I

风电场的控制区主要的业务系统和功能模块包括：风电场运行监控系统、发电功率控制系统、无功电压控制系统、综合自动化系统、继电保护和相量测量装置（PMU）等。

2. 安全区 II

风电场的非控制区主要的业务系统和功能模块包括：风电功率预测系统、电能量采集装置和故障录波装置、保护信息子站等。

3. 管理信息大区

风电场的管理信息大区主要的业务系统和功能模块包括：天气预报系统和生产管理信息系统（MIS）等。

第三节 安全防护设备

电力监控系统安全防护设备有纵向加密装置、横向隔离装置、防火墙、网络安全监测装置、入侵检测装置、数字证书系统、恶意代码监测系统等，本节介绍风电场中广泛使用的横向隔离装置、纵向加密装置、防火墙、网络安全监测装置、恶意代码监测系统。

一、横向隔离装置

电力专用横向单向安全隔离装置作为生产控制大区与管理信息大区之间的必备边界防护措施，是横向防护的关键设备。它可以识别非法请求并阻止超越权限的数据访问和操作，从而有效抵御病毒、黑客等通过各种形式发起的对生产控制大区的恶意破坏和攻击活动。横向隔离装置分为正向隔离装置和反向隔离装置。

正、反向隔离装置接入方式如图 10-5 所示。

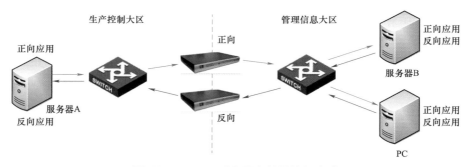

图 10-5　正、反向隔离装置接入方式

1. 正向隔离装置

正向隔离装置用于安全区 I / II 到管理信息大区的单向数据传递，实现两个安全区之间的非网络方式的安全数据交换。

2. 反向隔离装置

反向隔离装置用于从管理信息大区到安全区 I / II 单向传递数据，是管理信息大区到安全区 I / II 的唯一数据传递途径。横向安全隔离装置（反向）集中接收管理信息大区发向安全区 I / II 的数据，进行签名验证、内容过滤、有效性检查等处理后，转发给安全区 I / II 内部的接收程序。

反向隔离装置的工作过程：

（1）管理信息大区内的数据发送端，首先对需发送的数据签名，然后发给反向隔离装置。

（2）隔离装置接收数据后，进行签名验证，并对数据进行，内容过滤、有效性检查等处理。

（3）将处理过的数据转发给安全区Ⅰ/Ⅱ内部的接收程序。

电力专用安全隔离装置作为安全区Ⅰ/Ⅱ与管理信息大区的必备边界，具有最高的安全防护强度，是安全区Ⅰ/Ⅱ横向防护的要点。

3. 横向隔离装置在风电场中的应用

风电场中横向隔离装置使用场景一般有 2 种。

（1）一部分风电场将安全区Ⅰ计算机监控系统中采集的实时数据传输至管理信息大区的生产管理系统或直接传输至发电集团总部监控中心，中间须安装 1 台正向隔离装置，用于安全区Ⅰ到管理信息大区的单向数据传输。

（2）风功率预测系统中，部署在管理信息大区的气象服务器将收集的天气预报数据发送至安全区Ⅱ的风功率预测服务器，中间须安装 1 台反向隔离装置，用于管理信息大区到安全区Ⅱ的单向数据传输。

二、硬件防火墙

硬件防火墙是设置在内部网络和外部网络之间的一道屏障，以防止发生不可预测的、潜在的破坏性侵入。它可通过监测、限制、更改跨越防火墙的数据流，尽可能地对外部屏蔽网络内部的信息、结构和运行状况，以此来实现网络的安全保护。防护墙的部署方式如图 10−6 所示。

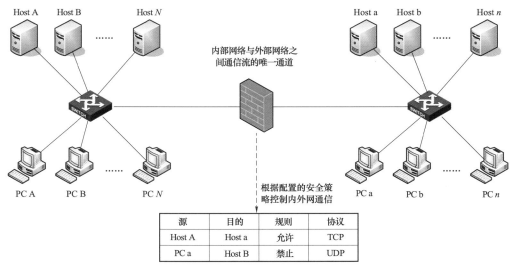

图 10−6　防护墙的部署方式

1. 防火墙的功能

（1）过滤进出网络的数据。数据包在通过防火墙时，不符合规定的 IP 地址的信息包会被过滤掉，以保证内部网络的安全。通过过滤不安全的服务，防火墙可以极大地提高内部网络安全和减少内部网络中主机的风险。例如，防火墙可以禁止 NIS、NFS 服务通过，同时可以拒绝源路由和 ICMP 重定向封包。

（2）管理进出网络的访问行为。防火墙可以提供对内部网络的访问管理，如允许从外部网络访问内部网络某些主机，同时禁止访问另外的主机。例如，防火墙允许外部访问特定的 mail server 和 web server。防火墙对内部网络实现集中的安全管理，防火墙定义的安全规则可以运行于整个内部网络系统，而无须在内部网每台机器上分别设立安全策略。外部用户也只需要经过一次认证即可访问内部网络。

（3）记录进出网络的信息和活动，对危险行为进行检测和告警。防火墙可以记录和统计通过防火墙的网络通信，提供关于外部网络访问内部网络的统计数据，并且通过这些数据来判断可能的攻击和探测，及时对网络攻击进行检测和告警。

2. 防火墙在电站的应用

在风电场电力监控系统中，防火墙作为生产控制大区或管理信息大区内部网络之间必备的横向边界防护措施，如风功率预测服务器（安全Ⅱ区）与电站监控系统（安全Ⅰ区）进行数据交互，须在通信链路中间加装防火墙；天气预报服务器（安全Ⅲ区）接收互联网中的气象数据，须在通信链路中间加装防火墙。通信链路中的防火墙通过对数据来源和流向进行控制，以保证网络安全性。它能允许你"同意"的人和数据进入你的网络，同时将你"不同意"的人和数据拒之门外，最大限度地阻止低安全等级网络中的非法访问者来访问高安全等级的网络。

风电场防火墙一般要求设备本身具有预防入侵的功能，并且自身具有较高的抗攻击能力；外部网络与内部网络互相访问的双向数据流必须通过防火墙；只有被安全策略允许（合法）的数据才可以通过防火墙。

三、纵向加密认证装置

纵向加密认证装置用于生产控制大区的广域网边界防护。纵向加密认证装置为广域网通信提供认证与加密，实现数据传输的机密性、完整性保护，同时具有类似防火墙的安全过滤功能。

1. 工作原理

为实现数据通信的加密和认证，须在网络数据通信的两端各配置 1 台纵向加密认证装置，在风电场侧通常部署于路由器与交换机之间。

2. 接入流程

（1）了解数据网络结构、拓扑、地址规划、路由及策略，VPN 业务规划与接入。

（2）业务系统负责人确认可能对业务引起的中断评估，开具第二种工作票。

（3）确定纵向加密认证装置的部署方案和部署位置。

（4）进入设备调试环节，其调试步骤及意义为：

1）初始化：生成装置的设备密钥，并填写必要信息；生成证书，提交本级调度证书服务系统签发。

2）配置：配置设备的基本信息、安全隧道信息、安全策略信息。导入对端装置的设备证书，与对端联调，保证隧道能够正常建立，安全策略与对端匹配，业务能够正常通信。导入管理中心的证书，保证纵向加密管理中心能够对该纵向加密认证装置进行远程管理。

3）监控：添加纵向加密认证装置日志传送主站内网安全监视平台的配置，保证主站内网安全监视平台能够监测到该纵向加密认证装置实时的运行状态。

3. 应急解决步骤

应对装置异常，提出相应的应急解决方案。

（1）与相应调控机构联系，查询装置的状态。

（2）断电重启装置，重启后查看纵向加密装置运行及业务通信是否正常。

（3）重启后，如故障未消除，征得调控机构同意后，启用硬旁路，同时联系设备生产厂家进行故障处理。

4. 纵向加密认证装置在风电场中的应用

风电场中，纵向加密认证装置一般部署在生产控制大区纵向边界，通常在安全Ⅰ区和安全Ⅱ区纵向边界各部署 1 台，分别与主站安全Ⅰ区和安全Ⅱ区纵向加密装置配合实现数据的加解密和认证功能，保障纵向数据通道的安全可靠。

四、网络安全监测装置

网络安全监测装置部署于电力监控系统局域网网络中，用以对监测对象的网络安全信息采集、控制检测对象执行指定命令，对上为网络安全管理平台上传事件并提供服务代理功能。其整体架构设计如图 10-7 所示。

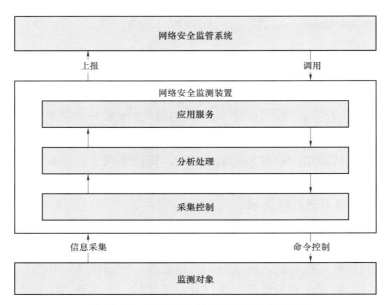

图 10-7　网络安全监测装置整体架构图

根据性能差异分为Ⅰ型网络安全监测装置和Ⅱ型网络安全监测装置两种。Ⅰ型网络安全监测装置采用高性能处理器，可接入500个监测对象，主要用于主站侧。Ⅱ型网络安全监测装置采用中等性能处理器，可接入100个监测对象，主要用于厂站侧。

（一）部署方案

在变电站站控层或并网电厂电力监控系统的安全Ⅱ区部署网络安全监测装置，采集变电站站控层和发电厂涉网区域的服务器、工作站、网络设备和安全防护设备的安全事件，并转发至调度端网络安全管理平台的数据网关机。同时，支持网络安全事件的本地监视和管理。

当变电站站控层或发电厂涉网区域存在Ⅰ、Ⅱ区，并且网络可达时，网络安全监测装置部署在Ⅱ区，如图10-8所示。

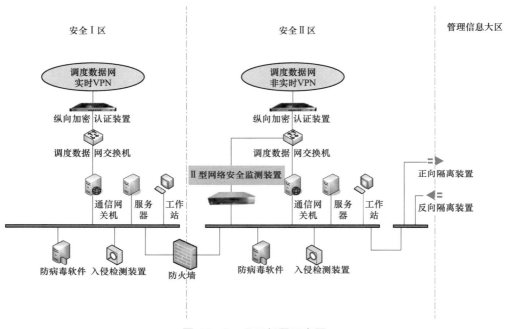

图10-8　Ⅱ区部署示意图

当变电站站控层或发电厂涉网区域Ⅰ、Ⅱ区网络完全断开，则Ⅰ、Ⅱ区各部署一台网络安全监测装置，如图10-9所示。

当变电站站控层或发电厂涉网区域无Ⅱ区时，则网络安全监测装置直接部署于Ⅰ区，如图10-10所示。当变电站站控层或发电厂涉网区域网络存在A、B双网，网络安全监测装置需要同时与A、B双网互联。

（二）基本功能

1. 数据采集

网络安全监测装置采集被监测系统内的网络设备、安防设备、其他设备（如服务器、工作站、网关机等）的安全相关信息，进行分析处理后，上报至网络安全监管平台，流程如图10-11所示。

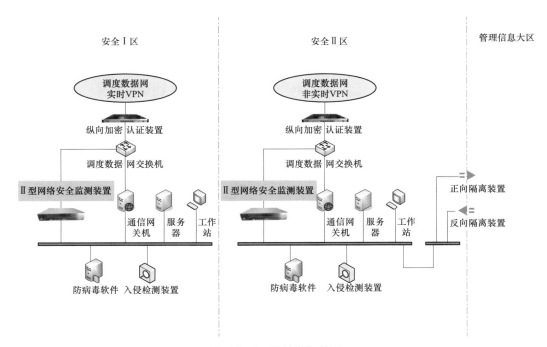

图 10-9　厂站端拓扑图

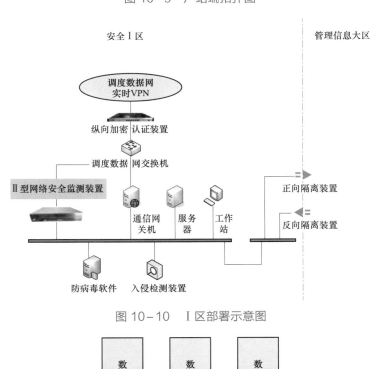

图 10-10　Ⅰ区部署示意图

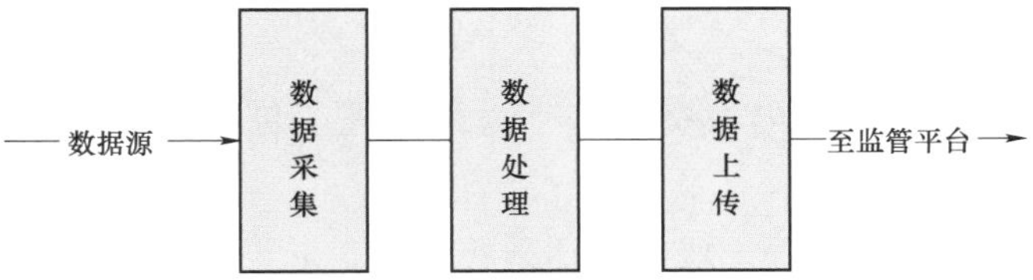

图 10-11　厂站数据流程

（1）网络设备采集信息。网络设备采集信息主要包括操作信息、运行信息、安全事件等，具体采集信息为：

1）操作信息：包括用户/口令安全管理、用户登录信息、用户操作等信息。

2）运行信息：包括在线时长、CPU 利用率、内存利用率、网络丢包率、网口状态、网络连接情况等信息。

3）安全事件：包括 IP、MAC 地址冲突等信息。

（2）安防设备采集信息。采集内容主要包括设备运行信息、安全事件等，具体为：

1）设备运行信息：包括设备的 CPU、内存利用率等信息。

2）安全事件：包括不符合安全策略访问、设备故障告警等信息。

（3）主机设备、其他设备采集信息。主机及其他设备采集信息主要包括登录信息、运行信息、安全事件等，具体为：

1）登录信息：包括用户登录的链路信息，操作信息等信息。

2）运行信息：包括外设设备使用情况、CPU 使用率、内存使用率等信息。

3）安全事件：包括文件权限变更、用户权限变更、外设设备接入、用户危险操作等信息。

2. 数据分析处理

数据分析处理应满足的要求为：① 支持以分钟级统计周期，对重复出现的事件进行归并处理；② 支持根据参数配置，对采集到的 CPU 利用率、内存使用率、网口流量、用户登录失败等信息进行分析处理，根据处理结果决定是否形成新的上报事件。具体参数见表 10-2。

表 10-2   数据处理涉及的参数

参数	说明
CPU 利用率上限阈值	CPU 利用率超过该阈值，形成上报事件
内存使用率上限阈值	内存使用率超过该阈值，形成上报事件
网口流量上限阈值	交换机网口流量超过该阈值，形成上报事件
连续登录失败次数	连续登录失败次数超过该阈值，形成上报事件

3. 服务代理

网络安全监测装置以服务代理的形式提供给管理平台调用，网络安全监测装置以服务代理的形式提供给管理平台调用，代理应满足的要求为：

（1）应支持远程调阅采集信息、上传事件等数据，根据该时间段设备类型、事件等级记录个数并综合过滤数据信息。

（2）应支持对被监测系统内的资产进行远程管理，包括信息添加、删除、修改、查看等。

（3）应支持参数配置的远程管理，包括系统参数、通信及事件处理。

（4）应支持通过代理方式实现对服务器、工作站等设备基线核查功能的调用。

（5）应支持通过代理方式实现对服务器、工作站等设备主动断网命令的调用。

（6）应支持通过代理方式实现对服务器、工作站等设备的关键文件清单危险操作定义值、周期性事件上报等参数的添加、删除、修改、查看。

（7）应支持通过网络安全管理平台对监测装置进行远程升级。

4. 通信功能

（1）与服务器、工作站设备通信。支持采用自定义 TCP 协议与服务器、工作站等设备进行通信，实现对服务器、工作站等设备的信息采集与命令控制。报文格式包括报文头、报文体和报文尾三部分。

（2）与网络设备通信。

1）支持通过 SNMP 协议主动从交换机获取所需信息。

2）支持通过 SNMP TRAP 协议被动接收交换机事件信息。

3）采用 SNMP、SNMP TRAP V3 版本与交换机进行通信。

4）支持通过日志协议采集交换机信息。

（3）与安全防护设备通信。网络安全监测装置与安全防护设备通信应支持通过 GB/T 31992 协议采集安全防护设备信息。

（4）事件上传通信。采用 DL/T 634.5104 通信协议；网络安全管理平台作为服务端，网络安全监测装置作为客户端；采用自定义的报文类型；TCP 连接建立后，首先进行基于调度数字证书的双向身份认证，认证通过后才能进行事件上传；只与网络安全管理平台建立一条 TCP 连接。

（5）服务代理通信。采用基于 TCP 的自定义通信协议；网络安全监测装置作为服务端，网络安全管理平台作为客户端；支持多个 TCP 连接，至少支持 4 个；对未配置的网络安全管理平台 IP 地址发来的 TCP 连接请求拒绝响应。

5. 本地管理

（1）具备自诊断功能，至少包括进程异常、通信异常、硬件异常、CPU 占用率过高、存储空间剩余容量过低、内存占用率过高等，检测到异常时应提示告警，诊断结果应记录日志。

（2）具备用户管理功能，基于三权分立原则，为不同角色分配不同权限；满足不同角色的权限相互制约要求，不存在拥有所有权限的超级管理员角色。

（3）具备资产管理功能，包括资产信息的添加、删除、修改、查看等，资产信息包括设备名称，设备 IP、MAC 地址，设备类型，设备厂家，序列号，系统版本等。

（4）支持采集信息、上传信息的本地查看，支持根据时间段、设备类型、事件等级、事件条数等综合过滤条件进行信息查看。

（5）支持对监视对象数量、在离线状态的统计展示，支持从设备类型、事件等级等维度对采集信息、上传信息进行统计展示。

（6）具备日志功能，日志类型至少包括登录日志、操作日志、维护日志等。

（7）日志内容包括日志级别、日志时间、日志类型等信息，日志具备可读性。

（三）部署位置以及和网络安全管理平台的关系

按照"分布采集、统一管控"原则，Ⅱ型网络安全监测装置部署于电力监控系统发电厂涉网生产控制大区或变电站站控层，用以对监测对象的网络安全信息进行采集，为网络安全管理平台上传事件并提供服务代理功能。

（四）性能指标

（1）Ⅱ型网络安全监测装置采集信息吞吐量不少于 1000 条/s。

（2）Ⅱ型网络安全监测装置支持监测对象数量不少于 100。

（3）Ⅱ型网络安全监测装置内存不小于 4GB，存储空间不小于 250GB。

（4）对上传事件信息的处理时间不超过 500ms。

（5）对远程调阅的处理时间不超过 500ms。

（6）具备 9 个 10M/100M/1000M 自适应以太网电口（支持网口扩展），采用 RJ45 接口。

（7）通过 IRIG−B 同步，对时精度不超过 1ms；通过 SNTP 同步，对时精度不超过 100ms。

（8）在没有外部时钟源校正时，24h 守时误差不超过 1s。

（9）平均故障间隔时间（mean time between failure，MTBF）不少于 30000h。

五、恶意代码监测系统

1. 系统目标

对电力监控系统的恶意代码进行及时有效的采集监测、清除或隔离，重要业务系统的主机具备恶意代码防范能力，在调度主站与调控云、网络安全管理平台充分结合，发挥协同优势，打造具有电力监控系统特色的恶意代码监测系统。

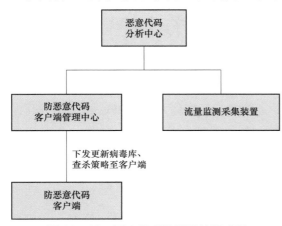

图 10−12　恶意代码监测系统组成图

2. 部署方案

系统由防恶意代码客户端、防恶意代码客户端管理模块、网络流量恶意代码监测采集装置、恶意代码分析功能模块组成，见图 10−12。

恶意代码分析中心部署在生产控制大区和管理信息大区，实现对服务器、工作站端恶意代码安全事件信息的采集和流量端恶意代码安全事件的检测。

防恶意代码客户端管理模块和网络流量恶意代码监测采集装置部署在生产控制大区和管理信息大区。防恶意代码客户端管理模块用于对主机类设备的恶意代码客户端进行集中配置，主要涉及恶意代码客户端的恶意代码库更新，扫描策略配置和文件防护配置等；网络流量恶意代码监测采集装置用于对流量数据恶意代码告警进行存储、汇总和分析，分析流量中恶意代码的攻击路径和源头。

防恶意代码客户端部署在主机、服务器等业务主机设备上，并支持 Windows 和凝思、麒麟及其他主流操作系统。

调度主站上述功能模块及装置均需部署，部署方式见图 10−13。

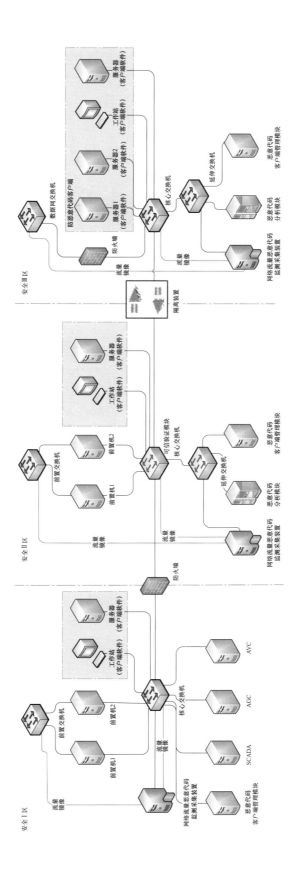

图 10-13 主站端恶意代码监测系统部署图

厂站端部署防恶意代码客户端、防恶意代码客户端管理模块，接受调度主站管理，并能够通过调度数据网将厂站端恶意代码监测告警等信息上传至调度主站系统，同时接受调度主站系统下发的恶意代码库，进行恶意代码库更新，部署方式见图10-14。

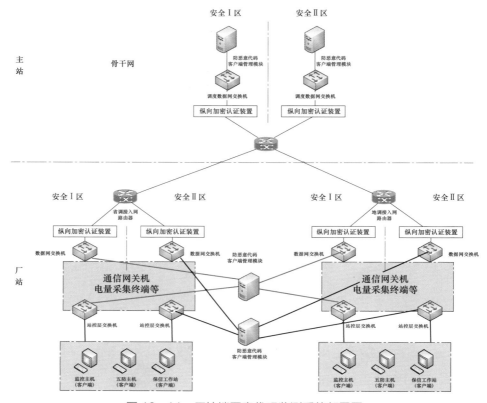

图 10-14　厂站端恶意代码监测系统部署图

六、安全防护设备的配置原则

各风电场中安装的电力监控系统不尽相同，系统的功能和结构也存在一定的差异，因此，风电场电力监控系统安全防护设备的配置，须充分考虑站内电力监控系统功能和结构，按照"安全分区、网络专用、横向隔离、纵向认证"的十六字方针要求，进行电力监控系统安全防护设备的配置。

1. 纵向边界

每套调度数据网需配置两台纵向加密认证装置，一台安装在实时数据通道纵向边界，另一台安装在非实时数据通道纵向边界。

2. 横向边界

按现场实际情况，须在安全Ⅰ区与安全Ⅱ区之间部署一台硬件防火墙；生产控制大区与管理信息大区之间部署一台正向隔离装置，一台反向隔离装置；安全Ⅲ区与安全Ⅳ区之间部署一台硬件防火墙。

风电场电力监控系统安全防护设备技术参数可参考表10-3。

表 10-3　　　　　　风电场电力监控系统安全防护设备技术参数表

设备名称	参数要求
纵向加密装置	冗余电源，百兆电口不少于 4 个，明文数据包吞吐量不少于 95Mbit/s，密文数据包吞吐量不小于 25Mbit/s（330kV 及以上厂站）
	冗余电源，百兆电口不少于 4 个，明文数据包吞吐量不少于 50Mbit/s，密文数据包吞吐量不小于 5Mbit/s（35 及 110kV 厂站）
防火墙	冗余电源，百兆电口不少于 4 个，吞吐量不少于 400Mbit/s
正向隔离装置	冗余电源，电力专用，百兆，正向隔离
反向隔离装置	冗余电源，电力专用，百兆，反向隔离
网络安全监测装置	冗余电源，吞吐量不少于 1000 条/s，支持检测对象数量不少于 100，装置内存不小于 4GB，存储空间不小于 250GB

第四节　风电场电力监控系统安全防护重点

一、规范电力监控系统建设前期工作

（1）新、改、扩建电站电力监控系统在设计阶段，应同步开展安全防护实施方案（含网络拓扑图）设计工作。实施方案经本单位审查合格后，应报送相应调度机构审查。

（2）风电场在并网验收前，应认真开展电力监控系统安全防护现场自验收工作，确保满足下述要求：

1）电力监控系统安全防护结构和策略符合规程规定。

a. 生产控制大区与管理信息大区之间应采用电力专用横向单向安全隔离装置，并正确配置安全策略。

b. 电站向发电集团总部或其他第三方部门发送数据时，与运行在管理信息大区的数据接口机之间应部署电力专用横向单向安全隔离装置，并正确配置安全策略。

c. 安全区 I 与安全区 II 之间应部署防火墙，并正确配置安全策略。

d. 生产控制大区系统与主站系统通过电力调度数据网进行远程通信时，应采用纵向加密认证装置，并正确配置安全策略，严禁以明通方式与调度机构通信。

e. 服务器、工作站、计算机监控系统后台等计算机设备 USB 接口应封锁，Windows 系统应安装杀毒软件。

f. 自动化系统应杜绝账号借用、账号公用、随意使用管理员账号等情况，账户密码应由字母、数字等组合，区分大小写，并在 8 位以上。

2）电力监控系统各项资料完备，应包含但不限于以下内容。

a. 上级部门规程规定：《电力监控系统安全防护规定》及其配套文件，《风电、光伏和燃气电厂电力监控系统安全防护技术规定》。

b. 电力监控系统安全防护技术资料:《电力监控系统安全防护实施方案》《电力监控系统网络拓扑图》,站内安全防护设备说明书及检测合格证。

c. 电站与相关系统厂商签订的保密协议。

3)已建立电力监控系统安全防护运维管理制度,明确电站电力监控系统安全防护责任分工、运行维护规定、工作流程和管理要求。

4)配置 2 名及以上电力监控系统安全防护负责人员(专职或兼职),并通过调度机构组织的电力监控系统安全防护知识考试。

(3)在完成电力监控系统安全防护自验收后,应出具自验收结论。在向电力交易部门上报并网验收申请时,同步向调度机构报送电力监控系统安全防护自验收资料,包括电力监控系统安全防护自验收结论、电力监控系统安全防护网络拓扑图和电力监控系统安全防护合规性承诺书。

二、规范二次安防现场运维管理

(1)凡涉及电站电力监控系统安全防护结构变更、电力监控系统安全防护设备退役的电力监控系统安全防护运维工作,均应办理工作票,工作票应明确工作内容、结构变更情况及安全措施。电力监控系统安全防护运维工作必须经电站电力监控系统安全防护负责人员许可后方可开展。如现场工作涉及纵向加密装置,必须征得相关调度机构自动化专责许可后,方可开展。

(2)电力监控系统安全防护运维工作结束后,工作许可人应全面检查电力监控系统安全防护结构及策略是否合规,对不符合规程规定的应立即组织整改。对电力监控系统网络结构变更,应及时组织更新网络拓扑图,并及时上报相应调度机构。

(3)加强对厂家二次技术人员的管理。凡参与站内电力监控系统运维工作的厂家技术人员,应具备必要的电力监控系统安全防护知识,并通过电站组织的电力监控系统安全防护知识考试。电力监控系统安全防护运维工作过程中,电站运维人员应对厂家技术人员实行全过程监护,杜绝由于厂家技术人员工作随意而导致的电力监控系统安全防护违规事件。

(4)应从组织、技术和安全措施三方面着手,坚决杜绝发生下列电力监控系统安全防护违规事件:

1)电力监控系统安全防护设备,包括纵向加密装置、防火墙、隔离装置等未经许可随意退出运行。

2)电力监控系统安全防护设备未配置任何安全策略或安全策略为明通。

3)外网(互联网)未经任何安全措施直接接入生产控制大区。

4)电力监控系统安全防护网络拓扑图与现场实际接线不相符。

5)生产控制区与非控制区未经任何安全防护设备直接相连。

6)厂商以任何方式远程直接接入风电场生产控制大区。

7)擅自解除服务器、工作站 USB 接口封锁状态,随意使用 U 盘等移动存储介质。

（5）建立电力监控系统安全防护定期巡视机制，将电力监控系统安全防护设备纳入电站日常巡视工作，每月检查电力监控系统安全防护结构和策略是否合规、电力监控系统安全防护网络拓扑图是否与现场"图实相符"，对发现的问题应及时组织整改，并向相应调度机构反馈结果。

（6）定期开展电力监控系统安全防护知识培训，开展评估和考核工作，确保电力监控系统安全防护负责人员和运维人员知识技能胜任现场电力监控系统安全防护运维工作。

第十一章　风电场自动化系统并网验收

风电场自动化系统是电网自动化系统的重要组成部分，其运行状态和数据直接影响着对电网的在线计算机监控与调度决策。风电场自动化系统在建设、调试阶段是否严格执行相关技术标准和检验测试程序，关系到系统后期运行的稳定性和可靠性。因此，风电场并网验收及试运行工作，须严格遵照国家和电网公司的相关要求，严把验收质量关，杜绝设备带病入网。本章主要从验收前期准备、现场验收及试运行等方面对风电场自动化系统并网验收的相关内容进行阐述，以便从事风电场建设或运维管理人员对电站自动化系统的并网验收过程及内容有系统全面的了解。

第一节　风电场自动化系统并网验收的前期准备

风电场自动化系统并网验收前，建设管理单位要从并网所需的自动化设备、接入信息、技术条件及系统、设备的自检等方面入手，做好电站资料、技术文档（含遥控、遥调等信息的定值单、试验、调试报告）的收集和整理，为风电场（子）系统的接入调试做好准备工作。这些工作不仅是为了风电场并网验收做准备，更是给电站投运后的稳定可靠运行打下坚实基础，为电站运行管理单位提供了丰富的技术理论和实践指导。

一、风电场并网必备条件

（一）设备台账资料健全

（1）风电场（汇集站）二次设备参数、图纸及网络配置资料，包括但不限于合同中的技术规范书、设计文件、图纸、变更单，设计联络和工程协调会议纪要、工厂验收报告、设备清册；设备合格证明、质量检测证明、软件使用许可证和出厂试验报告，一次接线图，二次系统网络接线图。

（2）各项功能调试（联调）报告（记录）以及传动试验报告，包括三级自检报告、现场验收报告、现场施工调试方案、调整试验报告、系统联调记录及远方传动试验记录等。

（3）风电场启动并网前向相关调控机构自动化专业处室所报送的并网审查意见、调度命名文件、涉网远动信息点表、二次安全防护接入方案、风电功率预测建模参数，以及风电场基本信息（包括运行管理人员名单）等资料。

（4）各类检测、试验工器具和设备的校验合格证书或证明。

新安装的自动化系统和设备应具备的技术资料的内容应符合DL/T 516要求。

（二）规范配置自动化设备

风电场自动化设备配置应符合DL/T 5003要求，并符合对其有调度管辖权的调度机构的具体规定。包括但不限于冗余配置的生产控制大区远动网关（数据通信网关机），通过专用通道与调度侧系统进行数据交互；管理信息大区远动网关；调度数据网络接入设备；电能量远方终端设备；二次安全防护设施应满足《发电厂监控系统安全防护总体方案》的相关要求；全站统一的时钟同步系统；风电功率预测系统；功率控制系统；相量测量装置（PMU）；不间断供电电源；风电场监控系统等。

风电场与电力系统调度机构之间的通信方式、传输通道和信息传输由电力系统调度机构作出规定，包括提供遥测信号、遥信信号、遥调信号以及其他安全自动装置的信号，提供信号的方式和实时性要求等。

（三）完成自动化系统功能建设

风电场计算机监控系统要配置完整，采集信息要与一次侧数值一致；功率预测系统要配置完整，电站侧调试完毕后还要与主站完成联调；功率控制系统要配置完整，有功功率控制和无功功率控制指令正确接收并下发至各个调节单元，电站侧调试完毕后还要与主站完成联调；另外，为了确保并网后对电网的负面影响尽可能小，若风电场配有安全稳定控制装置，还需要确保其联调无误。

（四）自动化信息接入完整准确

风电场向调度机构传输实时信息的内容应符合DL/T 5003要求，满足调度监控运行要求，提供的信号至少应当包括以下内容。

1. 监视类信息

（1）实时遥测。

1）全场机组机端的有功功率总和、无功功率总和等。

2）并网线路有功功率、无功功率、三相电流。

3）集电线有功功率、无功功率、A相电流。

4）主变压器低压侧有功功率、无功功率、低压侧电流。

5）站用变压器及接地变压器各侧有功功率、无功功率、三相电流。

6）无功补偿装置无功功率、A相电流。

7）母联有功功率、无功功率、A相电流。

8）风电场升压站的高、低压各段母线三相电压、线电压、频率。

9）测风塔温度、湿度、气压。

10）测风塔10m、30m、风电机组轮毂中心高处、测风塔最高处四个测点实时测量风速、风向信息。

11）风电场正常发电容量、台数。

12）风电场限功率容量、台数。

13）风电场待风容量、台数。

14）风电场停运容量、台数。

15）风电场通信中断容量、台数。

16）实际并网容量。

17）当前风速下风电场机组可调有功功率上限、下限。

18）各段高压母线可增无功功率、可减无功功率。

19）风力发电机组有功功率、无功功率、电流、线电压、风向、温度。

（2）实时遥信。

1）事故总信号。

2）并网线路断路器、隔离开关位置信号。

3）集电线断路器、隔离开关状态位置信号。

4）并网变压器各侧断路器、隔离开关位置信号。

5）母联、分段断路器、隔离开关状态位置信号。

6）无功补偿装置断路器、隔离开关状态位置信号。

7）站用变压器断路器、隔离开关状态位置信号。

8）并网点变压器、线路以及母线保护信号。

9）风力发电机组运行状态（正常发电、限功率、待风、停运、通信中断）。

10）风力发电机组低电压穿越功能投入。

11）风电场自动发电控制（AGC）和自动电压控制（AVC）的允许信号。

2．预测类信息

（1）未来72h 96点短期功率预测数据。

（2）未来4h 16点超短期功率预测数据。

（3）实测气象数据，包括实时测量的风速、风向、气温、气压、湿度等数据。

3．控制类信息

（1）全站有功功率可调上限、下限。

（2）全站无功功率可调上限、下限。

（3）全站远方/就地状态。

（4）全站开环/闭环状态。

（5）电压控制和功率控制的相关控制信号。

（6）风电AGC出力值。

4．PMU信息

同步相量测量装置根据各区域电网运行实际情况，统筹考虑安装部署站点，一般情况下35kV及以上电压等级上网的、装机容量在40MW及以上的风电场均要求部署同步相量测量装置。同步相量测量装置须接入以下信息：

（1）风电场：送出线路三相电压、三相电流；主变压器高压侧三相电压、三相电流；

母线电压；风电场集电线路三相电压、三相电流；风电场无功补偿装置三相电压、三相电流；风电场滤波器三相电压、三相电流。

（2）汇集站：330kV及以上电压等级线路三相电压、三相电流；主变压器高压侧三相电压、三相电流；330kV及以上电压等级母线电压；与系统稳定相关或连接较多电源的110kV线路三相电压、三相电流。

5. 其他信息

信息申报与发布类信息，主要包括电站注册信息、台账信息、人员信息及运行日报、月报等申报信息及调度侧披露的发电计划、发电厂考核等发布信息。

（五）其他技术要求

1. 电力监控系统防护要求

如站内有监控系统且需与其他自用设备系统连接的，应满足《电力监控系统安全防护规定》（国家发改委2014年第14号令）要求，采取必要的安全防护措施，配置硬件防火墙、纵向加密装置、横向隔离装置、网络安全监测装置及恶意代码监测系统等安全防护设备，并与上送调度的设备和端口在物理上进行隔离。

2. 通信要求

远动信息上传宜采用专网有线方式，可单独配置专网远动通信并满足相关信息安全防护要求，如光纤以太网通信、音频四线通信等。采用网络方式通信的应具备基于非对称加密技术单向认证功能。远动装置应至少支持IEC 60870−5−101、IEC 60870−5−104规约通信，调度电话要求专用且具备录音功能。

3. 风功率预测气象要求

数值天气预报数据应至少包括次日零时起未来72h的数据，时间分辨率15min，数据包括至少3个不同层高的风速、风向及气温、气压、湿度等参数；测风塔10m、30m、50m和风力发电机组轮毂高度的实时风速、风向、温度、湿度、压强等气象数据，时间分辨率一般不大于5min。

4. 影响发电效率的相关要求

在风电场正常发电过程中，风电场有功功率变化速率应满足电力系统安全稳定运行的要求，其限制应根据所接入电力系统的频率调节特性，由电网调控机构确定。

二、自动化系统设备自验收

在风电场并网必备条件具备之后，电网企业组织并网验收之前，项目建设单位应按照设计规范、风电场管理单位要求和电网企业并网验收要求，组织各个系统设备的生产厂家，编制系统自验收测试大纲，对风电场开展工程自验收工作。

需要特别说明的是，在电网企业组织的并网验收过程中，由于验收时间紧，工作量大，现场实际验收不能将所有验收项目检查到位，系统运行的缺陷或隐患不能全部暴露出来。为了保证风电场自动化设备能够长期安全稳定运行，在自验收过程中，必须结合自验收测试大纲及内容，将每一项验收内容在现场实地进行演示或操作，重点进行自动化系统各项功能配置的检查和测试，同时严把施工工艺，仔细检查设备安装的稳固性、屏柜设备的接地、网络走线的规范及有序性等细节，并保留真实、完整有效的自验收记录和报告，自验收资料也是电站后期现场并网验收时的基础资料。

1. 装置检查

检查远动通信屏柜、数据交互屏柜（站内数据交互）、时钟同步装置屏柜、电源屏柜、调度数据网及二次安全防护屏柜、光功率预测设备屏柜等各类自动化设备屏柜的安装是否稳固牢靠、接地是否可靠（含屏柜与接地网，设备与屏柜）；设备是否齐全；二次接线、网络接线是否整洁、可靠；设备是否全部带电运行，有无未投运设备；标识标牌是否清晰明确并正确标注；屏柜封堵是否严密。

2. 远动通信系统检查

在完成整个远动通信系统硬件设施检查后，对所涉及的技术参数进行专业测试，并且与调度主站进行沟通，检查通信状态与信息上传是否有误。检查中，现场可通过测试仪器对遥信变化、遥控功能、遥调功能和模拟遥测等内容开展重点评测，另外，还可以截取若干报文进行分析检查。

3. 时间同步装置检查

在完成时钟同步装置硬件设施检查后，可以检查最基本的时钟接线或NTP接线是否完整可靠。最行之有效的时钟同步装置检查方式是对任意二次设备进行时间调整，观察时钟授时能力，若时钟同步有缺陷，在通常情况下会比较明显。若有专业时钟监测设备，可按照标准化系统检测流程，在厂家专业人员的技术支持下对时钟同步装置的技术参数做逐一测试，确保电站内二次屏柜均接入对时系统，且对时装置授时能力满足系统要求。

4. 调度数据网及电力监控系统安全防护检查

对调度数据网，重点检查设备是否齐全并全部投入运行，核实主站是否对风电场调度数据网处于监控状态（即通信是否正常）。电力监控系统安全防护检查按照装置配置进行逐一核实，针对不同环节电力监控系统安全防护设备，逐一调取电力监控系统安全防护装置策略配置文件进行核对，确保设备及功能的正确投运。

5. 不间断电源检查

检查UPS电源设备是否完整并且正常运行，检查供电电源配置，做投切测试，确认装置无任何影响正常运行的告警或指示灯闪烁，还要注意双路电源是否完备且符合可靠性规定。

6. 相量测量装置检查

在检查相量测量装置的时候，首先要观察装置配置是否完整，检查装置运行情况，确认有无告警，然后对技术参数进行人工测试，最后与调度主站进行模拟输入，检查通信状态与信息上传是否完整准确。

7. 功率预测系统检查

检查功率预测系统时，首先要对预测系统各个服务器进行硬件检查，然后根据网络图细致分析，确保系统正常运行与电力监控系统安全防护功能配置完善，再进行站内试运行，对预测数据逐一进行观察，检查界面展示是否与实际预测值相符，最后对各类告警和维护模块进行验收检查。

8. 功率控制系统检查

首先要对功率控制服务器进行硬件检查，然后要检查风电机组、补偿装置等一次设备的运行情况与接入的信息是否一致，对技术参数逐一测试，抽取一定比例设备做传动试验，检查系统装置的配置是否达到国家和电网要求，协调主站对功率控制收发值和执行值进行核查。

当风力发电机组信息接入完成，进行相应系统和设备的测试后，不难发现，有很多系统和设备信息是需要与上级调控机构进行联合调试。通过联合调试，才能发现系统设备是否运行正常，计算策略是否符合设计要求，因此，风电场并网前需要将各类信息接入电网调度管理机构信息系统内，这成为整个风电场自动化业务建设的最后一步，也是最重要的一步，这项工作的高质量完成可以保证电站投运后，让电网企业顺利监视风电场各项数据指标，以便合理控制电站发电，确保电网安全稳定运行。

此项工作虽围绕自动化系统的建设和运行开展，但工作内容将涉及电力一次、二次各个专业。各项数据指标是否顺利互通，电站现场与调控机构实时监视数据是否高度一致将成为信息是否成功接入的重要标志。因此，风电场自动化系统并网前的准备工作与整个电站的建设与调试是同步开展的，只有完成所有准备工作，整个电站才能进入待验收状态，以便进一步通过验收，进入并网发电环节。

三、自动化信息接入

当风电场自身建设测试完成后，下一步工作就是将风电场各类信息接入电网调控机构。在这里，着重阐述风电场自动化信息接入流程中的重点环节和流程内容。各个地区由于各自电网规程、规定以及电站建设技术的差异可能会有所差别。图11-1为风电场自动化信息接入流程。

关键节点流程描述如下：

（1）风电场对竣工的自动化系统和设备进行自检并消缺。

（2）风电场管理单位提出厂站接入申请。

（3）电网公司受理厂站接入申请。

（4）电网公司根据风电场管理单位提供的设计、竣工图纸和资料建立厂站一次接线图及设备参数模型。

（5）电网公司主站负责绘制厂站一次接线图，将自动化信息点表提供给调控机构进行信息点表筛选、合并。

（6）电网公司将信息点表汇总后下发至风电场管理单位。

（7）风电场根据筛选、合并的信息点表进行自动化信息入库和模型维护。

（8）主站和厂站进行信息传动。

（9）主站和厂站进行信息核对。

（10）主站和厂站进行数据消缺。

（11）风电场管理单位督促调试单位形成调试报告。

（12）风电场进行资料汇总。

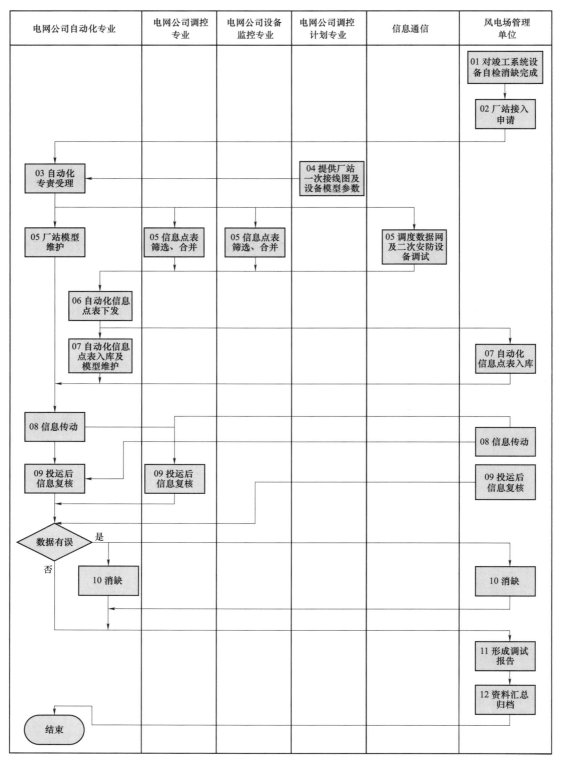

图 11-1 风电场自动化信息接入流程

第二节　风电场自动化现场验收

由于风电场内不仅有与电网连接的电气一次设备、继电保护、安全稳定装置、调度自动化系统、电力监控系统安全防护设备、通信系统等普通发电厂所具备的系统和设备，还有其特有的风电组件、电气一次设备、通信系统等电力生产设备，这些系统和设备的运行状态也密切关系着电网和风电场的稳定运行。

因此，为了使风电场自动化系统的验收工作更具有专业性、规范性和可操作性，加强规范风电场的投运验收工作势在必行。从人员、设备、生产过程、环境等方面进行全面验收，建立健全验收体系，完善验收操作、评分标准，规范验收内容，保证电站不带病投运，从而使风电场与整个电网都能安全稳定运行，同时还可以最大限度地提升电站自身经济效益。本节就风电场自动化系统的验收以及验收相关管理工作进行阐述。

一、验收程序

验收时，采取统一集中的验收方式，在这里就自动化专业的验收程序做简要介绍。

（1）工程建设管理单位提出书面验收申请，提供具备工程验收条件的书面材料。

（2）工程建设管理单位提供的"四遥"信息由运行单位负责核对，核查上送至当地后台的"四遥"信息量是否满足运行监控的要求，并提出整改意见；经生产管理部门审核后，在验收前一周报送至自动化专业管理部门，由自动化专业人员进行调度主站系统的建模、建库等工作。

（3）整组传动验收时，信息核对、遥控等操作需要风电场侧与调度主站同时进行；运行人员协助测试组进行电站间隔层装置与后台监控系统的信息核对、遥控、遥调试验。

（4）工作组检查验收必须具备的条件是否达到要求。

（5）测试组根据事先编制的验收大纲，结合所验收风电场的实际情况细化测试表格，必要时编制作业指导书。

（6）测试组检查所使用仪器、仪表是否满足验收要求。

（7）测试组按照测试表格规定内容逐项检查和测试。

（8）验收过程中有软件的修改或数据库的变动时，若产生功能或测点数据属性的变化，验收测试须重新开始；改变测点名称、测点系数等不影响其他测点属性的操作，只需对该测点相关量进行重新测试。

（9）商讨检查和测试过程中遇到的问题，现场能够解决的问题在现场处理。对现场不能处理的问题，列出问题清单附在验收报告之后。

（10）资料组审查工程资料。

（11）工作组编写验收报告并提出整改意见，测试表格作为附件。

（12）通过工程验收后，风电场自动化系统投入试运行。

二、现场验收内容及要求

工程项目建设单位在完成自检和自验收后，向电网企业提交验收申请，电网企业应组织相关单位和专业人员成立现场自动化专业验收工作组，集中前往风电场开展正式验收工作。

（一）现场资料审查

（1）审查提交的合同文件、技术规范书。

（2）审查设备清单、软件版本清单及序列号。

（3）审查设备入网许可证、质量检测合格证。

（4）审查供应商提供的技术资料、软件和备份及其他需要的技术文档。

（5）审查工厂验收报告、三级自检报告、"四遥"信息传动记录及报告。

（二）现场环境及设备安装检查

检查设备（系统）外观是否正常、安装布置是否合理、接地是否可靠；绝缘试验和通电检查是否符合DL/T 995《继电保护和电网安全自动装置检验规程》的相关要求；场地环境是否符合GB/T 2887《计算机场地通用规范》、GB/T 15153.2《远动设备及系统 第2部分：工作条件 第2篇：环境条件（气候、机械和其他非电影响因素）》的相关要求。

（三）现场配置检查

（1）系统基本软件：检查提交资料中系统软件、数据库、应用软件以及传输规约等内容是否与现场配置一致。

（2）站控层设备：检查服务器、监控工作站、远动工作站或通信装置、继保工作站、电能计量工作站或通信装置、时钟同步设备、智能接口设备、系统层网络和安全防护设备、打印机及其他设备等的型号和台数是否与合同文件、技术规范书一致。

（3）间隔层设备：检查测控单元、保护单元、测控保护一体化单元、一次设备在线监测智能单元、故障录波设备、网络监视与分析设备、过程层网络设备及其他智能设备等的型号、数量、软件版本等是否与合同文件、技术规范书一致。

（四）自动化系统现场验收

此部分为自动化系统现场验收重点部分，验收小组按照第一节所述自动化系统测试及验收大纲逐一进行自动化系统验收。在验收过程中，若现场验收时间有限，验收小组则需要对检测/试验报告进行细致审查，至少抽取所有试验/测试项目的30%进行抽检，检查测试结果是否与报告一致。电站管理单位要对试验/测试报告负责，做到真实有效。

1. 装置外部检查

（1）装置实际构成情况，如装置的配置、型号、参数是否与设计相符合。

（2）主要设备、辅助设备的施工质量，导线与端子采用材料的质量以及插件接触的牢靠度等工艺质量。

（3）屏柜上标志应正确完整清晰，并与图纸和规定相符。

（4）检查装置内、外部是否清洁无积灰。检查装置空气开关、拨轮及按钮是否良好。检查显示屏是否清晰，文字是否清楚。检查交换机是否完好。按照各装置说明书描述的方法，根据实际需要，检查软硬件设定并做记录。

2. 通电检查

（1）打开装置电源，装置应能正常工作。

（2）按照装置技术说明书描述的方法，检查并记录装置的软、硬件版本号、校验码等信息。

3. 输出触点及输出信号检查

在装置屏柜端子排处，按照装置技术说明书规定的试验方法依次观察装置已投入使用的输出触点及输出信号的通断状态。

现场安装设备检查内容如表11-1所示。

表 11-1 现场安装设备检查表

序号	项目	数量	产品型号	制造商	CPU 速率/内存（MB）/ 外存（GB）	操作系统	应用软件版本	地址
1	后台监控服务器							
2	各种人机工作站							
3	各类功能应用服务器							
4	相量测量装置							
5	不间断电源				交流输入： 直流输入： 交流输出：			
6	远动通信工作站				至主站通信端口： 速率；接口类型；规约			
7	同步时钟				输出信号：□B 码 □RS-485 □RS-232 □PPS 至二次设备：□PPS □B 码 □IEEE 1588			
8	调度数据网设备				□路由器 □交换机			
9	二次安全防护设备				□加密认证 □网关 □防火墙 □隔离装置 □网络安全监测装置			
10	网络接口				网络：□以太网 □RS-485 □其他；连接介质： □双绞线 □光纤 □其他			
11	公用测控装置							
12	独立测控装置							
13	……							
14	其他							

4. 远动通信系统测试

（1）远动通信系统相关设备运行功能、参数等与设计策略、配置描述文件和远动信息表是否相符。

（2）现场相关设备的实际状态与远方主站画面是否一致，远动性能是否满足要求。

（3）远动通信功能相关设备的通信状态是否正常。

（4）远动功能相关设备压板状态所对应的功能、信息交互方式等是否与设计相符。

（5）遥信变化情况与实际现场模拟状态是否一致。

（6）遥测精度、死区和线性度是否满足技术要求。

（7）遥控/遥调功能是否正常。

远动装置测试项目如表 11-2 所示。

表 11-2　　　　　　　　　　　远 动 装 置 测 试 项 目

序号	检测项目	
1	模拟量测试	正确显示测控装置模拟量
2	遥信变化测试	与现场设备实际状态及监控系统一致
3	遥控功能检查	与预设控制策略一致
4	遥调功能检查	与预设控制策略一致
5	网络中断	拔掉装置网线，报装置通信中断
6		插上装置网线，报装置通信恢复
7	报文测试	正确上传、翻译网络报文
8	网络切换	断开 104、101，查看 101、104 能否正常值班

5. 对时精度测试

（1）通信状态是否正常。

（2）同步对时系统输出接口的时间精度是否满足 DL/T 1100.1 技术要求。

（3）外部时钟信号异常时，统一时钟源自守时性、对时输出各类接口的时间信号输出以及精度是否满足 DL/T 1100.1 技术要求。

（4）时钟信号再恢复时，自恢复功能是否正常。

对时精度测试内容如表 11-3 所示。

表 11-3　　　　　　　　　　　对 时 精 度 测 试 内 容

序号	被测装置型号	是否对时	对时方式	校验仪记录时刻	测控装置 SOE 时间	误差值
1						
2						

6. 调度数据网及电力监控系统安全防护检查

（1）调度数据网及二次系统安全防护相关设备运行功能、参数等与安全防护策略文件、配置描述文件是否相符。

（2）安全防护设备是否满足电力监控系统安全防护要求。

调度数据网及电力监控系统安全防护测试内容如表 11-4 所示。

表 11-4　　　　　　　调度数据网及电力监控系统安全防护测试内容

序号	项目	数量	产品型号	制造商	操作系统	策略配置	通信正常
1	路由器						
2	交换机						
3	防火墙						
4	纵向加密						

序号	项目	数量	产品型号	制造商	操作系统	策略配置	通信正常
5	隔离装置						
6	网络安全监测装置						
7	防病毒系统						

7. 不间断电源检查

（1）通信状态是否正常。

（2）交直流电源切换功能、旁路功能、保护功能、异常告警功能是否正确，纹波系数是否满足技术要求。

不间断电源具体测试内容如表 11-5 所示。

表 11-5　　　　　　　　　　　不间断电源测试内容

序号		检测项目
1	通信测试	后台监控能正常监测不间断电源运行状态
2	功能测试	交直流电源切换功能、旁路功能、保护功能、异常告警功能正确
3	电池容量测试	远动设备配备专用的不间断电源装置（UPS）或使用站内直流电源供电，交流失电时，能维持不小于 1h 的供电；远动设备的供电电源应采取分路独立开关或熔断器

8. 相量测量装置检查

（1）与调控机构 WAMS 系统通信是否正常。

（2）装置时钟同步及采集量测功能是否满足要求。

（3）装置安全性及告警功能是否正常。

相量测量装置具体测试内容如表 11-6 所示。

表 11-6　　　　　　　　　　　相量测量装置测试内容

序号		检测项目
1	通信测试	与调控机构 WAMS 系统正常通信
2	时钟同步	具有守时电路，失去主时钟信号源时仍能长时间维持同步采样
3	功能测试	实时测量和显示三相基波电压、电流相量，基波正序电压相量、电流相量、有功功率、无功功率、系统频率、开关状态、非交流电压相量、发电机内电动势和发电机功角
4		不间断记录三相基波电压、电流相量，基波正序电压相量、电流相量、系统频率、开关状态、非交流电压相量、发电机内电动势和发电机功角
5		就地显示、分析、输出实时记录数据
6		发生暂态扰动时相量测量装置可以通过高速采样记录暂态过程
7	安全性	装置记录数据不会因电源中断而消失、不会因外部访问而删除、不提供人工删除和修改的功能
8	装置告警	具备在线自检功能，装置故障、TV/TA 断线、直流电源消失、通信异常时能正常告警
9	故障自恢复	装置因受到干扰而造成程序异常时，能够自恢复正常

9. 功率预测系统检查

对数值天气预报服务器、人机工作站、风功率预测应用服务器、物理隔离装置、防火墙、纵向加密装置、新能源自动气象站等现场设备配置检查，对系统监视、实时数据采集、功率预测、数据输出、统计考核、系统管理、界面展示等系统功能进行测试检查。

具体检查内容如表 11-7 和表 11-8 所示。

表 11-7　　　　　　　　　　　配　置　检　查

序号	项目	数量	产品型号	制造商	CPU 速率/内存（MB）/外存（GB）	操作系统	应用软件版本	地址
1	数值天气预报服务器							
2	人机工作站							
3	风功率预测应用服务器							
4	物理隔离装置							
5	防火墙							
6	网络安全监测装置							
7	测风塔							

表 11-8　　　　　　　　　　　系　统　功　能　测　试

序号	测试项目	测试内容	详细描述
1	风电监视	1. 风电场运行信息展示 2. 风电场测风塔信息展示	可展示风电场运行信息，包括风电场有功、无功功率，风力发电机组状态、风电理论发电功率等
2			可展示风电场测风塔数据信息，包括风速、风向、气压、温度、湿度等
3	实时数据采集	1. 发电站数据采集 2. 数值天气预报 3. 数据的完整性 4. 数据存储	实时运行数据至少包括并网点高压侧有功功率、开机容量、风力发电机组工作状态等，并能进行存储
4			数值天气预报数据至少应包括 3 个不同层高的风速、风向及气温、气压、湿度等
5			数值天气预报每日起报次数不少于 2 次
6			数值天气预报应至少包括次日零时起未来 72h 的数值天气预报数据，时间分辨率为 15min
7			数据数量应不低于起止记录时间内预期样本数量的 99%
8			缺测和异常数据均可人工补录或订正，经过订正的数据应予特殊标示
9			存储每次执行的短期、超短期预测数据
10			存储预测曲线经过人工修正后，应存储修正前后的所有预测结果
11			所有运行数据至少存储 10 年
12	功率预测	1. 功率预测频次 2. 预测任务管理	短期发电功率预测应能设置每日预测的启动时间及次数，支持自动启动和手动启动；超短期发电功率预测应每 15min 自动执行一次
13			功率预测应实现次日零时至未来 72h 和未来 15min～4h 的风电场有功功率输出，时间分辨率都为 15min
14			应支持设备故障、检修等出力受限情况下的功率预测，应支持风电场扩建情况下的功率预测，应能对预测曲线进行误差估计
15	数据输出	与调度交互	电站侧发电功率预测系统应能够向调控机构上报风电场短期、超短期风力发电功率预测数据

序号	测试项目	测试内容	详细描述
16	数据输出	与调度交互	电站侧发电功率预测系统应能够向上级调控机构实时上传风电场测风塔的测风数据
17			电站侧风电功率预测系统应具备接收上级调控机构发电计划曲线的功能
18			调度侧能实时监测本站相关实时运行数据
19	统计考核	指标统计	进行数据分布统计、误差统计
20		数据输入	可进行开机容量设置并保存
21	系统管理	预测管理	可根据风电场具体情况修改设置电站的装机容量
22			可手动录入风电场次日的开机容量，并根据开机容量对预测结果进行修正
23			可手动录入限电记录
24		系统维护	可通过手动选择时间补充弥补预测结果
25			可通过"系统更新"功能键导入程序升级包，实现系统功能扩充
26			可查询用户操作日志
27	界面展示	界面展示	应支持不同预测结果的同步显示
28			应支持数值天气预报数据、测风塔、实际功率、预测功率的对比，提供图形、表格等多种可视化手段
29			应支持时间序列图、风向玫瑰图、风廓线及气温、气压、温度变化曲线等气象图表展示
30			应支持统计分析数据的展示
31			监视数据更新周期应不大于 5min
32			应支持风电理论发电功率的展示
33			应具备系统异常告警信息的查询与展示

10. 功率控制系统检查

检查子站功率控制系统与风电机组、无功补偿装置等现场设备接口测试是否符合规范，与风电场计算机监控系统、调度主站通信是否正常。进行子站功率控制启动条件、逻辑功能、全站闭环联调的测试检查。

具体测试内容如表 11-9～表 11-11 所示，有功功率变化最大限值要求如表 11-12 所示。

表 11-9　　　　　　　接 口 测 试

测试项目	测试内容	详细描述	相关要求	测试结果
功率控制与风电机组、无功补偿设备接口测试系统功能	风力发电机组接口测试	（1）在 AGC/AVC 界面查看相关的通信、遥测数值是否正确刷新。 （2）确认 AGC/AVC 下发的遥控、遥调命令正确地下发到对应的装置，并且遥控命令的动作、遥调命令的数值正确无误	（1）风力发电机组最低限度有功率满发的情况下，仍至少具备无功功率在 $[-0.312\ 2P_N\sim 0.312\ 2P_N]$ 内自由调节的能力（0.95功率因数）；	
	SVC/SVG 接口测试	（1）在 AGC/AVC 界面查看相关的遥信、遥测数值是否正确刷新。 （2）确认 AGC/AVC 下发的遥控、遥调命令正确地下发到对应的装置，并且遥控命令的动作、遥调命令的数值正确无误		

测试项目	测试内容	详细描述	相关要求	测试结果
功率控制与风电机组、无功补偿设备接口测试系统功能	调度接口测试	（1）主站观察子站上送的遥测、遥信点是否能够正确刷新。 （2）主站执行 AGC/AVC 投入退出操作，观察子站是否能够正确地将 AGC/AVC 的投退状态反馈给主站。 （3）主站下发 AGC/AVC 的有功功率目标值、无功功率目标值，观察子站是否能够正确地将有功功率目标值、无功功率目标值反馈给主站，并确认能够正确地执行主站的指令	（2）方向要求：正表示向系统注入无功功率，负表示从系统吸收无功功率	

表 11-10　　　　　　　　　　逻 辑 功 能 测 试

序号	测试项目	测试内容	测试目标	测试方法	测试结论
1	AGC/AVC 启动条件测试	AGC 投入/退出压板测试	退出 AGC 功能压板，闭锁 AGC 自动调节功能	（1）画面按钮投入、退出 AGC 压板 （2）调度下发指令投入、退出 AGC 压板	
2		AVC 投入/退出压板测试	退出 AVC 功能压板，闭锁 AVC 自动调节功能	（1）画面按钮投入、退出 AVC 压板 （2）调度下发指令投入、退出 AVC 压板	
3		AGC 调节启动判别测试	实际发出功率与有功目标值的差值大于死区值，则启动 AGC 调节 实际发出功率与有功目标值的差值小于死区值，则不作 AGC 调节	人为改变实际发电功率的数值	
4		AVC 调节启动判别测试	母线实际电压值与电压目标值差值大于死区值，则启动 AVC 调节 母线实际电压值与电压目标值差值小于死区值，则不作 AVC 调节	人为改变并网点实际电压的数值	
5	逻辑功能测试	风力发电机组投入/退出 AGC/AVC 调节功能	若风电机组退出 AGC/AVC 调节软压板，则该风电机组不参与 AGC/AVC 调节	画面投退风力发电机组 AGC/AVC 调节软压板	
6		风电机组闭锁测试	风电机组发出并上传闭锁信号，则该风电机组不参与 AGC/AVC 调节	人为模拟风电机组上送闭锁信号	
7		风电机组通信中断闭锁测试	若风电机组与 AGC/AVC 系统通信中断，则该风电机组不参与 AGC/AVC 调节	人为模拟风电机组通信中断，AGC/AVC 不误发命令给风电机组	
8		SVC/SVG 投入/退出 AGC/AVC 调节功能	若 SVC/SVG 退出 AGC/AVC 调节软压板，则该 SVC/SVG 不参与 AGC/AVC 调节	画面投退 SVC/SVG 的 AGC/AVC 调节软压板	
9		SVC/SVG 闭锁测试	SVC/SVG 上送闭锁信号，则该 SVC/SVG 不参与 AGC/AVC 调节	人为模拟 SVC/SVG 上送闭锁信号	
10		SVC/SVG 通信中断闭锁测试	若 SVC/SVG 与 AGC/AVC 系统通信中断，则该 SVC/SVG 不参与 AGC/AVC 调节	人为模拟 SVC/SVG 通信中断，AGC/AVC 不误发命令给风电机组	
11		AVC 调节优先级测试	优先调节风电机组无功功率，无法调节时，再调节 SVC/SVG 无功输出	人为调节目标电压（一直偏大或者偏小）	

表 11-11　　　　　　　　　　　全 站 联 调 测 试

序号	测试内容	测试目标	测试方法	测试结论
1	全站开环调试	开环测试 AGC/AVC 调节逻辑是否正确	（1）投入全站开环压板，然后将 AGC/AVC 所有相关压板全部投入。 （2）人为模拟有功功率、电压值越限。 观察告警文本给出的调节策略是否符合预期	
2	带少量风电机组闭环测试	测试 AGC/AVC 调节的正确性以及测点关联的正确性	（1）投入 AGC/AVC 功能压板。 （2）投入少量风电机组 AGC/AVC 功能压板，观察调节动作是否正确无误	
3	全站闭环测试	验证站内 AGC/AVC 是否能够正确跟踪调度的有功功率限制指令、电压目标指令	（1）投入全站所有的功能压板。 （2）验证调节策略的正确性	
4	有功功率控制步长校验	验证有功功率控制步长是否满足表 11-12 的要求	人为设置有功目标值和实际有功值较大偏差，检验功率变化率	
5	有功功率合格率考核	有功功率合格率是否满足调度要求	（1）执行一段时间的 AGC 自动闭环调节。 （2）调度主站根据调节效果给出考核	
6	电压合格率考核	电压合格率是否满足调度要求	（1）执行一段时间的 AVC 自动闭环调节。 （2）调度主站根据调节效果给出考核	

表 11-12　　　　　　　　　　　有功功率变化最大限值

电站类型	10min 有功功率变化最大限值（MW）	1min 有功功率变化最大限值（MW）	备注
小型	装机容量	0.2	通过 380V 电压等级接入电网风电场
中型	装机容量	装机容量/5	通过 10～35kV 电压等级接入电网风电场
大型	装机容量/3	装机容量/10	通过 66kV 及以上电压等级接入电网风电场

11. 快速频率响应系统检查

风电场快速频率响应系统功能部署后，在场站并网点通过现场试验验证是否具备快速频率响应功能，具体包括测试场站快速频率响应性能是否满足要求，检验场站的快速频率响应功能是否与 AGC 协调配合，判断新能源场站是否具备要求的快速频率响应能力。快速频率响应入网测试内容包括：① 频率阶跃扰动试验；② 模拟实际电网频率扰动试验；③ 防扰动性能校验；④ AGC 协调试验。

（1）试验应具备的条件。测试前风电场内的风电机组应处于正常运行状态，处于故障停机的风电机组容量比例应不超过 5%。测试项目应分别在对应的工况下完成现场试验，测试工况按表 11-13 定义。

表 11-13　　　　　　　　　　　风电场快速频率响应测试工况

出力区间	限功率	不限功率
20%～30%P_n	工况 1	工况 2
50%～90%P_n	工况 3	工况 4

注　1. 风电场额定容量。

　　2. 限功率时，风电场在征得所属区域电网调度同意后，应退出 AGC 远程控制，所限功率应不小于 15%P_n。

（2）频率阶跃扰动试验。按照表 11-14 的内容测试风电场在频率阶跃扰动情况下的响应特性，对表 11-14 中每项测试分别进行两次试验。试验期间风电场应保持稳定运行，采集的测试数据应覆盖频率阶跃波动范围，场站功率调节稳定后进行下一项试验。将测试结果按照表 11-15 进行记录。

表 11-14   频率阶跃扰动试验内容

频率扰动类型	频率变化及持续时间说明	场站运行状态	频率波形图
阶跃上扰	50Hz→50.21Hz，持续 20s 恢复至 50Hz	工况 1、工况 2、工况 3、工况 4	
阶跃下扰	50Hz→49.79Hz，持续 20s 恢复至 50Hz	工况 1、工况 3	

表 11-15   风场频率阶跃测试

频率扰动类型	阶跃目标值（Hz）	响应滞后时间（s）	响应时间（s）	调节时间（s）	阶跃前有功（MW）	阶跃后有功（MW）	控制偏差（%）
阶跃上扰	50.21						
阶跃下扰	49.79						

（3）模拟实际频率扰动试验。按照表 11-16 的内容测试风电场在模拟电网实际频率扰动（选取典型）情况下的响应特性，对于表 11-16 中的每种测试工况应分别进行两次试验。试验期间风电场应保持稳定运行，采集的测试数据应覆盖频率波动范围，场站功率调节稳定后进行下一项试验。将测试结果按照表 11-17 进行记录。

表 11-16   模拟电网频率扰动试验内容

频率扰动类型	场站运行状态	频率波形图
波动上扰	工况 1、工况 3	50Hz
波动下扰	工况 1、工况 3	50Hz

表 11-17   频率波动测试

频率扰动类型	快速频率响应出力响应合格率（%）	快速频率响应积分电量合格率（%）	快速频率响应合格率（%）
波动上扰			
波动下扰			

注 1. 快速频率响应出力响应合格率：在频率变化超过快速频率响应死区下限（或上限）开始至快速频率响应应动作时间内（如果时间超过 60s，则按 60s 计算），风电场实际最大出力调整量占理论最大出力调整量的百分比。

    2. 快速频率响应积分电量合格率：在频率变化超过快速频率响应死区下限（或上限）开始至快速频率响应应动作时间内（如果时间超过 60s，则按 60s 计算），风电场快速频率响应实际贡献电量占理论贡献电量的百分比。

    3. 快速频率响应合格率等于快速频率响应出力响应合格率和快速频率响应积分电量合格率的代数平均值。应不小于 60%。

（4）防扰动性能校验。防扰动性能校验应在工况 1 条件下开展，采用频率信号发生器模拟电网的高低电压穿越等暂态过程，分别输出以下两种校验信号，检验风电场快速频率响应功能是否误动作。

信号 1：选取快速频率响应控制系统计算频率的某一相，电压幅值瞬间跌落到（0%、20%、40%、60%、80%）额定电压，持续时间不小于 150ms，并在电压跌落和恢复时完成两次相移，每次相移不小于 60°。

信号 2：电压幅值瞬间阶跃到（115%、120%、125%、130%）额定电压，持续时间不小于 500ms，并在电压阶跃和恢复时完成两次相移，每次相移不小于 60°。按照表 11-18 的内容校验防扰动性能。

表 11-18　　　　　　　　　　　防扰动性能校验

校验电压类型		是否有频率响应动作		是否合格	
信号一					
单相	0%	□是	□否	□是	□否
	20%	□是	□否	□是	□否
	40%	□是	□否	□是	□否
	60%	□是	□否	□是	□否
	80%	□是	□否	□是	□否
信号二					
三相对称	115%	□是	□否	□是	□否
	120%	□是	□否	□是	□否
	125%	□是	□否	□是	□否
	130%	□是	□否	□是	□否

（5）AGC 协调试验。AGC 协调试验应在工况 3 条件下开展。为验证风电场快速频率响应功能能否与调度端 AGC 指令良好配合，AGC 采用本地闭环模式运行，高精度信号发生器作为信号发生源输出频率阶跃上扰或下扰信号，根据 AGC 指令和快速频率响应指令的先后次序和类型，风电场应分别在（50±0.09）Hz 及（50±0.20）Hz 扰动幅值情况下开展指令叠加测试。按照表 11-19 的内容进行 AGC 协调试验。

表 11-19　　　　　　　　　　　AGC 协调试验

指令叠加类型		AGC 指令	
		增 $10\%P_n$	减 $10\%P_n$
频率扰动类型	波动上扰 50.09	上扰＋AGC 增	上扰＋AGC 减
		AGC 增＋上扰	AGC 减＋上扰
	波动下扰 49.91	下扰＋AGC 增	下扰＋AGC 减
		AGC 增＋下扰	AGC 减＋下扰
	波动上扰 50.20	上扰＋AGC 增	上扰＋AGC 减
		AGC 增＋上扰	AGC 减＋上扰
	波动下扰 49.80	下扰＋AGC 增	下扰＋AGC 减
		AGC 增＋下扰	AGC 减＋下扰

注　表格中"＋"表示两种指令以时序叠加，如"上扰＋AGC 增"表示：先进行频率上扰，待快速频率响应功能动作后在频率上扰结束前触发 AGC 增功率指令。

（五）现场验收标准

现场验收达到以下要求时，可认为现场验收通过。

（1）文件资料及调试记录完整、真实。

（2）现场的自动化系统软、硬件设备型号、数量、配置等均满足合同及设计要求。

（3）系统功能和性能满足技术要求。

（4）无直接影响到自动化系统安全稳定运行的功能和性能方面的缺陷项。

（5）对电网无不利影响的因素。

三、验收报告

验收报告是验收工作结论性文件，作为验收工作的结论，在报告中首先要包括下述内容：现场验收资料审查、现场系统设备配置检查、现场系统功能测试检查的相关内容；其次，现场验收报告中现场验收存在问题和建议应包括现场验收缺陷和偏差项目说明、现场验收遗留问题说明，并对现场验收遗留问题提出解决方案和完成期限；然后要有现场测试表格，作为现场验收报告附件。以上报告内容要一并复印给安装调试单位和运行维护单位，由安装调试单位会同有关单位，根据现场验收报告有关要求，合理安排工程遗留问题和缺陷的消缺工作。

另外需要注意的方面：首先要确定验收的范围，例如是电站的整体部分还是改扩建部分；其次要确认信息接入的部分，包括完整性、准确性和可靠性评估，最后对联调内容进行确认，通过联调测试报告和操作记录来确认是否通过验收。

风电场自动化系统和设备只有在经过认真、严格、规范的验收后，方能确定其是否能够投入试运行阶段，从而保证投运后系统稳定、安全、可靠地运行。在验收过程中，专家组须严格把关，细致验收，项目工程建设、调试单位须全力配合，电站管理单位认真做好协调工作，这样才能保障工程验收工作的顺利开展。在验收后，须对验收提出的缺陷和问题做认真总结分析，保证风电场顺利投运。

第三节　风电场并网试运行及注意事项

风电场在通过验收后，便可转入试运行阶段，在此阶段，随着风电场系统性地运行，很有可能会暴露出在自检、验收等过程中未发现的问题。与此同时，试运行也是一个积累原始数据，积累运维经验的重要过程。因此在通过验收投运后，仍然有很多需要注意的事项，本节通过以往风电场并网后的试运行经验的总结，对经常出现的若干问题做简要分析。

风电场并网试运行时间一般为15日，在并网试运行阶段，着重检查和跟踪二次设备及系统的运行情况，对不满足设计规范或者运行要求的，要积极进行消缺和完善，以免影响风电场正式带电投运。

在并网试运行阶段，风电场自动化专业运维人员要重点关注以下问题。

一、运行数据积累

（1）运行记录（数据）的保存，新设备、系统投入运行开始，运行值班人员要加强对试投运设备、系统的监视，做好24小时数据备份。

（2）严密监控实时数据，发现异常及时向上级值班人员和调控机构上报。

（3）定期核对一次、二次电网设备运行状态和数据量，调整采集设备和远动设备，确保数据上送准确无误。

（4）做好遥测限值设置或越限封锁工作，确保试运行期间对调控机构的电网监控业务无影响。

（5）每日交接班时，运维单位应针对各系统和设备的运行情况作出总结，并汇总运行过程中发现的缺陷和异常问题，进行处理、分析，并做好记录。

（6）试运行期间做好AGC/AVC等控制设备带电联调，保证性能和各项指标达到运行要求。

（7）试运行结束后，利用检修时间进行记录数据的比对分析，对有问题或者异议的数据联系上级部门和调控机构进行协商，已确定的缺陷应尽快消除。

（8）做好对运行特性的记录与统计。例如光功率预测系统的预测精度、自动发电控制系统调节性能等内容要进行严格记录，并与相关文件要求进行比对，在试运行结束前，使其相关技术和性能指标达到国家要求，一方面有利于电网稳定运行，另一方面也有利于风电场高效发电。

（9）在试运行结束后，风电场运维单位要做好对风电场运行数据的保留，尤其第一年的AGC/AVC系统等的控制数据将作为电网管理单位对风电场运行统计分析的重要考核指标。一方面可以通过对数据的监视和分析，提升风电场技术运维管理水平；另一方面，可以保障电网安全稳定运行。

（10）后台监控机和远动前置机的程序和数据库要做及时完整的备份。在以往的实际运行中，出现过后台监控机由于人为或监控机本身等原因导致操作机瘫痪不能工作的情况（多为人为原因引起），严重影响了风电场的安全运行。因此，后台监控机和远动前置机的程序和数据库必须定期备份，以便监控系统和远动出现问题时可以尽快恢复。我们通常的经验做法是将后台监控机和远动前置机的程序和数据库做镜像存在备份分区中，然后再将整个硬盘做镜像，这样可保万无一失。现在，新建的风电场大部分采用双机系统，所以可将前置机和后台监控机互做备份，以防数据库和源程序丢失，极大地提高了系统的安全性和可靠性。

（11）定期查看监控后台和远动机对大信息量是否有冗余的处理能力，对CPU、存储等方面的数据进行记录。在一次系统故障点较多时，故障信息传输量较大，容易造成通道阻塞，重复信息、无用信息、误发信息统统上传，而有用信息上传滞后或不能上传，严重影响运行人员对故障的判断。因此，验收上传信号时应多点传动，以检验监控后台和远动机对大信息量的冗余处理能力。

二、试运行期间易发缺陷

（一）事故信号问题

在常规控制方式的风电场，运行中发生事故时风电场各类监控系统将产生事故报警音响并经过远动设备向自动化系统发出事故信号，系统采用这个事故信号启动事故相应的处理软件（推出事故画面、启动报警音响等）。由此可见，风电场的事故信号非常重要，因为监控运行人员需要同时监控不同设备的运行状态，事故信号就成为监控运行人员中断其他工作转入事故处理的主要警示信号。因此在试运行阶段，风电场运维人员定期关注事故信号推送，若有问题，及时上报上级管理部门，并找厂家进行紧急维护。

（二）对时问题

随着自动化水平的提高，电力系统对统一时钟的要求愈加迫切，有了统一时钟，即可实现全站各系统在标准时间基准下的运行监控和事故后的故障分析，也可以通过各开关动作的先后顺序来分析事故的原因及发展过程。统一时钟是保证电力系统安全运行，提高运行水平的一个重要措施。

由于风电场内往往存在不同厂家的装置，其接口类型繁多，装置数量也不一样，所以在实际运行过程中经常遇到对时接口与接受对时的设备接口不能通信的问题。在风电场试运行期间，运维人员在日常巡检中注意各类二次设备的时间精度及其对时准确性，若发现设备不守时或时钟处于异步运行状态，则需要及时根据全站对时结构图检查设备，分析异常原因，并尽快处理缺陷以防事故发生。

（三）监控程序及监控系统稳定性问题

风电场实现综合自动化后，操作人员不是在电站内就是在集控站内，面对显示器进行风电场的全方位监视和操作。所以监控系统能否保持长时间稳定无故障的运行，对提高风电场的运行管理水平和安全可靠运行是非常重要的。在试运行阶段做好运行记录，若发生程序进程错误或停滞，系统死机等故障，应及时报上级管理部门或人员，并分析故障原因，做好消缺工作。

另外，在实际风电场试运行过程中，由于新设备生产上的瑕疵或安装工艺的粗糙，以及系统新程序的部署和试运行存在的缺陷，会发生数据跳变、数据不刷新、通信不稳定等问题。因此，运维人员在试运行阶段，要多分析数据的历史值、历史曲线，对数据上发生的毛刺要重点关注，及时联系相关单位和专业人员对发生的问题进行处理，以免随着运行时间的增加，使问题进一步严重，甚至影响到风电场的并网发电。

三、风电功率预测系统试运行注意事项

风电场光功率预测系统是风电场安全优质并网运行的关键技术手段，也是实现风电场监控及信息化管理的重要基础。在试运行阶段，因为无各类功率预测考核指标的影响，所以通过各类技术和管理手段提升光功率预测系统准确率能够有效提高风电场发电能力，增强电网的新能源接纳能力，改善电力系统和风电场运行的安全性与经济性。

为了使光功率预测系统能发挥其应有的作用，首先运维人员要每天查看光功率预测系

统的运行情况，保证光功率预测系统运行的稳定性。其次，运维人员在每天日落后调取当天光功率预测系统内当日的预测值，和实际发电数据进行对比，通过二者的对比，检验光功率预测系统预测的准确率，并通过与预测系统厂家的共同研究，找寻其中的发电规律。然后在经过一段时间的数据积累和分析后，可以与调控机构共同对光功率预测系统的准确率做阶段性评价，对该系统的缺陷和不足做详细统计分析。最后将分析结论交予系统厂家运维人员或技术研发人员，对系统缺陷进行消缺，进一步优化完善功能部署。通过上述一系列工作，从通道通信至数据对比，风电场管理人员与光功率预测系统维护人员共同完善系统模型，提升光功率预测系统的准确率。

四、风电场改扩建后验收注意问题

当一座风电场进行改扩建后，其之前的老旧信息往往会被忽视，老旧设备的配置信息很有可能会有修改或删除，和新增信息一样，需要仔细核对配置内容。另外，由于客观因素存在，新改扩建部分相关的自动化设备或系统很有可能与之前的不是同一型号，甚至不是来自同一个生产厂商，对于系统设备的兼容、配合等问题仍需重点考虑。这些细节方面的问题如果不在验收时把关消除，在投运出现问题后很难发现，处理起来也比较麻烦，因此，在新改扩建风电场验收时需要注意以下几点：

（1）后台监控系统是否完整监控改扩建电气部分。

（2）监控机与新的二次设备是否友好易操作。

（3）"四遥"信息是否完整、准确。

（4）电力监控系统安全防护系统的部署是否完整。

（5）二次回路、网络组网是否清晰明确。

（6）抗干扰措施是否完善。

（7）监控后台机和远动装置冗余是否达标。

第十二章　风电场自动化现场运维管理

做好风电场自动化运维管理工作，应从人员、设备、制度、运行、检修、环境等各个方面进行全面的思考和策划，规范人员运维意识和行为，规范运行日志、设备缺陷、设备台账等自动化设备基础管理，建立健全安全管理规章制度，建立标准化的操作流程，建立设备检修、操作、分析评价标准，完善自动化设备管理体系。本章从风电场自动化运维管理机制、人员管理、自动化设备运行、维护及检修管理、应急管理等方面阐述风电场自动化现场设备的运行与维护。

第一节　风电场自动化运维管理机制

为更好地做好风电场自动化设备运维管理工作，风电场应根据国家及行业自动化专业的相关标准和规范，建立完善的风电场自动化运维管理机制，严格遵守并执行体系中有关规定，确保设备安全稳定运行。

一、组织机构的建立

风电场应建立合理分工、责任明晰的自动化管理岗位体系，建立以人为本的人才培养体系，保证风电场自动化运维工作的顺利开展。风电场自动化运维组织机构负责人应由本风电场项目经理（站长）担任，运行维护值长为骨干。依据风电场自动化设备的配置与自身制度体系建立情况，逐步规范风电场自动化运维管理。

自动化运维组织机构负责人应全面考虑风电场自动化运维管理工作，编制风电场制度化体系建设的年度目标，统筹规划好风电场年度制度编制目标，并组织制度的宣传、培训学习等工作。自动化运维组织机构应当依据风电场人员的实际情况设置风电场内部组织机构，明确各岗位承担的任务、业务内容和责任。并按照人员承担的任务和运维内容，合理配置岗位、人员，明确各岗位的工作职责、操作规范和业务流程。根据各机构的工作任务、业务内容以及风电场实际情况，建立运维人员之间的协调配合机制，明确运维人员的工作任务和职责。

二、建立健全规章制度

规范的风电场自动化运维管理制度是有效提升风电场运行管理水平的必要手段。风电场应根据实际情况，重点建立健全以下标准制度。

1. 工作票管理制度

风电场应加强自动化设备两种工作票管理，制度中应明确风电场自动化设备两种工作票涉及范围，对常见运维工作票（如设备清扫、模块更换等）建立标准化流程，制度中应规范风电场自动化设备常用资料（如图纸资料、设备清单、网络拓扑等）的配备。

自动化设备两种工作票制度中还应明确风电场自动化设备两种工作票工作负责人、工作签发人名单。要求自动化设备两种工作票工作负责人必须熟悉全站自动化设备，能够配合厂家和调控机构检查及处理常见的自动化设备故障。风电场自动化设备两种工作票签发人应能够统筹风电场自动化设备的运维，合理安排时间及人员进行自动化设备的维护消缺，严格监管自动化设备两种工作票流程，杜绝无票作业，完善审批、许可手续，避免事故发生。

2. 巡回检查制度

针对风电场自动化设备种类多、系统复杂的特点，风电场应完善有关自动化设备的专项巡回检查制度。制度中应明确自动化设备明细、巡回路线、巡回时间等，并制定相关记录表格，方便分析判断及处理自动化设备故障。

巡回检查制度中还应规范设备故障后的处置汇报流程，及时组织设备的故障处理。

3. 维护检修制度

为确保风电场自动化设备的安全稳定运行，建立并完善一套适合风电场实际情况的自动化设备维护检修制度是非常必要的。根据风电场自动化设备的种类及功能不同，编制风电场自动化设备的维护检修制度，制度中应明确不同自动化设备的维护检修流程，对设备常见故障进行举例，并说明故障判断方法、处置措施，方便现场自动化运维人员分析处理。

4. 应急演练制度

自动化设备故障的出现往往是突发的、无法预计的，所以在平时的巡回检查之外还应做好自动化专业应急演练工作。应急演练制度中应明确风电场自动化应急演练的内容并制定全年的演练计划。

通过应急演练，可以检验预案的实用性、可用性、可靠性；明确风电场运维职责和应急行动程序；提高人员避免事故、防止事故、抵抗事故的能力，提高对自动化设备事故的警惕性，确保风电场事故状态下应急处理有条不紊。

5. 交接班制度

交接班制度是风电场自动化设备日常运维管理的重要制度之一。交接班制度中应明确值班人员必须掌握各类自动化设备的运行状态，了解系统存在的各种问题及安全隐患、防范措施。交接班时通过有效的签字和交接仪式使接班人员从思想上、行动上立即投入到工作状态。

6. 培训制度

合理的培训制度是提高风电场运维人员整体技能水平的重要措施之一。风电场可以根据风电场和运维人员实际工作，制定科学、合理的培训方案，并对培训节点进行监督，确保风电场自动化运维水平稳步提升。

7．其他制度

为进一步提升风电场自动化运维水平，风电场应根据风电场实际情况，建立并完善其他自动化相关制度，如设备台账管理制度、设备可靠性管理制度等，通过一系列制度的完善和落实，不断提高风电场自动化设备的运维管理水平。

三、制度落实

完善的制度体系离不开制度的有效落实。风电场应结合风电场实际工作，从各个环节紧抓制度的落实，并建立完整的监督奖罚机制。

1．宣传教育

制度的落实首先应做好制度的宣传教育。风电场通过加强制度的宣贯学习，形成"人人学制度、事事看制度"的良好氛围，让运维人员能够理解实际工作中制度的指导性作用，建立起"遇事想制度、运维靠制度"的良好习惯。

2．培训学习

培训学习是风电场制度固化到运维人员日常工作中的重要环节，风电场可根据风电场运维人员实际情况建立起个人培训记录，把制度学习融入日常工作中，可结合自动化运维安全事件学习、风电场日常工作的实际缺陷、解读分析自动化相关文件要求等形式，把教条的文字理论转化为实际工作的解决工具，做到运维管理按章办事。

3．完善的考核奖励机制

合理的考核奖励机制是激发运维人员动力的重要手段，考核机制应以岗位职责和目标责任制为主要依据，将制度的执行情况作为考评的重要标准，采用公开、公正、公平的形式评估每一位运维人员的制度执行情况，营造运维人员主人翁意识，提高自我约束、自我管理的能力，从而保证制度的有效落实。

第二节　风电场自动化人员管理

自动化设备的运维离不开专业技术人员的辛勤努力，应针对风电场人员的结构、专长等条件，合理配置风电场自动化运维人员，建立科学的人才培育及储备体系。

一、人员配备

应根据风电场自动化设备运维实际情况，配置2～3名自动化运维专工，明确自动化运维专工人员职责及要求。自动化运维专工须熟悉本站自动化系统，具有一定的分析、解决站内自动化设备故障的能力，能够积极配合调控机构做好自动化设备的检查、登记、更新等工作。自动化运维专工须经过风电场或上级调控机构组织的集中培训及考试，合格后方可上岗。

二、职责划分

应根据风电场现场实际情况，做好设备的运维管理工作。按照"谁主管谁负责，谁运营谁负责"的原则，建立健全风电场岗位职责，将自动化运维工作纳入日常安全生产管理体系，落实分级负责的责任制。

1. 风电场主管生产负责人职责

作为风电场设备管理的主要负责人，应统筹风电场自动化设备管理工作，全面了解风电场自动化设备配置情况，负责保障自动化系统相关设备正常工作所需条件，保障系统的安全、稳定运行。健全自动化设备安全防护评估制度，采取以自评估为主、检查评估为辅的方式，将自动化系统安全防护评估纳入电力系统安全评价体系。负责监督、考核各项规章制度的实施情况，必要时对各项规章制度进行修改。负责组织、指挥对自动化设备突发事故及安全隐患的处理。

2. 自动化专工职责

自动化专工是风电场自动化设备运维负责人，应全面熟悉风电场自动化设备的运行工况，对发生缺陷的设备及时上报处理。负责本站自动化系统运行管理、缺陷处理等维护、定检工作。定期与调控机构核对自动化系统数据，保证采集数据的正确性和完整性；负责保证自动化系统所属设备的工作状态良好，性能稳定，对系统可用率等指标负责；负责软件资料的存档备份，并对备品备件、自动化资料进行管理；负责调控机构下达的自动化相关工作的落实及反馈。

3. 风电场运维人员职责

风电场运维人员应配合本站自动化运维专工开展风电场自动化系统运行管理、缺陷处理等维护、定检工作；每日检查各项运行记录，对发现的问题及时分析解决，对非本专业问题要及时与风电场自动化专工沟通，并配合处理。

三、人员培训

风电场的自动化培训应坚持以规程学习和业务技能培训为主。风电场应结合实际，对自动化设备运维过程中实际出现的问题及故障进行有针对性的培训与学习。根据培训制度和年度培训计划要求，按期完成培训计划，由风电场负责人或技术负责人监督培训计划的落实。每年进行岗位考试和考核，成绩记入个人培训档案。

1. 培训对象及内容

自动化设备的内容培训可分为安全教育培训、入场工作培训、自动化专业培训。

（1）安全教育培训主要针对的是风电场新入职员工及风电场设备实施厂商的培训，培训内容主要是结合现场自动化设备的分布、危险点、工作区域、工作流程及注意事项等进行介绍和讲解，使培训人员对风电场自动化设备的分布、运维流程等内容有整体的认识和了解。

（2）入场工作培训主要针对的是风电场运维人员，培训内容主要结合现场自动化设备日常运行需要，包括设备各指示信号的意义、设备异常现象、设备参数的解释、运维中的注意事项及简单的自动化设备故障排除手段等内容。通过入场培训，使风电场运维人员掌握风电场自动化设备的基本情况，熟悉风电场各项自动化运维管理制度，在自动化巡回检查中做到能够通过设备指示信号或报警提示判断出设备故障状态，了解基本的设备故障处理流程，做到将设备故障或隐患发现在萌芽状态，不使故障扩大，确保能够及时发现故障并处理。

（3）自动化专业培训主要针对的是风电场自动化运维专工，培训内容大致可分为电力自动化系统基础知识培训、电气识绘图及仪表的使用培训、二次系统安全防护、设备异常处理及自动化技术发展趋势等，可根据人员实际接受能力由浅到深，循序渐进地开展，最终使受训人员成为风电场自动化方面业务骨干和专家。

2. 培训方式

风电场自动化运维培训可根据风电场实际条件，开展形式多样的培训。

（1）集中授课培训。风电场可根据自动化设备实际情况，结合设备运行过程中运维消缺的事例，对员工进行培训。由风电场自动化专业人员组织（风电场自动化专工或厂家技术人员），对风电场自动化设备运维时已处理的设备缺陷进行整理分析并总结，使受训人员掌握此类自动化设备故障时的处理方法。

（2）实际操作培训。可由风电场经验丰富的运维人员组织，对自动化设备的操作进行演示。培训中应重点叙述设备的功能、操作顺序及注意事项等，使受训人员全面掌握设备操作方法。

（3）运维跟班培训。针对新入场员工开展的培训，通过开展此项培训，使受训人员熟悉并掌握自动化设备运维过程中的注意事项，尽快了解风电场自动化设备运行工况。

3. 培训标准

通过开展一系列的培训使风电场运维人员熟悉并掌握风电场自动化设备结构、原理、性能、技术参数和设备布置情况，以及设备的运行、维护、操作方法和注意事项；掌握风电场自动化设备的网络拓扑和相应的运行方式；能审核设备检修、试验、检测记录，并能根据设备运行情况和巡视结果，分析设备健康状况，掌握设备缺陷和运行薄弱环节。

第三节　风电场自动化运行管理

风电场自动化运行管理主要包括自动化设备资料管理、自动化设备安全管理、自动化系统可靠性管理、自动化系统运行管理等多个方面，其中风电场自动化系统运行及日常管理已在前面各章节进行详细介绍，本节不再讲述。

一、自动化设备资料管理

1. 投运前自动化系统和设备应具备的资料

（1）设计单位提供已校正的设计资料（竣工原理图、竣工安装图、技术说明书等）。

（2）设备厂商提供的技术资料（设备和软件的技术说明书、操作手册、软件备份、设备合格证明、网络拓扑、通信规约及远传信息调试记录）。

（3）工程建设单位提供的工程资料（技术规范书、设计联络和工程协调会议纪要、工厂验收报告、现场施工调试方案等）。

2. 正式运行的自动化系统和设备应具备的资料

（1）设备的专用检验规程、相关的运行管理规定、办法。

（2）设计单位提供的设计资料。

（3）符合实际情况的现场安装接线图、原理图和现场调试、测试记录。

（4）设备投入试运行和正式运行的书面批准文件。

（5）更新或技改的自动化系统设备应有经批准的技改方案或设备更新资料。

（6）各类设备运行记录（如运行日志、现场检测记录、定检或临检报告等）。

（7）设备故障、处理记录（如设备缺陷记录簿）、遥测遥信核对记录。

（8）相关设计、安装单位的变更通知单和整定通知单。

（9）软件资料，如文本及说明书、软件介质及软件维护记录簿等。

运行资料、光盘和磁盘记录介质等应由专人管理，同时建立技术资料目录及借阅制度。

3. 自动化设备参数管理

自动化设备参数主要包括以下内容：

（1）设备编号的信息名称。

（2）电压和电流互感器的变比。

（3）变送器或交流采样的输入/输出范围、计算出的遥测满度值及相关资料。

（4）遥测扫描周期和越阈值。

（5）电能量计量装置的参数费率、时段、读写密码、通信号码。

（6）厂站调度数据网络接入设备和安全设备的 IP 地址和信息传输地址。

（7）向有关调度传输数据的方式、通信规约、数据序位表等参数。

二、自动化设备安全管理

1. 机房环境安全管理

风电场监控机房应配置自动监控设施（包括机房温湿度监控、消防监控、防水监控、录像监控、机房供配电系统监控），监控设施应能准确反映机房物理环境的变化情况，具备记录异常情况以及自动报警功能。机房安全监控记录保存期至少为三个月。未经生产负责人批准，任何人不得移动、拆毁和插接机房各种用电设备。二次系统设备场所如通信机房、DCS 电子间、保护室、工程师站等未经当值运行值长同意、未履行登记手续不得入内。进入后，不得随意接触网络设备，如因操作不当，造成严重后果，需承担全部责任。所有电子间、工程师站门必须锁上，故障处理或日常维护方可打开。

自动化专（兼）职人员应定期对机房设备进行保养、维修；对设备缺陷应进行分析、记录；定期检查自动化屏柜、设备及二次线缆屏蔽层接地是否可靠，接地电阻应满足自动化设备要求；定期检查自动化设备标识、网线标签、线缆标牌是否规范、完整；定期进行通信网络测试、标准时钟校对、不间断电源蓄电池充放电等维护工作。

任何人不得使用自带的笔记本电脑连接各系统服务器及操作员站，也禁止通过网上邻居等其他形式对计算机进行操作访问。

2. 设备安全管理

配合调控机构进行信息核对，保证信息的完整性和准确性，对核对有误的数据应及时处理，并向调控机构汇报，事后详细记录故障现象、原因及处理过程。对设备永久损坏和影响向调控机构信息传送的故障，写出分析报告并报调控机构备案。

为保证自动化系统的正常检查、维护，及时排除故障，风电场需备有专用交通工具和通信工具，视需要备有自动化专用的仪器、仪表、工具、备品和备件。各类测量工器具应定期保养、校验，校验记录详细登记于相关台账。

重要设备发生故障，应立即启动相应的应急预案，并按照应急预案设定流程操作。对不能处理或无把握处理的设备故障，自动化专（兼）职人员应报生产负责人后再做处置。设备委托外部单位维修的，应签订设备维修合同，维修合同应明确维修单位的安全责任；维修单位必须具备相应的资质和技术力量。需要报废、拆除、改为他用或送出单位维修的设备，必须对其有敏感信息的存储部件进行安全地覆盖或物理销毁，并进行维修、报废登记。

对硬件设备的技术支持，禁止使用远程登录方式。二次防护各相关系统日常维护如需进行操作调整时，必须由各系统设备厂家现场处理，属于生产控制大区的设备操作，必须办理相关工作票，做好安全措施和危险点分析与控制。

3. 数据安全规定

数据的备份、恢复必须由自动化专（兼）职人员负责。对数据的转入、转出、备份、恢复等操作权限只赋予指定的人员。备份介质存放环境空间必须满足防窃、防电磁干扰、防火、防腐等要求。系统升级前，应进行全备份。对重要数据应准备两套以上备份，其中异地存放一份。备份结束后，在备份件上正确标明备份编号、名称、备份时间等内容；对备份进行读出质量检查，应无介质损坏或不能读出等现象发生，备份的内容、文件大小和日期等应正确。

4. 介质安全管理

介质包括用于电力二次系统的移动硬盘、光盘、U 盘等。对介质应按其所载信息资产进行分类和标识管理。并根据信息资产规定的范围控制权限确定介质的使用者。使用者要对介质的物理实体和数据内容负责，使用后应及时交还介质管理人员。

介质管理人员应建立介质清单，对介质的交接、变更进行记录。各系统备份存储介质必须是本风电场自动化系统专用存储介质，不允许与其他计算机系统交换使用，存储介质必须由专人妥善保管。

5. 网络安全管理

电力二次系统生产控制大区与管理信息大区网络的互联边界应部署电力专用隔离装置。电力调度数据网是电力二次系统生产控制大区专用的广域数据网络，应在物理层面上实现与其他数据网及外部公共信息网的安全隔离。

自动化专（兼）职人员应根据厂家提供的软件升级版本和实际需要对网络设备软件进行更新。网络拓扑、网络参数、网络路由、网络安全过滤规则的变更必须报请相应调控机构审核，经批准后方可实施。

当发生网络拥塞或网络瘫痪等重大安全事件时，运行维护部门应立即启动应急处理程序进行处置，并向相应调控机构和上级安全主管部门报告。电力二次系统网络设备禁止采用远程拨号接入方式进行设备远程维护。

6. 安全配置变更管理

电力二次系统网络信息安全防护建设或技术改造前，必须制定相应的建设或改造方案，报相应调控机构审批后方可实施。电力二次系统设备和应用系统接入电力调度数据网前，必须制定相应的接入方案，报相应调控机构核准后方可实施。

电力二次系统网络信息安全防护结构或策略变更前，由风电场运行单位提出变更申请，报相应调控机构批准后方可实施。涉及二次安全防护系统变更、补充、修改完善等工作时，应按照《电力二次系统安全防护规定》要求，经风电场提出书面申请，内容包括修改原由、修改的具体要求或达到的效果，上报调控机构，待核准通过后方可实施。

三、自动化系统可靠性管理

设备可靠性管理是通过对运行中的自动化设备进行辨识、估计、评价和设备风险分析，达到及时发现设备的薄弱环节和安全隐患，指导设备的运行方式、检修、技术改造等工作，提高设备可靠性目的。

1. 设备分析

风电场应定期对设备进行劣化趋势分析，出具设备健康状况评估报告，报告应包括设备名称、劣化趋势发展情况、初步诊断及处置措施等。

2. 设备管理

风电场运维人员在生产运行过程中，认真落实设备定期运行维护制度，及时发现并处理设备缺陷，提高设备完好率。风电场应加强设备管理，积极开展点检维护，明确运维人员的职责及相应工作标准，通过设备管理规范点检维护，提高设备可靠性。

3. 预防措施

为及时发现运行中设备的隐患，防止事故发生或设备损坏，应定期开展自动化设备的试验及隐患排查，并按照风电场可靠性管理制度进行分析，提出相应的整改措施。

（1）岗位分析：运维人员对设备异常、参数偏差、经济指标等进行综合分析，查找原因，制定整改措施。

（2）定期分析：按月、季、半年、全年等对风电场的运行指标，采用对比、结构的分析方法，评价风电场的运行状况，找出薄弱环节，提出改进措施。

（3）专题分析：针对设备运行中出现的重点、难点问题和检修、改造中发生的设备或系统的变动情况进行的专项分析，提出解决问题的方案和相应的措施。

第四节　风电场自动化设备维护及检修管理

一、自动化设备维护管理

风电场自动化设备主要包括交换机、路由器、时钟同步、相量测量装置（PMU）、不间断电源（UPS）、纵向加密装置、硬件防火墙、物理隔离装置、后台监控机、自动保护装置、公用测控装置、远动通信装置、各类业务系统服务器及工作站等。

1. 自动化维护重点内容

自动化运维专工负责自动化系统和设备的维护，定期对自动化系统和设备进行巡视、检查、测试和记录，发现异常情况及时处理。重点维护内容包括：

（1）严格执行相关的运维管理制度，保持自动化设备机房和周围环境的整齐清洁。

（2）建立设备及安全工器具台账、运行日志、设备缺陷和数据测试等记录。

（3）针对自动化系统可能出现的故障，制定相应的应急方案和处理流程，并组织进行演练，保证应急方案的正确执行。每年总结应急方案和处理流程的执行情况，修改完善。

（4）定期检查自动化屏柜、设备及二次线缆屏蔽层接地是否可靠，接地电阻是否满足自动化设备要求。

（5）自动化设备标识、网线标签、线缆标牌要求规范、完整，起止点清晰。

（6）进行通信网络测试、标准时钟校对、不间断电源蓄电池充放电等维护工作，发现问题及时处理并做好记录。

（7）配合调控机构进行信息核对，保证信息的完整性和准确性，对核对有误的数据及时处理，并向调控机构汇报。事后详细记录故障现象、原因及处理过程。对永久损坏和影响向调控机构信息传送的故障，写出分析报告并报调控机构备案。

（8）定期开展风电场自动化设备二次安防核查工作，禁止外部网络接入调度数据网。严格要求设备厂家，杜绝一切形式的远程操作。不允许可移动设备（如 U 盘、移动硬盘灯）擅自接入风电场自动化系统，不允许在自动化设备中安装未经允许的软件及程序，不允许擅自变更设备参数及密码。

风电场自动化软件系统包括计算机监控系统、功率预测系统、功率控制系统、稳定控制系统等。风电场在正常运维中应当执行以下系统巡回检查。

2. 计算机监控系统巡回检查内容

（1）检查装置与调控机构通信是否正常。

（2）测控装置采集数据是否正常。

（3）模件指示灯显示是否正确，有无异常告警。

（4）每日巡视检查设备温度是否异常，定期清扫服务器风扇灰尘。

（5）定期检查盘柜接地线是否可靠接地，网线标示走向牌是否清晰。

（6）定期核对设备时钟是否一致。

3. 稳控装置巡回检查内容

（1）装置电源指示灯是否点亮，压板投退是否正确。

（2）模件指示灯显示是否正确，有无异常信号。

（3）液晶显示屏显示时间是否正确，电压、电流、功率、相角及频率测量结果是否正确。

（4）装置通信是否正常。

（5）当发现装置判出的运行方式与实际运行方式不一致时，应立即向调控机构汇报，查明原因。

（6）装置出现异常情况，应严格按照装置说明书逐步检查，排除异常情况。若无法排除，应及时上报调控机构并联系厂家予以解决。

4. 功率预测系统巡回检查内容

（1）根据调控机构每天上报时间要求查看有无上报，如无上报，应查看是否为通信问题、自动气象站问题等，并采取相应方法进行故障处理。

（2）每日巡视检查外网服务器和内网服务器，定期清扫服务器风扇灰尘。

（3）定期检查盘柜接地线是否可靠接地，网线标示走向牌是否清晰。

（4）定期开展对户外辐照及气象设备（辐照仪、雨水采集器等）的清扫工作。

5. 功率控制系统巡回检查内容

（1）定期检查 AGC/AVC 控制按钮是否按照调控机构的要求，处于投入或退出位置。

（2）每日巡视检查 AGC/AVC 系统运行是否正常。

（3）当出现通信中断时，尽快处理恢复，同时向调控机构汇报。

6. 无功补偿装置巡回检查内容

（1）定期进行动态无功补偿装置与监控后台机间通信线缆的检查维护工作。

（2）每日巡视检查动态无功补偿装置运行参数，包括装置直流电压、系统电压、无功功率、频率等参数是否符合电力系统要求。

（3）定期对装置机柜进行清理灰尘工作。

（4）动态无功补偿装置的投运，应严格按照倒闸操作规定和厂家说明书进行，严禁误操作。

7. 同步相量测量装置巡回检查内容

（1）每日检查 PMU 装置集中处理单元，采集单元采集板卡、电源、时钟单元、通道，发现问题及时处理，并向调控机构汇报。

（2）定期核对 PMU 装置接入方式、二次回路、变比、参数等指标。

（3）定期清扫 PMU 装置风扇灰尘，保证其良好运行。

自动化设备的巡回检查是自动化设备运行管理的基础。通过运维人员对自动化设备日常巡回检查，可有效地发现设备隐患，防止设备劣化，使设备的安全隐患消灭在萌芽状态，从而更好地掌握设备工况，保障自动化设备安全稳定运行。

二、自动化设备检修管理

风电场设备检修管理应遵循"统一调度、分级管理"的原则，风电场所有设备的停电与检修，必须服从调控机构的统一安排，停电计划管理与调度管辖范围划分相一致。风电场自动化设备停电与检修必须由设备所属调控机构批准后方可进行；凡经调控机构管辖的设备检修，应得到调控机构值班调度员的指令或许可，方可进行操作。

风电场应根据调控机构下发的本年度、月度、临时停电计划，编制本风电场停电实施方案，并合理安排检修工作。对于重大基建及检修项目（含技改、大修），风电场应严格按照调控机构重大基建及检修项目停电方案评审工作要求，编制、上报实施方案。

调控机构管辖范围设备的停电，虽已在年、月计划中安排，但设备运行管理单位仍需在开工前 3 个工作日向调控机构提出申请，调控机构于开工前一日答复。遇节假日应当提前到节假日前 3 个工作日办理申请并得到批复。

1. 自动化设备检修分类

自动化设备检修分为计划检修、临时检修和故障检修。计划检修是指对其结构进行更改、软硬件升级、大修等工作；临时检修是指对其运行中出现的异常或缺陷进行处理的工作；故障检修是指对其运行中出现影响系统正常运行的故障进行处理的工作。

2. 自动化设备检修流程

（1）自动化设备检修实行年度检修计划和月度检修计划管理，年度检修计划和月度检修计划结合一次设备的检修计划编制，风电场每年 10 月底前编写下一年度检修计划，同时将检修计划上报调控机构，调控机构负责进行审核和批复后执行。

（2）自动化设备检修实施至少由风电场在开工前 3 个工作日提出书面申请，报调控机构批准后方可实施。风电场自动化设备检修申请书应按调控机构统一格式要求填写，每张申请书一般仅填写一套自动化设备。计划检修流程如图 12-1 所示。

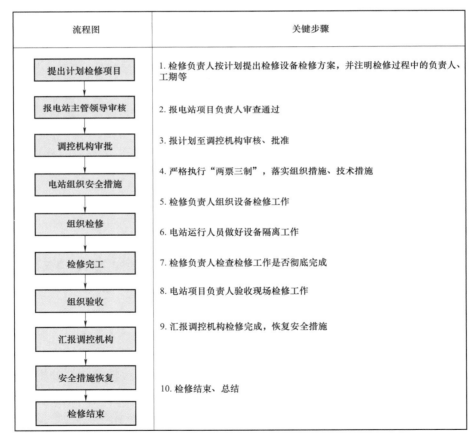

图 12-1　计划检修流程图

（3）自动化设备检修应由自动化运维专工负责。检修前应做充分检查准备，如图纸资料、备品备件、测试仪器、测试记录、检修工具等均应齐备，明确检修的内容和要求，在批准的时间内完成检修工作。

（4）设备检修开始前，应与调控机构联系申请，得到审批后方可工作。设备恢复运行后，应及时通知调控机构，并记录和报告设备处理情况，取得认可后方可离开现场。

（5）风电场一次设备退出运行或处于备用、检修状态时，远动装置、测控单元、保护压板、电力调度网络设备、风电场监控系统（含 AGC/AVC 执行装置）等均不得停电或退出运行，有特殊情况确需停电或退出运行时，需提前 3 天按规定办理设备停运申请。

（6）风电场自动化设备的临时检修应至少在工作前 4 小时填写自动化设备临检申请单，上报专业管理部门，经批准后方可实施。

（7）风电场自动化设备发生故障，影响系统正常运行时，需开展故障检修。故障检修流程如图 12-2 所示。

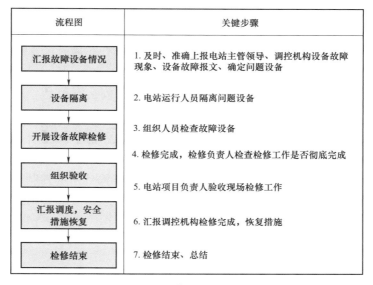

图 12-2　故障检修流程图

3. 检修信息核对

风电场检修结束后，应总结风电场开展的检修工作，由运维人员及时联系调控机构完成相应间隔所有远动信息的核对确认工作，避免因远动信息错误导致的设备延迟供电现象。

4. 自动化设备检修台账

自动化设备检修台账是自动化设备的"病历本"，台账的记录与更新，直接关系着设备技术数据真实性、可靠性。在生产过程中台账的不断扩充、完善，使设备台账真正服务于生产，满足生产的需要。当发生检修、技改、试验、消缺作业致使设备发生改变的，风电场自动化运维人员应根据设备改变的实际情况，对台账进行更新记录，记录内容主要有以下几点：

（1）设备规范表：设备规范表主要填写主要设备的设备名称、型号、制造厂家、出厂日期、出厂编号、本厂编号、安装单位、安装日期、投产日期、设备编码等参数内容。

（2）主要附属设备规范表，内容同设备规范表。

（3）重要故障记录：主要记录故障的时间、故障的现象原因及处理经过、故障责任者，进行详细记录。

（4）检修经历：主要记录设备检修性质、检修负责人、质量总评价、检修时间及检修主要内容、修后状况、用工、物耗情况等内容。

（5）记录规范。

1）在设备检修结束后，设备台账的录入工作要求在检修工作结束后 15 日内完成。

2）设备改造及设备异动变更后，应在设备安装试运结束后 7 日内完成台账的录入工作。

3）事故、障碍、异常及重大缺陷发生后，应在设备抢修恢复运行后 3 日内将有关信息录入台账。

4）风电场的自动化设备检修应遵循必要性、及时性、可靠性，风电场应根据设备的实际情况，合理安排好设备的计划检修、临时检修和故障检修，检修前应做好充分的准备工作（编制"三措"、审定检修内容、汇报调度、制作各种图表、准备所需的备品配件、材料及人员安排等），来保证检修工作的质量。标准化的检修流程对提高设备的可靠性、稳定性、保证设备质量与安全生产，都有非常积极的作用。检修中应严格按照风电场制定的有关检修规程开展检修工作，在保证人身安全的同时提高设备的安全系数。

第五节　风电场自动化应急管理

为有效预防及快速处理自动化系统突发事件，不断提高预防和控制突发事件的能力，增强应急管理的科学性、针对性、实效性，最大限度地减少突发事件的影响和损失，保障电网安全、稳定运行，风电场应加强应急管理。

一、应急组织

首先，明确应急组织承担的工作任务、业务内容和责任，并依据风电场实际情况设置风电场应急组织机构；其次，按照承担的任务和内容，合理配置岗位、人员，明确各岗位的工作职责、操作规范和业务流程；最后，按照组织机构工作任务、业务内容及风电场实际情况，建立应急组织成员之间的协调配合机制，明确成员之间的工作任务和职责。

二、处理流程

当突发事件发生，出现重大自动化设备故障时，应立即将情况上报风电场自动化应急小组负责人。负责人接到报告时立即分析事件的严重性，统一协调实施应急工作。

在处置应急工作时，要尽最大可能挽救损失，尽早恢复系统正常运行，以突发事件涉及的维护人员为主，其他人员应做好协助、配合工作。具体工作应按照应急小组指挥人员现场指令为准，安排专人做好现场记录工作。

应急工作结束后，应安排专人值守，保护现场，保留原始数据，便于分析原因。

1．调度通信中断的事故处理

风电场与调控机构失去信息通信联系后，应当主动采取措施，并尽一切可能与调控机构取得联系，同时立即通知有关通信管理部门及时处理。在通信中断过程中应当保持接线方式不变，并密切监视频率、电压以及联络线潮流变化情况。事故时应按照调度规程相关规定处理，在调度专用电话中断期间进行的事故处理，应在事后尽快设法报告调控机构。

2. 调度自动化信息异常的事故处理

当发生风电场调度自动化信息中断时，值班员应当立即与调控机构取得联系，汇报该厂站当前各项运行数据，同时通知相关部门组织处理。

当调控机构自动化系统失灵时，调度值班员会立即协调上、下级调控机构，并与风电场值班人员取得联系了解风电场运行情况。此时风电场应无条件服从调控机构指挥，按相关指令操作。

3. 自动发电控制系统异常处理

风电场运维人员应认真监视风电场实时出力情况，当参与 AGC 控制的设备发生异常情况、AGC 装置不能正常运行或系统故障时，风电场运维人员可先停用 AGC，将设备切至"当地控制"，同时立即向调度当值调度员汇报，并对异常情况进行处理。

发生电网事故后，调度值班员会根据实际情况将 AGC 控制功能退出运行，待电网恢复正常后再投入 AGC 功能。设备退出 AGC 功能后，应按照调控机构下达的发电计划曲线或调度指令调节出力。

4. 自动电压控制系统异常处理

电网发生严重事故情况下，若发生电压异常，AVC 闭环运行对事故处理不利时，调度值班员会退出主站 AVC 闭环运行，待电网事故处理完毕后再投入。若现场发现风电场 AVC 装置（功能）出现异常情况需变更厂站控制模式时，先向调度当值调度员汇报，经同意后，将 AVC 远控方式改为就地方式，待现场查明原因并消缺后，向调度当值调度员汇报经许可后，再改回原控制模式。

当风电场二次回路或通信异常，AVC 子站自动转为就地控制方式，风电场运维人员应向调度当值调度员汇报并通知专业人员处理。待二次回路或通信恢复正常后，现场自动转为远方控制方式，值班人员应向调度当值调度员汇报，主站端解除人工闭锁。

三、预案编制

风电场应急预案编制应符合有关法律、法规、规章和标准的相关要求，结合本风电场安全生产实际情况，制定明确、具体的事故预案和应急程序，并与其应急能力相适应。应急预案要求基本要素齐全、完整，预案附件提供的信息详实、准确。

1. 基本原则

坚持"安全第一、预防为主"的方针。做好应对现场各种通信、自动化系统突发事件的预案准备、应急资源准备、保障措施准备和超前突发事件预想，充分利用现有资源，制定科学的应急预案，定期组织开展应急培训和应急演练，提高对现场各种通信、自动化系统突发事件的应急响应和处置能力。

统一指挥，分级管理，分工协作。通过成立风电场自动化系统应急处置工作组，建立有系统、分层次的应急组织。组织开展事件预防、应急处置、恢复运行、事件通报等各项应急工作。应急处理过程中，主管领导和应急处置工作组要分工协作、步调一致，确保事故处置有条不紊。

保证重点，有效组织，及时响应。对重要系统要加大监控和应急工作力度，有效组织和发挥应急队伍和应急资源的作用，确保信息及时准确传递，有效控制损失。做到保证重点、预防和处理相结合，反应迅速。

技术支撑，健全机制，不断完善。在充分利用现有信息资源、系统和设备的基础上，采用先进适用的预测、预防、预警和应急处置技术，改进和完善应急处理装备、设施和手段，提高应对通信系统突发事件的技术支撑能力。切实提高应急处理人员的业务素质、安全防护意识和科学指挥能力，建立健全应对调度自动化系统突发事件的有效机制。

2. 预案目录

（1）计算机监控系统瘫痪应急预案。

（2）通信控制数据转发错误应急预案。

（3）二次系统安全防护应急预案。

风电场需结合风电场实际运行情况，完善应急预案内容，满足本风电场突发情况下应急需要。

3. 预案修订

风电场制定的应急预案，应当根据预案演练、机构变化等情况适时修订。风电场制定的应急预案应当至少每三年修订一次，预案修订情况应有记录并归档。风电场应当按照应急预案的要求配备相应的应急物资及装备，建立使用档案，定期检测和维护，使其处于良好状态。

四、预案演练

定期开展应急预案演练的目的：① 检验预案，查找应急预案中存在的问题，进而完善应急预案，提高应急预案的可用性和可操作性；② 检查应对突发事件所需应急队伍、物资、装备、技术等方面的准备情况，发现不足及时予以调整补充，做好应急准备工作；③ 增强演练中风电场运维人员对应急预案的熟悉程序，提高其应急处置能力；④ 进一步明确相关单位和人员的职责分工，完善应急机制；⑤ 普及应急知识，提高运维人员风险防范意识和应对突发事故时自救互救的能力。

1. 应急演练原则

结合实际，合理定位，紧密结合应急管理工作实际，明确演练目的，根据资源条件确定演练方式和规模。

着眼实际，讲求实效，以提高应急指挥人员的指挥协调能力、应急队伍的实战能力为重点，重视对演练效果及组织工作的评估，总结推广好经验，及时整改存在的问题。

精心组织，确保安全，围绕演练目的，精心策划演练内容，周密组织演练活动，严格遵守相关安全措施，确保演练参与人员及演练装备设施的安全。

统筹规划，厉行节约，统筹规划应急演练活动，充分利用现有资源，努力提高应急演练效应。

2. 应急演练要求

在开展演练准备工作以前应制定演练计划，包括演练的目的、方式、时间、地点、日期安排、演练策划领导小组组成、经费预算和保障措施等。

演练准备阶段的主要任务是根据演练计划成立演练组织机构，设计演练总体方案，并根据需要，针对演练方案对应急人员进行培训，使相关人员了解应急响应的职责、流程和要求，掌握应急响应知识和技能，为演练实施奠定基础。

演练实施是对演练方案付诸行动的过程，是整个演练程序中核心环节，演练组织机构的相关人员应在演练前提前到达现场，对演练设备进行检查，确保正常工作，确认无误后按时启动演练。

演练结束后，应针对本次演练组织相关人员进行点评和总结，并从应急处置效果的角度总结本次演练的经验教训，拟定改进计划，填写应急演练效果评估表。

对演练中暴露出的问题，组织参加演练单位和个人按照改进计划中规定的责任和时限要求，及时采取措施予以改进，修改完善应急预案，同时有针对性地加强应急人员的教育和培训，按计划及时对应急物资装备进行更新。

参 考 文 献

［1］刘振亚. 全球能源互联网［M］. 北京：中国电力出版社，2015.

［2］马苏龙. 电网调度自动化厂站端调试与检修实训指导［M］. 北京：中国电力出版社，2012.

［3］高翔. 电网动态监控系统应用技术［M］. 北京：中国电力出版社，2011.

［4］莫荣辉. 电力系统同步相量测量单元（PMU）应用和维护［J］. 电子测试，2013，24：108－109.

［5］孟勇. 风力发电功率预测系统的研究与开发［D］. 天津：天津大学，2010.

［6］唐振宁. 风电功率预测系统设计研究［D］. 北京：华北电力大学，2014.

［7］ 孙骁强，高敏，刘鑫，等. 风电场参与西北送端大电网频率调节的快速频率响应能力实测与分析［J］.
南方电网技术，2018，12（01）：48－54.

［8］苗蔚. 大规模风电并网对电力系统频率响应影响的快速评估模型与机理研究［D］. 镇江：江苏大学，
2018.

［9］徐箭，施微，徐琪. 含风电的电力系统动态频率响应快速评估方法［J］. 电力系统自动化，2015，39
（10）：22－27＋111.

［10］北京电力交易中心. 电力直接交易服务手册［M］. 北京：中国电力出版社，2018.

［11］杭州华三通信技术有限公司. 路由交换技术［M］. 北京：清华大学出版社，2011.

［12］国家电力调度控制中心. 电力监控系统网络安全防护培训教材［M］. 北京：中国电力出版社，2017.

［13］国家电网公司人力资源部. 电网调度自动化厂站端调试检修［M］. 北京：中国电力出版社，2010.

［14］班阳，仝楠. 浅谈变电站综合自动化改造及验收的若干问题［J］. 华北电力技术，2010，01：55－57.

［15］王显平. 变电站综合自动化系统运行技术［M］. 北京：中国电力出版社，2012.

索　引